JÜRGEN RABBEL

ROSTOCKs eiserne SEGLER

Hinstorff
Verlag
Rostock

ROSTOCKs eiserne SEGLER

JÜRGEN RABBEL

Die DUNCRAIG *mit aufgegeiten Segeln*

Rabbel, Jürgen:
Rostocks eiserne Segler / Jürgen Rabbel. –
2. Auflage. – Rostock : Hinstorff Verl., 1990
224 S. : zahlr. Ill.

ISBN 3-356-00006-3

2. Auflage 1990. Lizenz-Nr. 391
Printed in the German Democratic Republic
Ausstattung: Peter Mehnert
Gesamtherstellung: Offizin Andersen Nexö
Bestell-Nr. 522 801 7

Inhalt

Ein Wort voraus

Nach der Geschichte der neuerbauten hölzernen »Rostocker Windjammer« widmet sich dieses Buch der Herkunft sowie der Reisen und Schicksale der eisernen und stählernen Segelschiffe der Rostocker Flotte. Obwohl Albrecht Tischbein – er baute den ersten deutschen eisernen Schraubendampfer – Mitte des vergangenen Jahrhunderts auch auf dem Gebiet des eisernen Segelschiffbaus in Deutschland Pionierarbeit mit der Klipperbark Der Orientale und der Bark mit Hilfsantrieb Herzogin Marie leistete, konnten diese Schiffe die mecklenburgischen Reeder und Kapitäne nicht davon überzeugen, weitere Neubauten in Auftrag zu geben.

Auch bei der Rostocker Aktiengesellschaft für Schiffs- und Maschinenbau, 30 Jahre später, entstanden Segelschiffe von höchster Qualität, doch glaubten die Rostocker Reeder, ihre Fahrzeuge besser im schiffbauerfahrenen England bauen lassen zu müssen. Statt dessen gehörten renommierte Hamburger Reedereien zu den Auftraggebern der Rostocker Werft. Neben der Selene erregte später vor allem die für die damals weltbekannte Firma Laeisz vom Stapel gelassene Pampa Aufsehen in der internationalen Schiffahrt, ihre Rekordreisen zur Salpeterküste sind bis heute unvergessen. Erst der letzte, Anfang der 90er Jahre zu Wasser gegangene Stahlsegler, die Bark Frieda Mahn, konnte für heimische Rechnung auf Stapel gelegt werden.

Die Mehrzahl der eisernen Rostocker Segler aber stammte aus dem Bestand fremder Flaggen. Als angekaufte Alttonnage tauchten auf diese Weise einige ehemals berühmte Schiffe, mit interessanter Vorgeschichte oder spezieller Bauart, in der Rostocker Flotte auf. Einige beendeten ihre lange Fahrtzeit durch spektakuläre Unglücksfälle. Von ihnen wird ebenso berichtet wie von der nationalen und internationalen Entwicklung im Komposit- und Eisenschiffbau und den speziellen wirtschaftlichen Verhältnissen der mecklenburgischen Partenreederei.

Auch bei diesem Band haben mich wieder zahlreiche Personen und Institutionen unterstützt. Mein besonderer Dank gilt dabei Herrn Dr. Horst Witt und seinen Mitarbeitern im Rostocker Stadtarchiv, Frau Ingrid Schmidt, wissenschaftliche Mitarbeiterin am Rostocker Schiffahrtsmuseum, sowie den Mitarbeitern der Bibliotheken an der Wilhelm-Pieck-Universität und der Ingenieurhochschule für Seefahrt Warnemünde/Wustrow. Nicht zuletzt danke ich Herrn Hans Bethge, der mich auch diesmal in allen schiffbautechnischen Fragen beraten hat und dem ich die Berechnung der Formverhältniswerte für die Segelschiffsrümpfe verdanke, und Herrn Dr. Jürgen Meyer, Bremen, für die vielen Bilder aus seiner Sammlung, bei denen es sich vorwiegend um zeitgenössische, fast 100 Jahre alte Fotografien handelt.

Hamburger Vollschiff Ariadne, 1891 auslaufend in Warnemünde

Rostocker Kapitäne in drei Generationen. Von links: Hans Heinrich Albrand, Paul Friedrich Albrand, Ludwig Albrand

EINLEITUNG

Im Rostocker Hafen, kurz vor der Jahrhundertwende

Bug des hölzernen Vollschiffs AGENOR

Seit Anfang der 50er Jahre waren England, Hamburg und Bremen zu eisernen Seglern übergegangen, die sich im Bau und Unterhalt erheblich billiger stellten als teure Kupferungen, mit denen aber der gleiche Effekt der Tropentauglichkeit erzielt wurde. Zwar wurde in Rostock auch ein Versuch gemacht, doch schienen durch einen unglücklichen Zufall die eisernen Segler dem Rostocker Schiffer nicht so seetüchtig wie Holzschiffe, eine Ansicht, die sich später als sehr verhängnisvoll herausstellen sollte ... Infolge verkehrten Manövrierens kenterte noch vor der ersten Ausfahrt der erste in Rostock auf der Tischbein'schen Werft (Vorgänger der Neptunwerft A. G.) erbaute eiserne Segler ORIENTALE 1852. Das gleiche Schiff kenterte in der Irrawadimündung 1856 und ging endgültig verloren. Dieser Vorfall nahm die Rostocker Reeder und Kapitäne dauernd gegen eiserne Schiffe ein.

Diese Aussagen von Müller im Jahre 1930 in »Rostocks Seeschiffahrt und Seehandel« sind nicht ganz richtig. Nicht allein die mecklenburgischen Schiffer und Reeder haben sich der Einführung des Eisenschiffes entgegengestellt, und Unkenntnis, Starrsinn oder Aberglauben waren in den seltensten Fällen die Ursache. Außer vielleicht in England, und dort aus ganz speziellen Gründen, ging der Übergang vom Holz- zum Eisensegler überall, selbst noch in den 60er und 70er Jahren des 19. Jahrhunderts, nur sehr schleppend vor sich. Am langsamsten und auch am unvollkommensten sogar in den Vereinigten Staaten von Amerika, die sich sonst auf keinem Gebiet dem allgemeinen technischen Fortschritt entgegengestellt hatten. Die Gründe dafür waren, wie wir sehen werden, von komplexer Art.

Gewiß war der Seemann in fast allen Bereichen seines Berufes konservativ, und jede Übernahme von etwas Neuem fiel ihm schwer. Das lag aber zum Teil in der Natur der Sache. Seine Einstellung zum Eisenschiff war, bei genauer Prüfung, eigentlich gar nicht so kurzsichtig oder gar einfältig, wie es aus heutiger Sicht vielleicht erscheinen mag. Sicher gab es eine ganze Reihe von Fällen, wo unverbesserlicher Eigensinn oder eine tiefverwurzelte, über Generationen vererbte Überlieferung und Gewohnheit als Ursache für das zähe Festhalten am Holzschiff angesehen werden muß. Das Eisenschiff war aber, rein konstruktiv gesehen, erst in der Entwicklungsphase und noch mit vielen Unzulänglichkeiten behaftet. Das Holzschiff dagegen hatte sich bewährt.

Der Holzschiffbau hatte durch jahrhundertelange Erfahrung zu optimalen Konstruktionsweisen geführt. War das Holz in der richtigen Jahreszeit gefällt, entsprechend lange abgelagert und konserviert, der Bau solide und fachgerecht hinsichtlich der sinnvollen Verbindung von Längs- und Querverbänden nach bewährten Regeln ausgeführt und das Schiff auf späteren Reisen nicht übermäßig beansprucht, so konnte es, bei entsprechender Pflege und regelmäßiger Zimmerung der besonders beanspruchten Bauelemente, eine Lebensdauer von 40 bis 50 Jahren bei voller Einsatzfähigkeit erreichen. Das alles galt natürlich nur für Schiffe kleinerer und mittlerer Größen (L < 50 m; L/B < 4,5) in der Nord- und Ostseefahrt bzw. in der Fahrt in gemäßigte Zonen, wo das Schiff nicht wochen- oder monatelang schwerem Wetter ausgesetzt war. Wir sehen also, daß das Holzschiff vorerst den Ansprüchen der mecklenburgischen Schiffer und Reeder vollauf genügte, die sich zu diesem Zeitpunkt, kurz nach Aufhebung der Navigationsakte, erst vereinzelt und auch nur allmählich darauf einstellten, an der transozeanischen Fahrt teilzunehmen.

Gewisse Nachteile, gleich bei welcher Schiffsgröße, wies die Konstruktion der Außenhaut auf. Die einzelnen Plankengänge stießen stumpf aufeinander. Die verbleibenden Spalten mußten anschließend kalfatert werden, ein Vorgang, der besonders bei den Quernähten keine vollwertige Verbindung bedeutete. Außerdem mußte die Kalfaterung in regelmäßigen Abständen überprüft und erneuert werden, was besonders bei gekupferten Schiffen äußerst aufwendig und kostspielig war. Versäumnisse in dieser Beziehung konnten schwerwiegende Folgen haben. Beim Arbeiten des Rumpfes im Seegang löste sich das Werg mit der Zeit aus den Nähten, wodurch bei mangelnder Kontrolle Leckagen entstanden, die den Untergang des Schiffes herbeiführen konnten.

Anders lagen die Dinge beim eisernen Schiff. Die allgemeinen Vorteile des Eisenschiffbaus dürften auch in Rostock lange vor Tischbeins Wirken bekannt gewesen sein, denn bereits im Mai 1845 stellte die »Rostocker Zeitung« in einem ausführlichen Artikel die Vorzüge des eisernen gegenüber dem hölzernen Schiff heraus:

1. Die Größe des Schiffes ist unbegrenzt.
2. Geringerer Tiefgang durch weniger Gewicht.
3. Mehr Stabilität, da die Ladung unter dem Schwerpunkt liegt.
4. Die Materialstärke beträgt nur 1/10 gegenüber der des Holzes.
5. Eiserne Schiffe segeln schneller.
6. Eiserne Schiffe sind feuerfester und lecksicherer.
7. Anfallende Reparaturen sind günstiger auszuführen.
8. Die Schiffe besitzen eine längere Lebensdauer.
9. Größere Laderäume bei gleicher Tonnage.
10. Je größer das Schiff, desto billiger die Kosten pro Tonne.
11. Das Schiff ist gefahrloser auf Strand zu setzen.
12. Günstigere Versicherungsbeiträge für Ladung und Schiff.
13. Kein Wurmfraß und Rotholm.

Wenn auch nicht alle Punkte bedingungslos anerkannt werden können, so treffen sie doch im großen und ganzen zu. Das beweist, wie früh die Techniker im Gegensatz zu den direkt an der Schiffahrt und dem Schiffbau Beteiligten die großen Vorteile dieses neuen Werkstoffes erkannt hatten, denn zu diesem Zeitpunkt konnte man noch nicht von einer langjährigen und umfangreichen praktischen Erfahrung reden.

Aber: Dem Eisenschiffbau waren »weder hinsichtlich der Größenentwicklung noch der konstruktiven Durchbildung« Grenzen gesetzt, und gerade das war es, was ihm Mitte des 19. Jahrhunderts den enormen Antrieb zu seiner weiteren Entwicklung gab, als der freie Welthandel gesteigerte Transportleistungen forderte. Als Folge des nationalen und internationalen Konkurrenzkampfes stieg die Nachfrage nach Schiffen mit großem Transportvolumen ebenso wie die Forderung nach Schnelligkeit und Sicherheit. Die Wirtschaftlichkeit der Schiffe rückte in den Vordergrund, und das hieß Rentabilität im Bau wie im Unterhalt bei verlängerter Lebensdauer. Alles zusammen konnte nur das eiserne Schiff auf sich vereinen.

Der Holzschiffbau war bei Größenordnungen, die besonders in Amerika die 1000-t- und 2000-t-Grenze bald überschritten, schon weit über seine eigentliche Leistungs- und Wirtschaftlichkeitsgrenze hinaus angelangt. Abgesehen vom Mangel an gutem Bauholz in einigen Ländern, wurde besonders die Längsfestigkeit in Verbindung mit immer größer werdendem L/B- und L/H-Verhältnis zu einem echten Problem. Wer für Knie, Raumstützen, Diagonalen, Bugbänder, Laschungen und Gurtungen jeglicher Art kein Eisen verwendete, der mußte die Festigkeit durch größere Materialstärken herstellen, was einen »wahren Wald von Raumstützen, Seitenkielschweinen und Hängeknies ergab, die das Stauen der Ladung zum Problem machten«. Trotz dieser Vorsichtsmaßnahmen führte die enorme Biegebeanspruchung der Schiffe im Seegang schnell zu dauernden Deformierungen. Sie begaben sich, d.h. es erfolgte ein Absenken von Bug und Heck, und damit entstand eine Durchbiegung des Kiels. Diesem Umstand z.B. mußte beim Docken der aus Amerika angekauften Altbauten Rechnung getragen werden.

Die größere Festigkeit des Eisens aber erlaubte bei entsprechender Qualität gegenüber dem Holz bei gleichem Rumpfquerschnitt eine zehn- und mehrfache Belastung, und so bereiteten Längen-Breitenverhältnisse von 6–7 und später beim Stahl noch darüber hinaus dem Schiffbauer keine Schwierigkeiten. Die eiserne Beplattung trug erheblich zur Längsfestigkeit des Schiffes bei. *Hier legt man die einzelnen Plattengänge als anliegende und abliegende auf die Spanten und vernietet die Längsnähte der einzelnen aufeinanderfolgenden Gänge derart miteinander, daß die gesamte Außenhaut als ein Ganzes betrachtet werden kann, und da auch die Querstöße durch untergelegte Laschen fest und sicher miteinander verbunden werden, so bildet beim Eisenschiff die Außenhaut einen integrierenden Teil des ganzen Gebäudes und stellt den größten Teil der tragenden Verbände des Schiffes dar.* (Flamm)

Das war beim Holzschiff natürlich in dieser Weise nicht möglich, weil die einzelnen Planken nur auf den Spanten und nicht miteinander verbolzt waren. Das Eisenschiff war dadurch auch lecksicherer, aber wenn ein Leck durch das Lösen oder Brechen von Nieten entstand, war es auf See schwerer abzudichten, wenn auch die Reparatur im Dock wieder weniger Schwierigkeiten bereitete. Ein weiteres Problem bereitete beim Holzschiffbau die Beschaffung der entsprechenden Krummhölzer, und sehr aufwendig war die Verformung

Bug des eisernen Vollschiffs Rodney

der Planken für gekrümmte Konstruktionselemente. Eisen ließ sich ohne größere Schwierigkeiten in jede beliebige Form bringen, und auch Winkel- oder U-Eisen waren in gewünschter Länge und Stärke lieferbar. Hinzu kam noch, daß sich die Verbindung der einzelnen Eisenteile untereinander durch Nietung so sicher und fest herstellen ließ, daß auch hier fast die gleiche Festigkeit wie bei einem nahtlosen Verband erzielt wurde.

Auch die Spanten eines Holzschiffes konnten nicht aus einem Stück gefertigt werden, weil passend gekrümmte Hölzer meist nicht in der gewünschten Anzahl und Dicke zur Verfügung standen. Hier wurden die Einzelstücke stumpf aneinandergestoßen und daneben nochmals ein Spant von gleichem Querschnitt so gelegt und mit dem ersteren verbolzt, daß die Stöße verschossen. Das Ganze ergab doppelten Materialverbrauch und doppelten Querschnitt, wogegen für die Festigkeit nur der einfache Querschnitt in Rechnung gestellt werden konnte. Daß diese Konstruktionsweise sich auch nachteilig auf das Gewicht und somit auf den Tiefgang wie auf die Ladefähigkeit auswirken mußte, liegt auf der Hand. So schreibt Brennecke: *Beim Eisenschiffbau entfallen etwa 33–37 % des Deplacements auf das reine Schiffskörpergewicht, beim Holzschiff beansprucht der Rumpf im Mittel einen Gewichtsanteil von 46 %. Es tritt also beim Segler ein Verlust von etwa 10 % an frachtbringender Zuladung in Erscheinung. Das wird deutlich bei zwei nach den gleichen Vorschriften des Bureau Veritas und des Lloyds Register erbauten Segelschiffen von 500 RT, von denen das eine aus Holz, das andere aus Eisen entstand. Das Ergebnis ist ein Raumgewinn des eisernen Schiffes gegenüber dem in seinen Abmessungen gleichen Holzsegelschiff von 193,4 m³ = 68,5 RT = 13,7 %.* Die Vergrößerung der Tragfähigkeit spielte später auch bei der Einführung des Stahls eine Rolle, da auf Grund der noch größeren Festigkeit des Stahls gegenüber dem Eisen eine weitere Reduzierung der Materialstärken möglich war.

Bestanden bei der Verwendung von hartem und weichem Holz schon Unterschiede (aus Eiche gebaute Schiffe kamen mit geringeren Stärken für Spanten und Beplankung aus als Fahrzeuge aus Nadelhölzern), so wurde der Unterschied zum Eisen natürlich noch deutlicher. Aufschluß darüber gibt eine bei MacGregor veröffentlichte Tabelle, woraus auch noch die Abhängigkeit von der Tonnage ersichtlich wird.

Materialbedingte
zusätzliche Ladekapazitäten (in %)

Tonnage	Eiche / Kiefer	Eisen / Eiche	Eisen / Kiefer
1000 t	7,54	14,0	21,46
500 t	6,8	16,0	22,8
200 t	10,0	18,6	28,6

Etwa Anfang der 50er Jahre war bei einem mittleren hölzernen Schiff die seitliche Außenhaut einschließlich Spanten etwa 18 Zoll (ca. 45 cm) stark, bei einem gleichgroßen eisernen Schiff dagegen nur 8 Zoll (20 cm), wodurch sich der Laderaum allein in der Breite um etwa 20 Zoll (50 cm) vergrößerte. An den schärferen Enden wurden die Wandstärken des hölzernen gegenüber dem eisernen Schiff noch größer.

Die Feststellung, Eisenschiffe segelten schneller als hölzerne, ist nur bedingt richtig. Es wurden reine Schnellsegler aus Holz konstruiert – die extremen Klipper der Amerikaner waren dafür das beste Beispiel –, nur ging das eben wegen der Versteifungen zu Kosten der Ladefähigkeit und Lebensdauer. Das Schiff ist nun aber einmal vorrangig ein Lastenträger, und der Vorteil der eisernen Schiffe lag darin, daß sie durch günstigere Konstruktionsweisen und -linien die Vorteile einer größeren Ladefähigkeit und Geschwindigkeit auf sich vereinen konnten. Später stellte man fest, gerade die Länge, selbst in Verbindung mit

Schnitt durch den Spant eines Holzschiffs

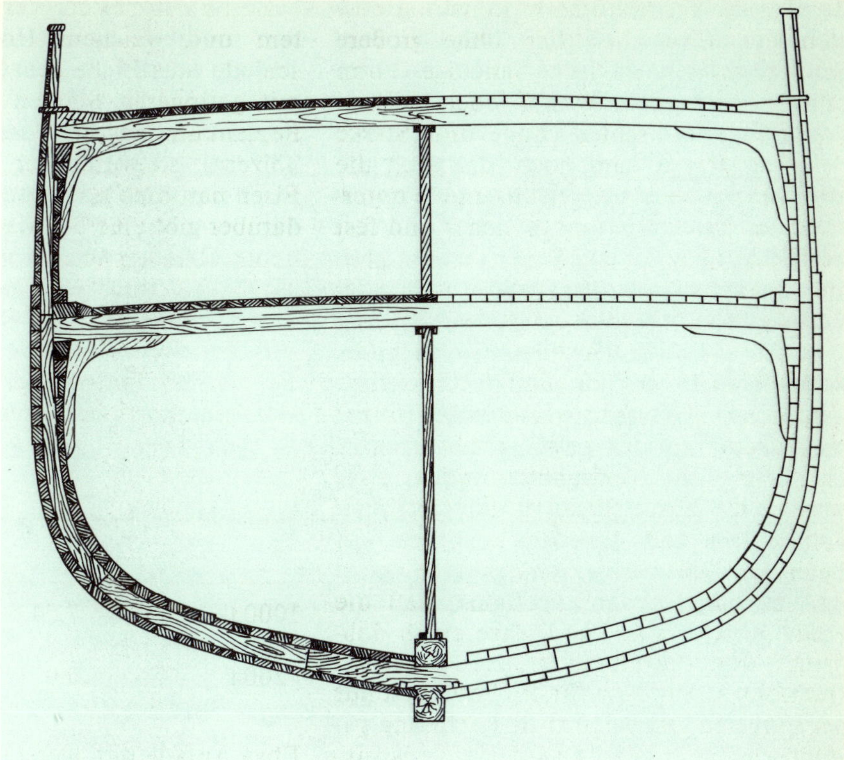

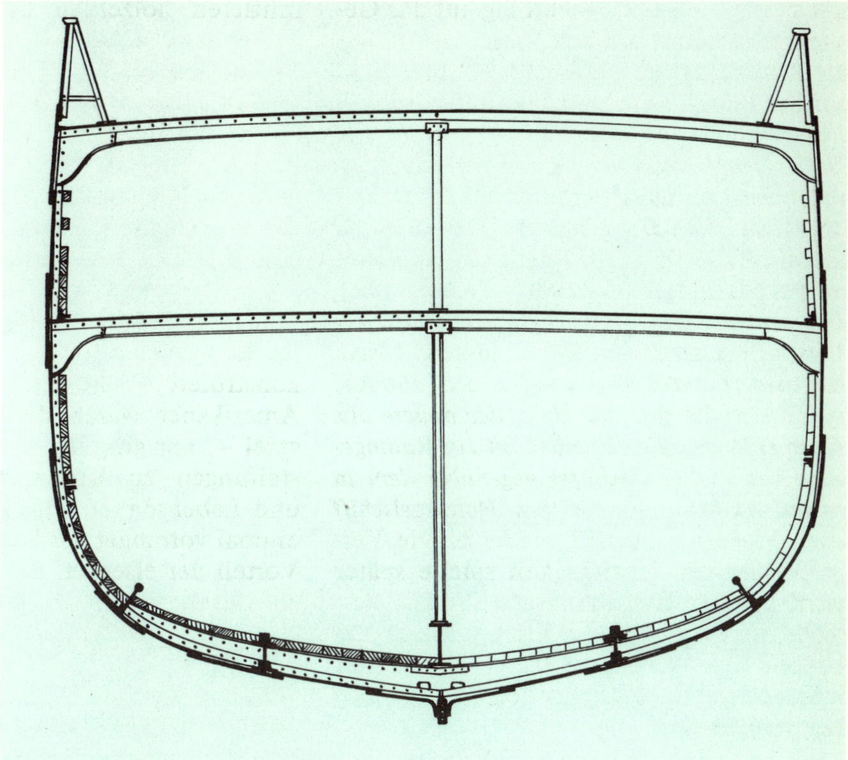

Schnitt durch den Spant eines Eisenschiffs

einer relativ geringen Breite, gibt diesen Fahrzeugen eine enorme Stabilität und trotz eines völlig gehaltenen Mittelschiffes auch die Voraussetzung für gute Geschwindigkeiten. »Länge läuft!« wurde eine oft zitierte Schiffbauerregel. Die ganz großen Stahlschiffe erreichten zwar nie so hohe Maximalgeschwindigkeiten (22 kn für die SOVEREIGN OF THE SEAS) und so hohe Etmale, wie z. B. Klipper vom Range einer CHAMPION OF THE SEAS (20 kn und 423 sm) oder »LIGHTNING« (19 kn und 430 sm) sie erzielt haben. Aber ihre Gesamtreisezeiten lagen nicht oder nur weniger höher als bei den Klippern, weil sie auf Grund ihrer Stabilität selbst bei stürmischem Wetter noch »hart geknüppelt« werden konnten und sich so die gesegelte Durchschnittsgeschwindigkeit bedeutend erhöhte. Für so riesige Schiffe wie die Fünfmaster »POTOSI« und »PREUSSEN« waren aber Geschwindigkeiten von 16 und 17 kn trotzdem keine Seltenheit.

Es gab aber noch andere praktische Argumente, die für die Einführung des eisernen Schiffes sprachen: *Wo früher Eisenschiffe in Unfälle oder Katastrophen verwikkelt waren, wurden weite Kreise der Öffentlichkeit auf die Stärke und Haltbarkeit ihres Baumaterials aufmerksam gemacht und einige zweifellos auch ermutigt, in Schiffe dieser Art zu investieren.* (MacGregor)

Am meisten mußte wohl der 2984 t große Dampfer GREAT BRITAIN dafür her-

Fünfmastbark POTOSI (Hamburg)

Fünfmastvollschiff PREUSSEN (Hamburg)

Eindrucksvoll die verbauten Holzmengen. Blick ins Zwischendeck des Wracks der Jhelum

Sparsam dagegen die Dimensionen der eisernen Verbände im Laderaum des gestrandeten Teeklippers AMBASSADOR

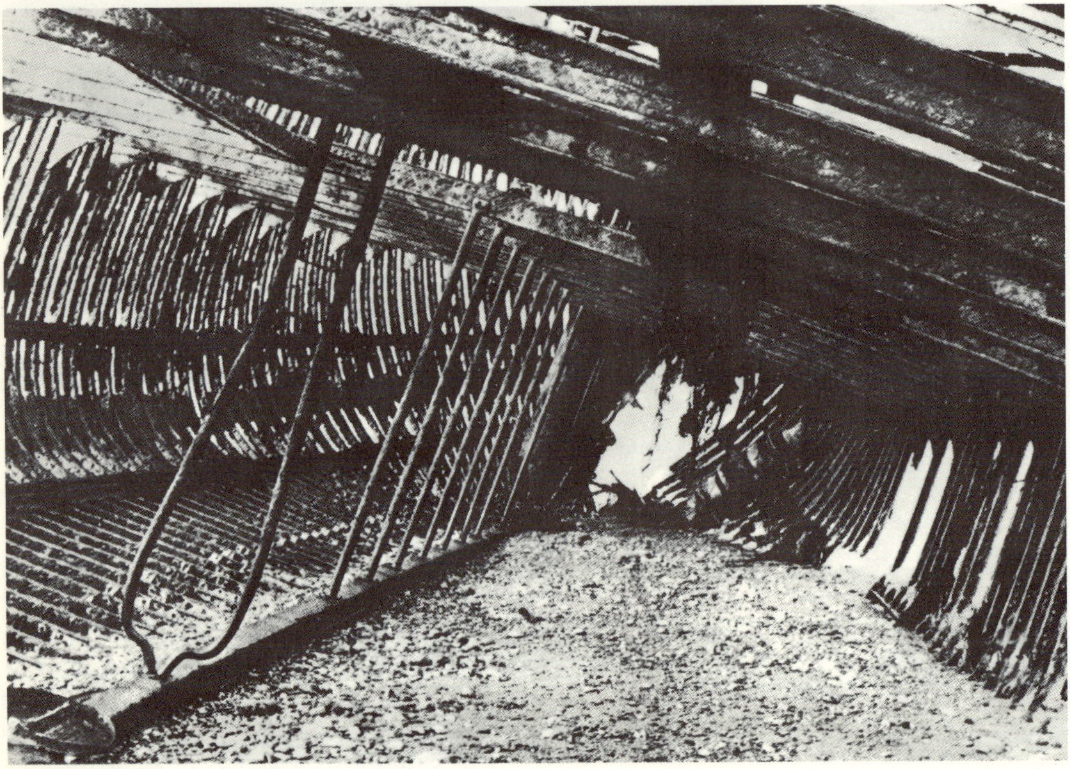

halten, der im September 1846 vor der irischen Küste gestrandet war und dort auf den Klippen den winterlichen Stürmen und der Brandung getrotzt hatte, ohne nennenswerte Schäden zu erleiden. Als er nach 11 Monaten, im August 1847, wieder abgebracht wurde, war er dank seiner wasserdichten Schotten noch schwimmfähig und konnte nach Liverpool überführt werden.

Das Gegenbeispiel bildete der hölzerne Dampfer DEMERARA, *der im schmalen Avon, wo weder Sturm noch schwere See denselben erreichen konnten, mit Ballast beladen, auf Grund geriet. Das eigene und das Gewicht des Ballastes brachten das Schiff in wenigen Stunden in einen jeder Reparatur spottenden Zustand. Jedes Stück Holz, jede Planke war aus ihren Fugen gewichen, und nichts als der Abbruch blieb übrig,* berichtete die »Rostokker Zeitung« im November 1853.

Und es gab weitere Argumente: kein Wurmfraß und kein Rotholm! Der Rotholm, eine durch Pilze hervorgerufene Fäulnis des Holzes, die sich trotz aufwendiger Konservierungs- und Pflegemaßnahmen auf die Dauer nicht beherrschen ließ, galt als *der Fluch des Holzschiffes, der mehr Schiffe zerstörte als Sturm und Klippen*. Ihm zur Seite stand der Holzwurm, der in wenigen Jahren die Festigkeit des Holzes zu zerstören vermochte. Je älter das Schiff, desto mehr achteten die Besichtiger der Versicherungs- und Klassifizierungsgesellschaften auf diese Mängel, die sich meist nur durch äußerst aufwendige und kostspielige Zimmerungen beseitigen ließen.

Anders wieder beim Eisenschiff. Der anfangs so gefürchtete Rost stellte sich bald als relativ harmlos heraus, wenn der Zeitraum zwischen Herstellung und Verarbeitung der Teile gering war und regelmäßige, leicht ausführbare Konservierungen vorgenommen wurden. Gekochtes Leinöl, mit Bleiweiß oder Bleirot vermischt, gehört mit zu den ältesten Schutzmitteln. Besonders verdient um eine ständig verbesserte Qualität dieser »anticorrosive paints«, die von einfachen Ölfarben über Pech, Asphalt, Teer, Lack und firnißähnliche Anstriche reichten, machte sich die englische Firma Peacock & Buchan.

Zu den ersten Eisenseglern gehörte die 1844 bei James Hodgson in Liverpool gebaute Bark RICHARD COBDEN (461 RT), die hauptsächlich in der Chinafahrt eingesetzt war. Für Schiffbauer und Reeder war es gleichermaßen interessant, als nach achtjähriger Fahrtzeit im Dock geprüft werden sollte, ob die Plattendicke sich durch Rost reduziert hatte. Ausgesucht für diesen Test wurde eine der Platten in der sechsten Lage des Kiels, die am meisten oxydiert zu sein schien. Das Ergebnis, das auch sofort in Rostock publiziert wurde, war: gleiche Stärke wie zur Zeit des Neubaus, nämlich 9/16 Zoll. Der einzige Teil, welcher bei der Prüfung einige, aber auch nur sehr geringe Korrosion zeigte, war am Bug, wo die Ankerkette die schützende Farbe ständig abgerieben hatte.

Nach allem bisher Gesagten mag es unverständlich erscheinen, warum die eisernen Segler (beim Dampfer ging es entschieden schneller) sich trotz der vielen Vorteile nur schwer durchzusetzen vermochten. Deshalb sollen einige Einschränkungen sowie Hinweise auf gleichfalls vorhandene Mängel genannt werden.

England war der große Lehrmeister im Eisenschiffbau, wie es überhaupt die meiste Pionierarbeit auf technischem Gebiet geleistet hat. Eine der Ursachen für die Suche nach neuen Möglichkeiten bestand im Holzmangel, der trotz umfangreicher Importe von Eiche und Teak bei dem erhöhten Bedarf an Schiffstonnage nicht zu dekken war. Auf Grund der Erfahrungen im Bau von Flußschiffen bot sich das Eisen als neuer Werkstoff an. Was dessen Gewinnung, einschließlich der industriellen Aufbereitung betraf, war das englische Inselreich von der Natur begünstigt. Im Gegensatz zu den stark reduzierten Holzbeständen schienen Erz und Kohle unerschöpflich zu sein. Hinzu kam, daß die entsprechende Grundstoffindustrie mit ihren Hochöfen, Gießereien und Walzwerken nahe den verarbeitenden Industrien, wie Werften und Maschinenfabriken, angesiedelt war. Aufwendige Transporte entfielen auch deshalb, weil selbst entferntere Erz- und Kohlelagerstätten an befahrbaren Flußläufen oder Meeresarmen lagen, die eine billige Beförderung zu Wasser zuließen. Das spielte wiederum bei der Kalkulation des Endpreises eine nicht unbeträchtliche Rolle. Allein aus diesen Gründen war England im Schiffbau über Jahrzehnte hinaus nicht zu überflügeln. Trotzdem kann auch hier von einem rasanten Übergang vom Holz- zum Eisenschiffbau nicht gesprochen werden.

Das erste eiserne Segelschiff für die Transatlantikfahrt, das 260 t große Vollschiff IRON SIDE, war 1838 bei Jackson, Gordon & Co. in Liverpool vom Stapel gelaufen. Basil Lubbock berichtet von diesem Schiff, daß es sich in seinem Äußeren nur wenig von den hölzernen Schiffen jener Zeit unterschieden habe. Die Vorteile des Eisens waren noch nicht genutzt worden, und so war der Rumpf sehr kurz, mit schwerem Heck und völligem Bug, dem ein extrem langer Bugspriet mit Klüverbaum aufgesetzt wurde, während die Masten im Gegensatz zum klobigen Rumpf den Himmel zu bestreichen schienen. Aber es war immerhin das erste große Schiff aus dem neuen Material, und so war zu jener Zeit das Bild der IRON SIDE in jedem Schaufenster zu sehen. Jedoch ist es zweifelhaft, daß sie alles in allem ein Erfolg war, denn noch 20 Jahre später galten Eisenschiffe als eine Rarität.

Ihr folgten in den nächsten fünf Jahren ganze sechs Schiffe, und selbst bis 1853 waren es nicht mehr als 58, eine Zahl, die sich zu dem Gesamtbestand der englischen Segelschiffsflotte recht kümmerlich ausnahm.

Dem Eisen selbst hafteten hinsichtlich seiner Qualität und Festigkeit zuerst noch große Mängel an, die einem hohen Beanspruchungen ausgesetztem Seeschiff zum Verhängnis werden konnten. Die Walzwerke produzierten kein gleichmäßig dickes Material, und dazu war es oft noch so spröde, daß es sich nur schlecht schmieden ließ. Auch waren Eisenschiffe vorrangig für die transozeanische Fahrt gedacht, und gerade hier machte sich ein sehr nachteiliger Faktor gegenüber den Holzschiffen bemerkbar. Zwar galten sie als »tropentauglich«, aber es wurde bei ihnen nicht der »gleiche Effekt der Tropentauglichkeit« erzielt, wie Müller behauptete. Trotz aller Bemühungen waren die Schutzanstriche, die »antifouling-paints«, die den Bewuchs des Schiffsbodens in den Tropen verhindern sollten, praktisch wirkungslos. Der Bewuchs konnte deshalb nach langen Tropenreisen tonnenweise vom Rumpf abgeschrapt werden, und es ist nachgewiesen, daß die Geschwindigkeit eines Schiffes dadurch um 3–4 Knoten verringert wurde. Ein von Kapitän Ludwig Dinklage, Abteilungsleiter der Deutschen Seewarte, Hamburg, im Jahre 1889 vorgenommener und in den Annalen der Hydrographie veröffentlichter Vergleich der Reisezeiten von gekupferten, hölzernen mit denen eiserner Segelschiffe vom Kanal nach den ostasiatischen Reishäfen Rangoon, Bassein, Singapore und Moulmain fiel eindeutig zugunsten der Holzschiffe aus. Er ging davon aus, daß beide Gruppen ihre Reisen von Europa stets mit gereinigtem Boden angetreten hatten und ihre volle Segelfähigkeit besaßen. Dabei wiesen die eisernen Schiffe auf der Hinfahrt in einem über fast zehn Jahre errechneten Durchschnitt eine um drei Tage kürzere Reisezeit auf, wogegen auf der Rückreise ein Verlust von durchschnittlich fünf Tagen auftrat. Der Vergleich bei sogenannten »Mitseglern«, d. h. mit zu gleichen Zeiten abgegangenen und somit auch etwa unter gleichen Bedingungen gesegelten Schiffen, fiel mit einem Gesamtverlust von 17 Tagen sogar noch ungünstiger für das an sich schnellere Eisenschiff aus. Deshalb empfahl man, Eisenschiffe zweimal jährlich einzudocken, zu schrapen und mit einem neuen Patentanstrich zu versehen. Angeblich sollte das insgesamt immer noch billiger sein, *als die*

Kupferhaut herunterzureißen, den Rumpf zu kalfatern und wieder neu zu kupfern, wie es bei Holzschiffen in etwa 3 bis 4jährigen Abständen nötig war. Wo aber bestanden außer in Europa in der Mitte des vergangenen Jahrhunderts Dockungsmöglichkeiten für diese meist sehr großen Schiffe?

Das gleiche Problem bestand bei dem Auftreten von Lecks oder anderer Schäden am Rumpf. War die Zahl der Eisenwerften in Europa schon gering, gab es sie jenseits des Kanals oder erst recht des Äquators praktisch gar nicht mehr. Der weltweiten Umstellung bedurfte es noch Jahrzehnte, und so wurde anfangs manches havarierte Eisenschiff wegen fehlender Reparaturmöglichkeiten kondemniert.

Da sich die Antifoulingfarben als relativ unwirksam erwiesen, versuchte man zuerst auch die Eisenschiffe unter der Wasserlinie mit einer Kupferhaut zu überziehen. Das erwies sich aber bei richtiger Ausführung als viel zu aufwendig und zu kostspielig. Das Eisen bildete mit dem Kupfer in dem als Elektrolyt wirkenden warmen Salzwasser ein galvanisches Element, wobei das Eisen sehr schnell zerstört wurde. Diese leitende Verbindung versuchte man durch

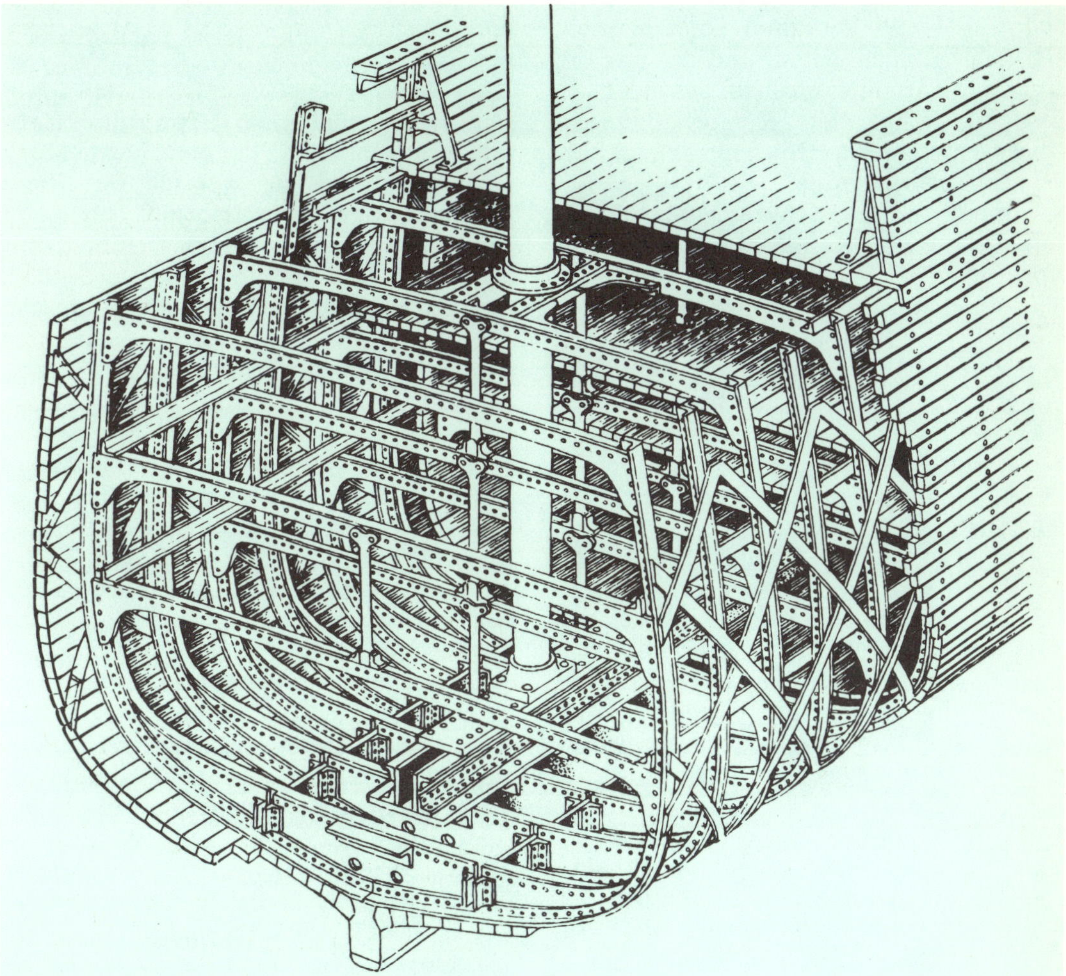

Komposit-Schiffskörper

das Verbolzen von ein oder zwei Lagen Holzplanken mit dem Schiffsboden zu verhindern, worauf dann die kupfernen Platten genagelt wurden. Bedingung allerdings war, gleichzeitig alle nichtisolierten Teile, wie Steven, Ruder, Wellenträger usw., aus Bronze herzustellen. In der Handelsschifffahrt kam diese Methode kaum zu Anwendung. Auch nicht die an sich billigere, bei Holzschiffen z. T. angewendete, weniger wirksame Zinkhaut, die keine Isolierung vom Eisen benötigte. Das Eisen beschleunigte den Abblätterungsvorgang beim Zink, wodurch sich der Ansatz des Bewuchses zwar verminderte, der Zinkbeschlag aber einer schnelleren Erneuerung bedurfte. Beide Verfahren konnten nicht als Ideallösungen gelten, und das war mit einer der Gründe, weshalb besonders in England lange der Kompositbauweise (Eisenspanten mit Holzbeplankung) der Vorzug gegeben wurde.

Als eine weitere Schwierigkeit galt die vor allem durch Kondenswasser bewirkte Korrosion in der Bilge. Dieser versuchte man durch bessere Belüftung des Schiffsraumes und durch das Ausfüllen der Bilge mit Zement oder Asphalt zu begegnen. Einem anderen Übel, der beträchtlichen magnetischen Einwirkung des Eisens auf den Kompaß, ging man wissenschaftlich zu Leibe, nachdem es durch Deviationen Totalverluste gegeben hatte.

Das vierte, 1841 in England gebaute, eiserne Vollschiff IRON-DUKE z. B. wurde ein Jahr später durch eine Kompaßmißweisung total wrack. Die gleiche Ursache soll, nach Ansicht des Seeamtes, 13 Jahre später mit zum Untergang des derzeit größten eisernen Segelschiffes TAYLOR (1750 t) geführt haben. Zwei Tage nach der Ausreise zu seiner Jungfernfahrt, am 21. Januar 1854, scheiterte es an der Küste von Lambay Island in der Dublin Bay, wobei etwa 300 Menschen ertranken. Im Spruch des Seeamtes wurde festgestellt, *daß die 55 Mann starke Crew hauptsächlich aus in kaltem Wetter untauglichen Chinesen und Laskaren bestand, daß die Eigner es schuldhaft unterlassen haben, die falsch anzeigenden Kompasse zu regulieren und eine Probefahrt durchzuführen, und schließlich, daß Kapitän Noble die Verantwortung dafür trifft, kein Lot habe auswerfen zu lassen.* (MacGregor) Das Problem war also Jahre nach dem ersten Totalverlust noch nicht gelöst, und das Liverpool-Compass-Comittee legte dem Board of Trade zwischen 1855–1860 allein drei Berichtigungen vor. Solche Unglücke hielten natürlich viele Reedereien vom Bau eiserner Schiffe ab, und beim Auslaufen eines neuen, im Mai 1855 in See gehenden Schiffes wird in der Zeitung extra erwähnt, *daß das durch die Tayleur-Katastrophe geweckte Vorurteil gegen eiserne Fahrzeuge doch rasch der Vernunft und wachsenden Einsicht weiche.*

Zu diesen rein materialbedingten Mängeln kamen noch eine Reihe von objektiven Gegebenheiten, die der Entwicklung nicht unbedingt dienlich waren. Der Eisenschiffbau wurde in den meisten Fällen von Holzschiffswerften oder Maschinenfabriken nur als Nebenbeschäftigung ausgeführt und oft noch ohne besondere technische oder gar wissenschaftliche Vorkenntnisse ausgeübt. Mangelnde Erfahrung war also oft die Ursache für Fehlschläge und auch dafür, *daß die Anordnung der Verbände trotz der entgegengesetzten Eigenschaften des neuen Baumaterials, des Eisens gegenüber dem Holz, dennoch die Art der Anordnung direkt vom Holzschiffbau entnommen wurde und dadurch nicht gestattete, die Vorzüge des Eisens voll auszunutzen. So kam es, daß vielfach bei Eisenschiffen Material in einer solchen Anordnung und Stärke verwendet wurde, daß es für die Festigkeit des Schiffes nur wenig Wert hatte, dagegen das Eigengewicht des Schiffes nicht unwesentlich vermehrte.* (Flamm) Woher sollte man sich auch Erfahrungen für Seeschiffe holen, wenn nicht beim Holzschiffbauer? Das tat nicht nur in Rostock Tischbein bei Zeltz, das war auch andernorts üblich. Wenn diese Schiffbaumeister überhaupt zur Mitarbeit bereit waren, verstanden sie kaum etwas von den Eigenschaften des anderen Werkstoffes, und das war der Grund für viele nicht konstruktionsgerechte Ausführungen von Verbänden. Erst die Herausgabe von entsprechenden Bauvorschriften durch den Englischen Lloyd im Jahrte 1855 gab den Schiffbauern eine gewisse Stütze. Die Versicherungsgesellschaften legten großen Wert auf eindeutige Richtlinien, damit die Höhe der Prämie auch dem übernommenen Risiko für Schiff und Ladung entsprach. Die Erarbeitung solcher Abnahmevorschriften, die anfangs mehr den Charakter »milde formulierter Hinweise« hatten, erstreckte sich über Jahre, denn die Werften machten den Klassifizierungsgesellschaften erhebliche Schwierigkeiten. Die mangelnde Zusammenarbeit von seiten der Werften war in vielen Fällen nicht unbegründet, denn sie fürchteten, durch schematisch aufgestellte Normen in der weiteren Entwicklung gehemmt zu werden. Bei anderen wieder war es die eigene Unsicherheit oder gar Unkenntnis, die sie daran hinderte, die an sie verschickten Fragebögen auszufüllen. So hielten sich selbst so bedeutende englische Firmen wie die von Robert Napier, A. Stephen & Sons, Denny & Ranking, Smith & Rodger, Coutts & Parkinson, um nur einige aufzuzählen, vom derzeitigen Entwicklungsstand her nicht für kompetent, bindende Normen für bestimmte Tonnageeinheiten mit festzulegen.

Und noch eine Ursache gab es, die vermutlich anfangs besonders in Mecklenburg den Übergang zum Eisenschiffbau erschwerte. Das war das Vorurteil gegenüber den Konstrukteuren und Schiffbauarbeitern selbst. Was konnte z. B. schon ein Mann wie Albrecht Tischbein, ein Ingenieur, Techniker, Mechaniker, Maschinenbaumeister, oder wie er sonst noch in Rostock genannt wurde, vom Bau eines Segelschiffes mit seiner ganzen Problematik wissen? Diese Kunst war doch ein Produkt jahrhundertelanger Erfahrung, die von Generation zu Generation überliefert worden war. Diese Kenntnisse und Fähigkeiten erwarb man sich während einer langjährigen Praxis und nicht in einer Maschinenbauanstalt, wo zu allem Übel auch noch Dreschmaschinen und sonstige Gerätschaften für die Bauern gefertigt wurden. Und wer baute dann diese Schiffe? »Gewöhnliche« Schmiede, Kesselflicker, Gießereiarbeiter, Nieter oder sogar völlig ungelernte Arbeiter.

Allein aber die Kesselschmiede waren es, die sich auf das Schneiden, Biegen, Formen und Verbinden von Eisenblechen verstanden, und die Zukunft sollte zeigen, daß die »Kunst und Wissenschaft« des Eisenschiffbaus hauptsächlich von Ingenieuren und Maschinenbauern entwickelt wurde, von Leuten, die keine eigentlichen Kenntnisse von der Seefahrt, aber ein fundiertes naturwissenschaftliches Wissen besaßen, vor allem in der Mechanik.

Jene allzu Skeptischen, *denen die Jahrhunderte der langsamen Entwicklung wie ein schwerfälliges Erbteil in den Gliedern lastete* (Laas), sahen sich aber oft genug in ihren Ansichten bestärkt. Selbst in den folgenden Jahrzehnten, als Wissenschaft und Technik einen weitaus höheren Stand als damals erreicht hatten, gab es noch eine ganze Reihe von schweren Havarien und Verlusten, die auf Fehleinschätzungen in der Konstruktion, materialbedingten Überforderungen und auf mangelnde Sachkenntnis zurückzuführen waren. Diese Umstände traten vor allem dann wieder gehäuft auf, als man zu noch größeren Schiffen überging und zusätzlich begann, auch in der Takelage, für Masten, Stengen, Rahen, stehendes und laufendes Gut, Eisen oder Stahl einzuführen. Dazu Laas rückblickend im Jahrbuch der Schiffbautechnischen Gesellschaft von 1907: *Die Takelage eines Segelschiffes hat an Land nicht auch nur angenähert Ähnliches. Hier konnte nicht wie beim Dampfer die Zwischenstation des Flußschiffes benutzt oder gar auf Fortschritte der Technik an Land Bezug genommen werden. Die Takelage war eine Welt und eine Wissenschaft für sich, mit der man vollends vertraut nur dann wurde, wenn man von Kindesbeinen an mit ihr zu tun gehabt hatte. Dieser kirchturmhohe Aufbau aus Druck- und Zugor-*

ganen soll in Kälte und Wärme, in Regen und Tropensonne fest und elastisch auf Deck stehen, die schwersten Stürme aushalten und dabei so leicht wie möglich sein, um die Stabilität nicht zu gefährden und die Momente beim Schlingern im schweren Wetter gering zu halten. Da Theorie und Rechnung uns hierbei fast ganz im Stich lassen, konnten sich Form und Abmessungen nur langsam aufbauend durch fortschreitende Erfahrung sicher entwickeln. Und trotzdem konnte es nicht ausbleiben, daß der Übergang zum neuen Matrial nur mit schweren Opfern erkauft werden konnte. 1873/74 wurden in zwölf Monaten elf große Segelschiffe entmastet, davon neun auf ihrer ersten Reise. 1891/92 sind wieder nicht weniger als elf Großsegler, meist englische und französische Viermastvollschiffe über 2000–3000 t, verlorengegangen, verlassen worden oder gekentert, zum großen Teil aber verschollen. Eine weitere Serie von Unfällen, in der Mehrzahl französischer Schiffe, vor allem durch Leckagen und Takelschäden, erregte in den Jahren 1899/1900 Aufmerksamkeit. Die grundsätzliche Ursache für alle Verluste war darin zu suchen, daß Größe, Bauart und Takelung dieser Schiffe wesentlich von dem bis dahin Üblichen und Bewährten abwichen. Zu geringe Stabilität, mangelnde Erfahrung, falsch angeordnete oder nicht richtig genutzte Wasserballasttanks waren die wichtigsten Ursachen im einzelnen. Besondere Kommissionen befaßten sich mit den Havarien, ermittelten, rechneten, berieten, vermaßen und prüften. So einfach es schien, Holzmasten durch Stahlmasten und das stehende Gut aus Hanf durch Stahldraht zu ersetzen, so schwer war es, die erforderliche Elastizität und die notwendige Festigkeit bei ihnen zu berechnen. Tastend, unsicher wurden Stahlmasten dimensioniert, Stahlwanten eingesetzt, dabei aber die Handtaljereeps zum Spannen derselben beibehalten, bis schwere Havarien zeigten, daß Stahlmasten nicht so elastisch abgestagt werden dürfen wie Holzmasten, und man zu den heute noch gebräuchlichen Spannschrauben für

Erste Ausfahrt des für Hamburg in Rostock gebauten Vollschiffs Ariadne *(1891)*

das stehende Gut überging. Nur ein geringfügig erscheinender Unterschied, aber welche schwerwiegenden Folgen!

Und noch ein Letztes. Reeder wie Kapitäne waren am sofortigen Gewinn interessiert und konnten es sich bis auf Ausnahmen nicht mehr leisten, mit neuartigen Schiffen zu experimentieren. Das galt vor allem für die in Mecklenburg übliche Partenreederei, die nicht genug Kapitalkraft und Flexibilität für solche Versuchsbauten besaß.

Aber auch die anderen deutschen Reedereien waren in den ersten Jahrzehnten des Eisenschiffbaus nicht gerade eifrig bemüht, dem neuen Werkstoff den Vorzug zu geben. Man begann nur zögernd mit der Umrüstung, tat es dann aber, besonders an der Nordsee und in der Endphase der Segelschiffahrt, mit so großer Intensität, daß der deutsche Schiffbau zuletzt sogar mit Spitzenleistungen weltweite Anerkennung erringen konnte.

Auch Hamburg und Bremen machten dabei keine Ausnahme. Nach Mathies kam zwar schon 1851 das erste in England für die Reederei H. H. Eggers gebaute eiserne Segelschiff, die Bark FLYING DUTCHMAN von 126 Commerzlasten, nach Hamburg, aber das zweite eiserne Schiff, sieht man einmal von dem als Schoner getakelten Leichter NORDSTERN (1855) ab, die Bark MUTLACH, kauften die Gebrüder Schiller & Co. erst 5 Jahre später an. Noch im Jahre 1870 betrug in der deutschen Handelsflotte die Zahl der Eisenschiffe nicht mehr als 1,1 % des Gesamtbestandes, davon entfielen 0,2 % auf die Ostsee! 112 eiserne Segelschiffe weist das »Handbuch für die deutsche Handelsmarine« des Jahres 1880 aus, aber nur etwa 88 Schiffe lassen sich als eigentliche Tiefwassersegler bezeichnen: 80 Vollschiffe und Barken, eine Brigg, fünf Dreimastschoner, ein Schoner und ein Gaffelschoner. Hamburg besaß davon allein 48 Schiffe, die alle, bis auf sieben, nur von großen Reedereifirmen unterhalten wurden. R. M. Sloman steht mit 13 Fahrzeugen (darunter ein Viermaster) an der Spitze. Außer C. Woermann mit fünf Schiffen hatten die anderen Reedereien nur ein bis drei eiserne Segler in Fahrt. Von Bremen aus fuhren 27 eiserne Segler, alles nur Vollschiffe und Barken. Hier waren die Firmen D. H. Wätjen & Co. mit 12 und W. A. Fritze mit sieben Schiffen führend. Höver berichtet, daß die zweite Hälfte der 70er Jahre den Wendepunkt zum eisernen Segelschiff in Bremen bedeutete und der Eisenschiffbau gleichwertig neben dem Holzschiffbau rangierte. Am schnellsten zum Eisenschiff hatte sich die Firma W. A. Fritze & Co. bekannt, die 1878 nur solche Segler bereederte.

Die später durch ihre »Flying-P-Liners« so berühmt gewordene alteingesessene Hamburger Reederei Laeisz z. B. kaufte erst im Jahre 1869 die eiserne Bark PROFESSOR (ex FLOTTBECK), 512 RT, an, obwohl Ferdinand Laeisz mit zu dem 13köpfigen Direktorium der Reiherstieg-Werft in Hamburg gehörte, das sich nach dem Rostocker Tischbein im Jahre 1857 entschloß, ebenfalls Segelschiffe aus Eisen zu bauen. Das nächste Laeiszschiff aus Eisen folgte

Bremer Fünfmastbark R. C. RICKMERS, ein Auxiliarsegler

sogar erst 1874, ein Neubau der Reiherstieg-Werft von 985 RT, das Vollschiff POLYNESIA, und erst 1881 kaufte man mit der Bark PONCHO (ex »WEYMOUTH«), 819 RT und 1858 in Glasgow erbaut, ein weiteres an.

Ebenso typisch wie dieses Hamburger Beispiel ist das der weltbekannten Firma Rickmer Clasen Rickmers in Bremen. Der Senior-Chef, Clasen Rickmers, Schiffbauer wie Reeder, als ein äußerst aktiver und strebsamer Mann bekannt, hielt trotz aller Fortschrittlichkeit in dieser Beziehung ebenfalls am Alten fest. Bis zu seinem Tode im Jahre 1886 wurde, gegen den Wunsch seiner Söhne, kein Schiff aus Eisen gebaut oder gekauft.

Kurioserweise haben dann gerade diese beiden Reedereien mit am längsten am stählernen Segelschiff festgehalten und in der Endphase Großartiges geleistet. Wer kennt nicht die beiden weltberühmten, bei Tecklenborg in Geestemünde gebauten Fünfmaster der Reederei Laeisz, die 1895 fertiggestellte Bark POTOSI (4026 RT) und das sieben Jahre später vom Stapel gelaufene Vollschiff PREUSSEN (5081 RT). Für die Firma Rickmers waren es die beiden Fünfmastbarken MARIA RICKMERS, 1891 in England gebaut und zu 3813 BRT vermessen, und die 1906 bei Rickmers selbst gefertigte, 5548 BRT große R. C. RICKMERS. Letztere waren aber Auxiliarsegler, d. h. mit einer Hilfsmaschine versehene Segelschiffe.

Nur selten ist in deutschen Seestädten der Schiffer oder ein Korrespondenzreeder geschäftsführend für einen eisernen Segler gewesen. Eine Ausnahme bildete Elsfleth, wo alle 8 Schiffe von Partenreedereien finanziert worden waren. Sonst wurden sie überwiegend von großen Reedereifirmen unterhalten.

Der Kauf oder Bau von eisernen Schiffen erforderte einen hohen Kapitalaufwand. Dazu waren die Partenreedereien im Gegensatz zu den Firmenreedereien oder reinen Frachtreedereien nur selten in der Lage. Es war schon ein Unterschied, ob von vielen einzelnen, mehr oder weniger finanzkräftigen Mitreedern eine Summe von ca. 120 000 Mark für ein neues, etwa 500 RT großes Holzschiff, oder aber das Doppelte für einen etwa gleichgroßen eisernen Segler zusammengetragen werden mußte. Die neuen Eisen- und Stahlschiffe der 80er Jahre lagen aber selten unter 1000 t und waren unter 300 000 Mark kaum zu haben. Selbst ausgediente Eisenschiffe dieser Größenordnung mit einem Alter von 20–30 Jahren kosteten noch um 150 000 Mark. Solche Summen, in Rostock wurden sie in einzelne Parten zu je 1000 Mark zerlegt, überforderten die Finanzkraft der sich an der Partenreederei beteiligenden Bevölkerungsschichten, zumal die Schiffahrt jetzt im Gegensatz zu früher nur wenig und oft gar keinen Profit einfuhr. So kauften die meisten mecklenburgischen Schiffer notgedrungen vorwiegend alte, aus fremden Flotten ausgemusterte Holzsegler, die oft schon für wenige tausend Mark zu haben waren. Diese bildeten mit 225 Schiffen für den Zeitraum von 1850–1900 sogar eine recht stattliche Flotte, doch ihre Geschichte ist wieder ein besonderes Kapitel der Rostocker Schiffahrt.

Während also dem Eisenschiff, vor allem an der deutschen Nordseeküste, wenn auch nur langsam, örtlich begrenzt und fast ausschließlich auf große Reedereien beschränkt, doch noch der Durchbruch gelang, blieb es in Rostock trotz eines vielversprechenden Anfangs ein Außenseiter. Insgesamt waren es hier in dem Zeitraum von 1850–1900 nur 31 Schiffe, 27 eiserne und vier stählerne Segler, das sind nicht einmal 5 % der in diese Periode fallenden 649 Neuzugänge. Während die Stahlschiffe durchweg nach 1890 in Auftrag gegebene Neubauten waren, stellten die eisernen bis auf drei Ausnahmen angekaufte Altbauten dar. Und dabei hätte gerade der Rostocker Schiffbau alle Voraussetzungen besessen, um auf diesem Gebiet bahnbrechend zu sein.

Die NEUBAUTEN

*Blick vom Gehlsdorfer Ufer auf Rostock (1853).
Rechts im Vordergrund der von Tischbein gebaute Dampfer* ERBGROSSHERZOG FRIEDRICH FRANZ

Albrecht Tischbein

Im Jahre 1850 kam nach Rostock ein Mann, der den dortigen Schiffbau und die Struktur der Flotte völlig verändern wollte: Albrecht Johann Heinrich Tischbein. Am 15. November 1803 in Sternberg als Sohn eines Landschaftsmalers geboren, gelangte er ein Jahr später mit seinen Eltern nach Rostock, wo der Vater bei der Akademie eine Anstellung als Zeichenlehrer erhalten hatte. Hier verbrachte Tischbein auch seine Jugend, und nach Abschluß der Schule ging der damals 18jährige nach Holland, um in Rotterdam Mechanik zu studieren. Nach Beendigung des Studiums und einer sich daran anschließenden praktischen Lehrzeit als Maschinenbauer begann er im Jahre 1825 seine Laufbahn als Ingenieur in der Maschinenfabrik und Schiffswerft der »Nederlandschen Stoomboot-Maatschappij« in Fijenoord bei Rotterdam. Hier wurden die ersten Dampfschiffe für die Fahrt auf dem Rhein und für die holländische Marine gebaut. Technischer Direktor war derzeit Gerhard Moritz Roentgen, gebürtig aus Esens in Ostfriesland, dessen 1829 entworfene kombinierte Expansionsmaschine (System G. M. Roentgen) lange Jahre Anwendung bei Flußdampfschiffen fand. Im Auftrag dieser Firma weilte Tischbein längere Zeit in England, um dort den Bau von großen Schiffsmaschinen zu überwachen, die für die holländische Admiralität bestimmt waren. So auch die für den ersten großen Seekriegsdampfer ATLAS, an dessen Probefahrt im Jahre 1827 er als Prüfingenieur teilnahm.

Fast 16 Jahre verbrachte Tischbein teils in Holland, teils in Belgien, und während dieser Zeit sammelte er Erfahrungen im Schiff-, vor allem aber im Schiffsmaschinenbau. Zwischendurch weilte er oft besuchsweise in Magdeburg, wo er Anfang 1837 bei einem längeren Aufenthalt seine zukünftige Frau, aber auch *einige angesehene Bürger und Kaufleute* kennenlernte und *ihre Klagen über die von England gekommenen Dampfschiffe hörte, welche sich für die*

Albrecht Johann Heinrich Tischbein (1803–1881)

gewünschten Zwecke als unbrauchbar erwiesen hatten. Auf Grund seiner langjährigen Erfahrungen erbot er sich, bei entsprechender Unterstützung, einen solchen Dampfer innerhalb von sechs Monaten betriebsfertig abzuliefern. Der Bau wurde ihm übertragen, und am 15. August 1837 lief das erste Dampfschiff, das KRONPRINZ VON PREUSSEN geheißen haben soll, im Beisein des königlichen Hofes glücklich vom Stapel. Als auch wenige Wochen später die Probefahrt erfolgreich verlaufen war, gründeten seine Auftraggeber in Buckau ein Unternehmen, das den Namen »Magdeburger Dampfschiffahrts-Compagnie« erhielt. Neben der regelmäßigen Dampfschiffahrt auf der Elbe betrieb diese Gesellschaft eine Maschinenfabrik und Werft in Buckau. Ein anläßlich des 50jährigen Dienstjubiläums Tischbeins in der »Rostocker Zeitung« unter dem 9. April 1875 veröffentlichter Artikel behauptete sogar, daß die KRONPRINZ VON PREUSSEN *mit ziemlicher Sicherheit wohl das erste Dampfschiff auf deutschem Boden* war. Im Gegensatz zu Szymanski konnte Busch jetzt die Kiellegung im Mai 1837 und den erwähnten Stapellauf dieses hölzernen Raddampfers nachweisen. Wenn Tischbein auch nicht »alleiniger Direktor« der 1841 in »Vereinigte Hamburg-Magdeburger Dampfschiffahrts-Compagnie« umbenannten Firma war, so fungierte er doch als Technischer Direktor. Vorerst liefen hier nur hölzerne Raddampfer vom Stapel, und als sich Ende 1839 die »Dampfschiffahrts-Gesellschaft zu Lüneburg« an Tischbein zwecks Baus eines eisernen Dampfers wandte, lehnte dieser ab, *wie er denn auch im allgemeinen dafürhalte, daß ein eisernes Schiff leichter einbeule, sich durchbiegen und nicht imstande sein werde, die gerade Linie zu halten, die ihm bei der Fabrikation gegeben worden*. Nur wenige Jahre später ist dann aber aus dem Saulus ein Paulus geworden. 1846 entwarf und baute er für Hamburg den eisernen Raddampfer COURIER und für Bremen den ersten eisernen Schleppdampfer MARSCHALL VORWÄRTS einschließlich der Schleppkähne.

Nebenbei spezialisierte sich Tischbein, nach eingehenden Studien in Frankreich, auf den Bau von technischen Ausrüstungen für die Zuckerindustrie. Unter seiner Anleitung soll die erste Zuckerfabrik in der Provinz Sachsen entstanden sein, der bald weitere folgten, wodurch der allgemeine Maschinenbau einen ungeheuren Aufschwung erhielt. Die Revolution von 1848 und die darauffolgende wirtschaftliche Depression bewirkten jedoch eine Stagnation in der Produktion. Tischbein gab seine Stellung auf und ließ sich in Magdeburg-Buckau als Privatingenieur nieder. Als anerkannter Fachmann erhielt er immer noch Aufträge für maschinelle Verbesserungen und gelegentlich auch für Neubauten in der Zuckerindustrie.

Verbindungen nicht nur familiärer Art hatten mit Rostock stets bestanden. Der 1847 von der Reederei Haase & Paepke angeschaffte Passagierdampfer MINISTER VON LÜTZOW, dessen Bauort im Register von Rahden als unbekannt angegeben wird, ist in seiner Maschinenfabrik in Buckau entstanden. Gleicher Herkunft war auch die technische Anlage der Steinhoff'schen Ölmühle in Rostock.

So erhielt er auch im Jahre 1847 aus Rostock die Nachricht, daß die dortige »Löbliche Kaufmannscompagnie« nach Anschluß an das Hamburg-Berliner Eisenbahnnetz eine regelmäßige Dampfschifffahrtsverbindung mit einem nordischen (Kopenhagen) oder russischen (St. Petersburg) Ostseehafen ins Leben rufen will. Geplant war die Gründung einer Aktiengesellschaft mit einem Kapitalaufwand von etwa 200 000 Talern und die Anschaffung zweier Raddampfer aus England. Obwohl die benachbarten Hafenstädte bereits solche Dampferlinien unterhielten, war die Resonanz auf ein derartiges Unternehmen in Rostock nicht besonders groß. So zeichnete Anfang Januar 1850 einer der reichsten Kaufleute Rostocks nur eine einzige Aktie, und es mußte erst an das patriotische Gefühl appelliert werden, um die geringe Summe von insgesamt 16 000 Talern aus Privathand aufzubringen. Schließlich erklärte sich auch noch die Stadt bereit, mit 25 000 Talern zu reeden, aber über die 41 000 Taler kam man nicht hinaus, weil den Rostockern das geforderte Kapital zu hoch und die Erfolgsaussichten zu gering erschienen. So war das ganze Unternehmen zur hämischen Freude der benachbarten Hafenstädte Lübeck, Wismar und Stettin zum Scheitern verurteilt. Nur den weiteren Bestrebungen der Kaufmanns-Compagnie und des Rostocker Lokalvereins (Mecklenburgischer Handelsverein) ist es zu danken, daß das Projekt wieder neu aufgenommen worden ist. Diesmal mit dem direkten Ziel St. Petersburg und der geplanten Anschaffung von zwei kleinen Schraubendampfern, die einmal praktischer und zudem noch billiger in Anschaffung wie Unterhalt sein sollten. Albrecht Tischbein beteiligte sich an der Ausschreibung zum Bau dieser Dampfer. Er entwarf nicht nur das vorteilhafteste Projekt, sondern unterbot dabei auch noch finanziell – nach vorheriger Absprache mit dem Rostocker Holzschiffbaumeister Wilhelm Zeltz – die Firmen aus London und Newcastle zum Teil erheblich.

Die veranschlagte Summe betrug ganze 64 000 Taler, und trotzdem wurde die Situation wieder kritisch, da sich die Stadt jetzt nur noch mit 8 000 Talern statt der vorher gebotenen 25 000 Taler beteiligen wollte. Erst als die Großherzogliche Regierung sich bereit erklärte, ¼ Part zu reeden, war das Unternehmen gesichert.

Trotz zahlreicher Gegenstimmen wurde der Bau der beiden Dampfer Ende 1850 von der Generalversammlung der Aktionäre an den Schiffbaumeister Wilhelm Zeltz aus Rostock und den Maschinenbauer Albrecht Tischbein zu Buckau vergeben. Mißtrauen und Mißgunst begleiteten die Arbeit dieser Männer vom Anfang bis zum Ende, gleichwohl die Presse ständig auf die enorme Bedeutung einer solchen ersten fabrikmäßigen Einrichtung für Mecklenburg und speziell für Rostock hinwies. Wie gering das Vertrauen der Allgemeinheit in dieses Unternehmen war und wie sehr sich die Presse bemühte, das Gegenteil zu beweisen, bekundet eine Zeitungsnotiz aus dem Jahre 1851 als die Schiffe bereits im Bau waren: *Wie sehr eine solche Möglichkeit selbst von hiesigen Einwohnern bezweifelt wurde und zum Teil noch wird, dafür liefert den deutlichen Beweis die mehrfach verbreitete Ansicht, es wäre viel besser gewesen, die Schiffe in England anzukaufen, hier könne doch nichts Vernünftiges daraus entstehen. Wir können diesen Zaghaften die Versicherung geben, daß allerdings etwas Vernünftiges daraus werden wird und daß binnen einigen Monaten ein paar schmucke Schiffe vom Stapel laufen werden, derer sich die Rostocker Rhederei wahrhaftig nicht zu schämen braucht. Die vorliegenden Zeichnungen sowohl als das, was bis jetzt von dem Schiffsrumpfe zu sehen ist, zeigen deutlich, daß in allen Punkten auf Zweckmäßigkeit der Einrichtung sowie auf Solidität und Tüchtigkeit der Ausführung die größte Sorgfalt verwandt ist und überall die besten Erfahrungen und Muster mit Geschick benutzt werden. Schon die Namen der Erbauer könnten genügen, jede Besorgnis zu beseitigen, denn von Herrn Zeltz sehen wir ja täglich die Proben seiner Geschicklichkeit auf der Warnow auf und ab passieren, und was Herrn A. Tischbein betrifft, so könnten die Rostocker, die es vielleicht noch nicht wissen sollten, von jedem Sachkundigen leicht erfahren, daß dieser ihr Landsmann, einer der geschätztesten deutschen Maschinenbauer ist, der zudem durch seine frühere Tätigkeit in dem großen Cocquerell'schen Etablissement zu Seraing noch speziell Gelegenheit gehabt hat, über den Bau eiserner Schiffe die ausgebreitetsten Erfahrungen zu sammeln.*

Besonders stark war das Mißtrauen natürlich gegen Tischbein, dessen Fähigkeiten, besonders als Schiffbauer, die meisten anzweifelten und der nun plötzlich Seedampfer bauen wollte. Vielleicht war das auch mit ein Grund, weshalb er den Auftrag zusammen mit Zeltz angenommen hatte, ganz abgesehen davon, daß ihm nach der langjährigen Pause im Bau von Seeschiffen die fachliche Unterstützung eines erfahrenen Schiffbauers hinsichtlich der Konstruktion von Rumpf und Takelage sicher nicht unlieb gewesen sein dürfte. Außerdem konnte Tischbein als Auswärtiger, da ohne Bürgerrecht, in Rostock keinen Antrag zur Gründung eines Betriebes stellen. Deshalb erwarb Zeltz eine weiter westlich von seiner Werft liegende Ackerparzelle, die bisher zu den Gütern des »Heiligen Geist Hospitals« gehört hatte. Dort entstand nun die erste Werft für eiserne Schiffe in Rostock. Man darf die Ausdehnung und Ausrüstung damaliger industrieller Unternehmen nicht mit heutigen Maßstäben messen. So bestanden die ganzen Anlagen lediglich aus dem Platz für die beiden Hellingen und einem Gebäude zur Vorbereitung und Vorfertigung der Einzelteile, darin eine Gießerei und eine Dampfmaschine, wobei letztere zum Betreiben der Gebläse für die vier Schmiedeessen, einer großen und zwei kleineren Bohrmaschinen und der beiden Maschinen zum Stanzen der Nietlöcher diente. Trotzdem war *das Etablissement bahnbrechend für die mecklenburgische Industrie, auf das die Rostocker mit Stolz gucken müßten*. Daß sie das nicht durchweg taten, haben wir schon gehört.

Anfangs wollte Tischbein einen Teil seiner Maschinenfabrik nach Rostock verlegen, aber wohl aus Zeitmangel und wegen des Fehlens entsprechender Fachkräfte beschloß er, die Schiffsmaschinen in Buckau zu bauen und dann nach Rostock per Bahn zu überführen.

Modell des Erbgrossherzogs Friedrich Franz

Der kontraktlich festgelegte Ablieferungstermin für den Sommer 1851 wurde trotzdem nicht eingehalten, einmal, weil Verzögerungen in der Lieferung der erforderlichen Materialien aus England auftraten, zum anderen, weil Tischbein selbst noch während des Baus experimentierte und nach qualitativen Verbesserungen suchte. Dazu gehörten u. a. die Verwendung verstärkter Winkelprofile und Bleche in besonders beanspruchten Teilen des Rumpfes und zwei wasserdichte Schotten, die natürlich das Gewicht und damit den Tiefgang beeinflußten. Nun ist diese Einstellung an sich lobenswert und keineswegs neu im Schiffbau, und sie wurde meistens später auch anerkannt. Das 2. Quartier der Repräsentierenden Bürgerschaft Rostocks aber, in dem sich die Vertreter der Zünfte befanden, begann ein Kesseltreiben gegen Tischbein. Man war hier in keiner Weise beeindruckt, daß der Vaterstadt das große Verdienst zuteil wurde, das erste eiserne See-Schrauben-Dampfschiff an der gesamten deutschen Küste gebaut zu haben. Sie monierten sofort den über den Kontrakt hinausgehenden Tiefgang des ERBGROSSHERZOGS FRIEDRICH FRANZ, die angeblich um 30 t zu geringe Ladefähigkeit, die, da pro Tonne 200 Taler berechnet, einen Schaden von 6 000 Talern ausmache, und sie forderten für die Verspätung von 33 Wochen über den Ablieferungstermin hinaus eine Konventionalstrafe von 200 Talern pro Woche, was insgesamt 6 600 Taler bedeutete.

Prospekt der Rostocker Dampf-Schiff-Fahrt-Gesellschaft

Im Holzschiffbau gehörte es beinahe zur Tagesordnung, daß das Schiff ein paar Lasten größer oder kleiner ausfiel. Hier aber wurde der Fakt zum Präzedenzfall. Der Rat der Stadt, das 1. Quartier, bestehend aus den Vertretern des Handelsstandes, der überwiegende Teil der anderen Reeder und selbst »Seine Königliche Hoheit, der Großherzog« verzichteten großzügig auf eventuelle Konventionalstrafen, ja sie lobten sogar das Schiff wegen *seines schmucken Äußeren* und der *sehr soliden und praktischen Bauausführung*. Zwar ging der ERBGROSSHERZOG FRIEDRICH FRANZ einen ¾ Fuß tiefer als kontraktlich festgelegt, wodurch den Reedern aber nicht unbedingt ein Nachteil entstand, da im Normalfall das Schiff trotzdem flußaufwärts von Stadt zu Stadt gehen konnte. Die über den Kontrakt hinausgehende und nicht, wie vermutet, verminderte Ladefähigkeit von 59 t war ebenfalls nur als Vorteil für die Auftraggeber anzusehen. Schließlich verzichtete das 2. Quartier nach längeren Debatten *auf weitere Monituren wegen nichtkontraktlicher Beschaffenheit des Schraubendampfers ERBGROSSHERZOG FRIEDRICH FRANZ, behält sich aber Beschlußnahme über den zweiten Dampfer GROSSFÜRST CONSTANTIN vor* und erzwang, daß alle außerkontraktlichen Verbesserungen zu Lasten der Erbauer gingen.

Das 2. Quartier war es auch weiterhin, das Tischbein, wo es nur ging, das Leben durch kleinliche Beanstandungen schwer machte, z. B. beim Bau von Baggern, Schleppern und Schuten. Jede nach dem Abschluß vorgenommene technische Neuerung, jede dadurch bedingte zeitliche Verzögerung wollte es bestraft wissen, selbst wenn sich hinterher herausstellte, daß sich dadurch die Leistungsfähigkeit erhöht und die Bedienung bedeutend erleichert hatte.

Schiffbaumeister Zeltz schien jedenfalls von dieser Art Schiffe zu bauen auf ewig kuriert gewesen zu sein, denn er zog sich nach der Fertigstellung der beiden Dampfer aus dem Geschäft zurück und widmete sich wieder ausschließlich dem Bau von hölzernen Segelschiffen. Die Aufgeschlossenheit dieses Mannes gegenüber technischen Neuerungen im Schiffbau verdient trotzdem Anerkennung, denn die meisten Holzschiffbauer lehnten die Umstellung auf den neuen Werkstoff Eisen trotz seiner Vorteile rundweg ab, ja viele haßten die Eisenschiffe förmlich, und Unterstützung von ihrer Seite für deren Entwicklung war nur in den seltensten Fällen zu erwarten. Selbst im wegweisenden England war die Zahl derer, die ihre Axt beiseite legten und sich ausschließlich dem Eisenschiffbau widmeten, anfangs gering. Meistens fehlten ihnen dafür auch die theoretischen Kenntnisse, und wenn sie es trotzdem taten, geschah es nicht unbedingt aus innerer Überzeugung, sondern es war Einsicht in die Notwendigkeit. Schiffbauhölzer wurden gerade in England immer rarer und teurer, und so gingen vor allem die großen Reedereien zu den zusätzlich auch noch wirtschaftlicheren Eisenschiffen über. Nach einer Gegenüberstellung (nach Hodgson) bestanden Anfang der 50er Jahre in Liverpool bei einem 1000-t-Schiff folgende Relationen:

	Holz	Eisen
Baukosten pr. Tonne	16,5 Pf. Sterl.	13,5 Pf. Sterl.
Tragfähigkeit	1 500 t	1 800 t
Versicherung	30 %	3 %
jährliche Abschreibung	5 %	2 %

Bei Eisenschiffen über 1 500 t sollen die Baukosten pro Tonne sogar unter 13 Pfund gelegen haben, sie sanken also im Verhältnis zur Schiffsgröße.

Gerade in Mecklenburg aber war man von dieser Erkenntnis noch weit entfernt. *Es gehört zu den Charaktereigentümlichkeiten des Mecklenburgers, daß er alle Neuerungen mit dem größten Mißtrauen ansieht und selbst vollendeten Tatsachen gegenüber sich schwer von vorgefaßten Meinungen trennt,* schrieb selbst die »Rostocker Zeitung«. Das sollte

Tischbein in den nächsten Jahren zu spüren bekommen. Trotz seiner bereits 49 Jahre war dieser Mann äußerst vital und von schöpferischem Pioniergeist geradezu beseelt. So beschloß er, die Werft alleine weiterzuführen, und er siedelte von Magdeburg nach Rostock über.

Tischbein mag ein guter Techniker, vielleicht sogar ein sehr guter Ingenieur gewesen sein, eine ganze Anzahl von Patenten zeugt dafür, und einige sollen sogar »bahnbrechend auf dem Gebiet der Maschinentechnik« gewesen sein. Ein guter Geschäftsmann war er sicher nicht, denn sonst hätte er voraussehen müssen, daß für ein solches Projekt, wenn es konkurrenzfähig bleiben wollte, die finanziellen Kräfte eines einzelnen Mannes nicht ausreichten. Und die Erfolgsaussichten waren gerade in Mecklenburg zu diesem Zeitpunkt alles andere als günstig. Ein von ihm im Jahre 1858 von der Stadt aufgenommener Kredit von 16000 Talern, der zehn Jahre später noch nicht zur Hälfte abgezahlt worden war, bestätigt das. Inwieweit sein ebenfalls ab Dezember 1852 in Rostock wohnhafter Bruder, der Maschinenbauer Otto Tischbein, an dem Unternehmen beteiligt gewesen ist, ließ sich nicht feststellen.

Die etwa zur gleichen Zeit in Bredow bei Stettin von den beiden Hamburger Ingenieuren Fürchtenicht und Brock gegründete Eisenschiffswerft *wies bereits 1857 einen Buchwert von 639254 Talern für Grund und Boden, Maschinen, Werkzeuge usw. auf. Beim Ankauf im gleichen Jahr durch die Stettiner Maschinenbau-Aktiengesellschaft, bestehend aus sechs Industriellen, wurde das Grundkapital bereits auf 1 Million Taler festgesetzt.* (Brennecke) Ein Beispiel, welchen Kapitalaufwand solche Unternehmen bereits damals erforderten.

Auf den ersten Blick erscheint es auch geradezu unklug, daß sich Tischbein obendrein noch das in vieler Hinsicht so rückständige, von verstaubtem Zunftdenken beherrschte Rostock als Betätigungsfeld ausgesucht hat, wo er anderenorts sicher mehr Aufgeschlossenheit und Unterstützung gefunden hätte. Dafür lassen sich aber triftige Beweggründe finden.

Wichtig für die Konkurrenzfähigkeit einer Werft sind günstige Produktionsbedingungen. Von der geographischen Lage war Rostock für damalige Schiffahrts- und Handelsverhältnisse zu akzeptieren, zumal in Stettin seit 1851 ebenfalls schon die erwähnte Eisenwerft bestand. Wichtiger aber noch war die Wirtschaftlichkeit, denn die Reeder bevorzugten selbstverständlich Werften, auf denen billig, schnell und natürlich auch gut gearbeit wurde. Und hier nun mögen die (bis zur Angliederung an den Deutschen Zollverein 1868) niedrigen Einfuhrzölle für Eisen in Mecklenburg für Tischbeins Entschluß ausschlaggebend gewesen sein, wodurch er sich besonders den preußischen Nachbarhäfen gegenüber im Vorteil sah. Man erhob 1853 sogar im Interesse der Reederei und des Schiffbaus in Rostock die Forderung, niemals den Anschluß an den Zollverein zu dulden, wenn nicht die Verzögerung bei den Eisenzöllen erfolge oder *eine Vergütung derselben aus der Staatskasse statthaben werde*. Trotzdem sollte ihm gerade von preußischer Seite durch die dort entstehenden Werften (Möller & Hollberg, Stettin, Ferdinand Schichau, Elbing, und J. Klawitter, Danzig) eine ungeahnte Konkurrenz erwachsen.

Die deutschen Werften waren anfangs ausschließlich auf den Import englischen Eisens angewiesen, da die räumliche Entfernung zwischen den Werften und den im Binnenland liegenden Eisenwerken für damalige Transportverhältnisse zu groß war. Auch die zum Schmieden benötigte Kohle wurde aus den gleichen Gründen auf dem billigeren und bequemeren Seeweg aus England eingeführt, auch weil die Qualität der deutschen Kohle auf dem Landwege durch häufiges Umladen sich erheblich verschlechterte. Die Reeder der von Rostock nach England ausgehenden Getreideschiffe wiederum waren froh, wenn sie Schmiedekohle oder Eisen als Rückfracht bekamen. Daran änderte sich bis zur Jahrhundertwende in Deutschland wenig, trotz der immer besser werdenden Qualität der heimischen Eisenproduktion. Hinderlich für die Verwendung im Schiffbau war nach Schroedter neben mangelnden fachlichen Beziehungen zwischen Werften und Walzwerken vor allem der Umstand, daß die Klassifikationsgesellschaften die Bauvorschriften nach dem englischen Maßsystem in Fuß und Zoll ausgelegt hatten, während in Deutschland die Profile nach dem Metermaß gefertigt wurden.

Tischbein hatte unter diesen Bedingungen vorerst allen Grund, optimistisch zu sein, und er rechnete wohl deshalb vor allem auch mit Aufträgen außerhalb Mecklenburgs und sogar aus dem Ausland, schon weil die Arbeitslöhne in Rostock weitaus niedriger als z. B. in England oder im benachbarten Preußen lagen. So arbeitete er dann später auch in erster Linie für fremde Auftraggeber, ohne deren Bestellungen sein Unternehmen sicher schnell gescheitert wäre.

Den ersten Dämpfer erhielt Tischbein gleich 1852, als er beim Rat der Stadt den Antrag auf Übernahme der Werft zur Erbauung eiserner Schiffe auf alleinige Rechnung stellte und gleichzeitig um eine Konzession für deren Erweiterung zu einer Maschinenbauanstalt, Dampf- und Kesselfabrik sowie einer Gießerei bat. Durch diese Erweiterung erhoffte er sich in dem industriell unterentwickelten Mecklenburg auf lange Sicht eine gesicherte Existenz, und außerdem entsprach das vergrößerte Produktionsangebot auch seinem vielseitigen Talent.

Die Reaktion des schon erwähnten 2. Quartiers der Repräsentierenden Bürgerschaft war folgende: *Die Genehmigung zur Vererbpachtung der Parzellen an der Warnow vor dem Kröpeliner Tor an den Architekten Tischbein zur Errichtung einer Maschinenfabrik wird noch nicht erteilt, weil man erst die Ansicht der Deputierten des Schmiedeamtes hören will. Es wird behauptet, daß dieses Amt in Contraventionsprozessen mit jener Anstalt liege und scheint man solchen Fabriken überhaupt nicht geneigt, in dem man dort Arbeiten von Nichtmeistern anfertigen lasse, die von hiesigen Meistern gemacht werden müßten.* Und so entschloß man sich nur, *das Concessionserlegnis in Aussicht zu stellen.*

Es ginge zu weit, nun auch noch auf die sich im gesamten wirtschaftlichen Bereich so hemmend auswirkenden Zünfte näher einzugehen. Jedenfalls geht das bekannte Tauziehen wieder los. Der Rat erteilt Tischbein trotzdem die volle Konzession, und zwar:

1. für die Erbauung eiserner Schiffe, Schiffsmaschinen und Schiffskessel,
2. für die Herstellung landwirtschaftlicher Maschinen,
3. für die Anfertigung von Gußwaren jeglicher Art.

Voll unterstützt in dieser Entscheidung wird er von den Vertretern des 1. Quartiers, das seine »vollste Anerkennung für die Erteilung der Concession« ausspricht, *da sich die Stadt Rostock dadurch ein großartiges Geschäft zu eigen macht, das Arbeitsplätze für viele Bürger schafft und zudem noch ein Unternehmen ist, das man anderenorts nicht nur unterstützt, sondern sogar mit Prämien und materieller Unterstützung versieht.* Durch diese fortschrittlich gesinnte Einstellung ließen sich die anderen Bürgervertreter der Stadt aber wenig beeinflussen. Das Ergebnis endloser Debatten war schließlich, eine Niederlassung für große Unternehmen solle zwar nicht generell abgelehnt werden, aber die Zünfte seien unbedingt zu schützen. Vor allem sei auch das vom Rat bestimmte »Concessionserlegnis« von 116 Talern viel zu gering, da schon die Kupferschmiede 150 Taler zu bezahlen hätten, und trotz energischen Protestes des 1. Quartiers wollten sie wenigstens dieses auf 225 Taler erhöht wissen, worin man schließlich, um der lieben Ruhe willen, einwilligte.

Mitte 1853 konnte endlich die Tischbein stets treu zur Seite stehende Presse melden: *Es ist eine für Rostock erfreuliche Erscheinung, daß es dem Unternehmer (Tischbein) gelungen ist, trotz so vieler Schwierigkei-*

Stapellauf des Dampfers Königin Marie *bei Tischbein (1855)*

ten, die zum Teil in den bestehenden Verhältnissen liegen, das Etablissement nicht bloß zu gründen, sondern ihm auch einen ehrenvollen Ruf im Auslande zu erringen. Wie wir hören, sind bereits im vorigen Jahr bedeutende Aufträge aus Polen, Rußland und Oesterreich ausgeführt worden. Wir wollen wünschen, daß der Aufschwung des Rostocker Handels und eine fördernde Gesetzgebung die weitere gedeihliche Entwicklung der Maschinenbauanstalt sichern möge. Es wäre noch hinzuzufügen, daß die »bedeutenden Aufträge« aus dem Ausland nicht alle in den Bereich des Schiffbaus fielen.

Es wurde auf diese Einzelheiten etwas näher eingegangen, um zu belegen, unter welchen enormen Schwierigkeiten und mit welchem zeitraubendem Kraftaufwand die Voraussetzungen dafür geschaffen werden mußten, um das erste eiserne Segelschiff des gesamten Ostseeraums »aus der Taufe zu heben«.

Weil die Rostocker Reederei den Dampfern kein Interesse entgegenbrachte, glaubte Tischbein wenigstens beim Segelschiffbau ein entsprechendes Betätigungsfeld zu finden. Eigentlich hätte er aber wissen müssen, *daß der Sinn des mecklenburgischen Seefahrers noch tiefer mit dem Herkömmlichen verwurzelt war, als der seiner Mitmenschen an Land.* (»Rostocker Zeitung«)

Der erste deutsche eiserne Klipper

Über viele Jahrzehnte waren die beiden ersten in Rostock erbauten eisernen Segelschiffe in der deutschen Literatur nicht aufzufinden. Erst Brennecke erwähnte sie im Jahre 1968 wieder in einer Unterzeile seines Buches »Windjammer«, zusammen mit zwei anderen, noch davor in Duisburg gebauten Eisenseglern. Bis dahin galt das auf der Hamburger Reiherstiegwerft im Jahre 1858 für die HAPAG vom Stapel gelaufene Vollschiff DEUTSCHLAND (837 RT) als das erste auf einer deutschen Werft erbaute eiserne Segelschiff. Nicht etwa aus Lokalpatriotismus, sondern weil sie es als echte Pionierleistungen des deutschen Schiffbaus unbedingt verdienen, soll auf ihre Entstehungsgeschichte und ihre Konstruktion näher eingegangen werden, auch wenn sie die in sie gesetzten Erwartungen nicht voll erfüllt haben. Der im Jahre 1810 gegründeten Firma »Hütten-Gewerkschaft und Handlung Jacobi, Haniel und Huyssen« in Duisburg-Ruhrort gebührt der Ruhm, die ersten eisernen Segelschiffe für deutsche Rechnung gebaut zu haben. Nach Scholl entwarf dort Alexander Seydel einen speziell für den Rhein-Seeverkehr konzipierten »neuartigen eisernen Segler« mit »beweglichen Kielen«. Im Winter 1844/45 wurde nach diesen Plänen eine Brigg mit einer Tragfähigkeit von 150 Lasten gebaut, der man den Namen HOFFNUNG gab. Das ein Jahr später folgende Schwesterschiff FORTSCHRITT sollen belgische Schiffbauingenieure entworfen haben.

Für Albrecht Tischbein jedenfalls waren es keine Vorbilder, denn dieser orientierte sich allein auf den englischen Schiffbau. *England hat in der ersten Zeit des Baus eiserner Schiffe viele Fehlgriffe gemacht. Allein diese liegen jetzt dem Publikum offen vor, und allgemein wird die Bauweise am Clyde als maßgebend und musterhaft in England bezeichnet. Man wird daher auf der einen Seite mit voller Sicherheit dieser Konstruktionsweise folgen dürfen, auf der anderen Seite Wahrnehmungen an nicht musterhaft gebauten und gehaltenen einzelnen Schiffen nicht der ganzen Gattung zur Last legen. Wenden wir diese in England gemachten Erfahrungen auf unsere Verhältnisse an, so wird man nicht verkennen können, daß daraus für uns mancher Fingerzeig zu entnehmen, manche Nutzanwendung zu machen ist,* stellt die »Rostocker Zeitung« fest.

Vermutlich versuchte Tischbein auch über die Presse, die ablehnende Einstellung seiner mecklenburgischen Landsleute zu beeinflussen, denn in beinahe regelmäßigen Abständen erschienen dort große Artikel oder Meldungen, die die Fortschritte des englischen Eisenschiffbaus in den höchsten Tönen priesen und auch mit präzisen Beispielen die größeren Vorteile des neuen Werkstoffes belegten. Es ist wohl kaum anzunehmen, daß sich die Redakteure der Rostocker Lokalzeitung so eingehend mit der englischen Schiffbauliteratur beschäftigten. Jedenfalls müssen auch dort weitsichtige Männer gesessen haben, denn sie standen dem Schaffen Tischbeins nicht nur wohlwollend gegenüber, sie unterstützten ihn auch mit allen ihnen zur Verfügung stehenden Mitteln. So heißt es im November 1852 einleitend zu einem solchen aufklärenden Artikel: *Rostocks Reederei hat in diesem Herbste leider den Verlust einer großen Anzahl ihrer Schiffe zu beklagen, und aus der Tätigkeit unseres Schiffbaus läßt sich wohl schließen, daß alle diese verlorengegangenen Schiffe durch neue ersetzt werden.*

Unter solchen Umständen liegt es sehr nahe, das Augenmerk unserer Reeder einmal auf Englands Schiffbau zu richten, und zwar verdient dieser dies gegenwärtig um so mehr, als gerade jetzt darin die größten Anstrengungen gemacht werden, um es den Amerikanern, die mit ihren Klippern England zu überflügeln drohten, wieder zuvorzutun. Es liegen uns soeben mehrere Hefte der Londoner Zeitschrift »The Artizan« vor, aus denen wir mit Verwunderung ersahen, in wie bedeutender Anzahl eiserne Segelschiffe – die eisernen Dampfer gar nicht in Betracht gezogen – in England gebaut werden, während solche bei uns noch völlig unbekannt sind ..., und wenig später: *... und wenn der in allem, was Seefahrt und Handel betrifft, so überaus praktische Engländer sich so bedeutend und vorzugsweise auf den Bau eiserner Schiffe legt, so kann man sicher darauf rechnen, daß er sich vorher überzeugt habe, daß diese den Vorzug vor hölzernen Schiffen verdienen. Es ist eine täglich zu bemerkende Eigentümlichkeit des englischen Nationalcharakters, wenn sich einmal etwas Bahn gebrochen hat und sich als praktisch und vorteilhaft bewährt, er sich dies unter allen Umständen anzueignen weiß.*

Dieser Eigenschaft konnte sich der Mecklenburger nun nicht gerade rühmen. Doch steter Tropfen höhlt den Stein, und so erschien schließlich die erste Erfolgsmeldung am 21. Juli 1853: *Ein für unseren Platz neues Unternehmen, das wir mit Freuden begrüßen, zeigt gegenwärtig die Maschinenbauanstalt des Herrn Tischbein, der seit kurzem seinen Wohnsitz von Magdeburg ganz hierher verlegt hat. Es ist dies der Bau eines großen eisernen Segelschiffes für einen jungen mecklenburgischen Schiffer. Schon ist der schlanke Kiel gestreckt, und die Steven sind gerichtet, und aus der Entfernung dieser Letzteren voneinander erkennt man, daß dies eines der größten Fahrzeuge werden wird, das bisher auf unseren Werften erbauet worden ist. Es erhält eine Länge von 130 Fuß englisch Maß auf der Wasserlinie. Herr Tischbein hat außer seiner Zeichnung ein Holzmodell von diesem Schiffe aufgestellt, das wir Gelegenheit hatten zu sehen, und es gehört wenig Sachkenntnis dazu, um auf den ersten Blick zu erkennen, daß das Schiff hiernach nicht allein ein sehr schmuckes und zweckmäßiges, sondern auch ein schnellsegelndes werden muß. Es erhält Barktakelage und wird nach Klipperart erbaut, so daß also von jetzt ab unser gut renommierter Schiffbau auch in diesem Zweige nicht mehr hinter den Engländern zurücksteht ...*

Tischbein hatte es nun doch geschafft! Wieviel Überredungskunst oder gar finanzielle Vergünstigungen mag es gekostet haben, um den jungen Schiffer zu diesem Entschluß zu bringen? Es wäre interessant zu wissen, wer sich in die Partenlisten dieses Schiffes eingetragen hat. Daß der Schiffbauer selbst eine nicht unbedeutende Parte reedete, war üblich, in diesem besonderen Fall wird sie sicher die Norm weit überschritten haben, denn dieser Bau war für Tischbein eine Prestigefrage. Mit diesem praktischen Beispiel wollte er die Rostocker und mecklenburgischen Schiffer überzeugen, daß ihre Vorurteile unberechtigt, seine eisernen Schiffe aber den hölzernen mindestens ebenbürtig, wenn nicht gar überlegen waren.

Auf jeden Fall hatte die Firma des Senators P. Burchard die Korrespondenz für den ersten eisernen Segler übernommen, ein Zeichen dafür, daß es auch unter den Rostocker Korrespondenzreedern Leute gegeben hat, die den entsprechenden Weitblick oder wenigstens den erforderlichen Mut besaßen, den technischen Fortschritt im Schiffbau zu unterstützen und zu nutzen. Wer die anderen Mitreeder waren, ob aus dem In- oder Ausland, ob es nur wenige mit hohen oder viele mit geringen Anteilen waren, wissen wir leider ebensowenig wie den Preis des Schiffes. Auf alle Fälle waren sicher die üblichen Handwerker, Ausrüstungs- und Dienstleistungsbetriebe daran beteiligt, vielleicht auch englische Kaufleute und Maklerfirmen. Das wäre nicht ungewöhnlich gewesen, da das Schiff von England aus in der Reisfahrt eingesetzt werden sollte.

Viel wichtiger als die Partenliste ist für uns aber die Bauzeichnung, und die ist zum Glück im Original vorhanden, für die Bark DER ORIENTALE im Linien- und im Takelriß und für die spätere Bark mit Hilfsantrieb HERZOGIN MARIE im Linienriß. Das ist ein mehr als glücklicher Umstand, denn so sind wir in der Lage, genaue Einzelheiten über die Konstruktion des Schiffes mitteilen zu können, das mit Sicherheit der erste in Deutschland gebaute eiserne Klipper gewesen ist.

Zuvor aber muß in diesem Zusammenhang noch eine andere Begebenheit erwähnt werden. Das Projekt hat Tischbein sicher viel Kopfzerbrechen bereitet, denn dieser Bau war absolutes Neuland für ihn. Es besteht allein von der Stabilität her ein gewaltiger Unterschied zwischen einem für die Nord-Ostsee-Fahrt ausgelegten schonergetakelten Schraubendampfer mit Hilfssegeln, wie es der ERBGROSSHERZOG FRIEDRICH FRANZ und der GROSSFÜRST CONSTANTIN waren, und einem rahgetakelten Klipper, der in der Ostasienfahrt eingesetzt werden sollte und praktisch alle Klima- und Wetterzonen zu durchsegeln hatte.

Hier gibt es wieder einmal eindeutige Berührungspunkte mit Wilhelm Zeltz, der zu gleicher Zeit das »Klipperbarkschiff« MECKLENBURGS RITTERSCHAFT baute, welches ca. einen Monat vor DER ORIENTALE vom Stapel lief. Denn bei Tischbein war ein junger Konstrukteur namens Heydtmann angestellt, der sicher bei beiden Neubauten mit für die Entwürfe verantwortlich war. Daß er der bekannt gewordene P. Heitmann gewesen ist, der ein Jahr später in Lübeck eine eigene Werft eröffnete und auch danach noch für Rostocker Werften mehrere schärfer gebaute Segler entwarf, läßt sich trotz der unterschiedlichen Schreibweise des Namens vermuten.

Die theoretische Rückversicherung erschien Tischbein aber nicht zu genügen, denn im Oktober 1853 meldete die Zeitung plötzlich die Probefahrt eines auf seiner Werft gebauten »kleinen eisernen Klippers«, ganz nach den verkleinerten Linien der berühmten Klipper-Yacht AMERICA entworfen, die im Jahre 1851 in England *alle dortigen Schnellsegler besiegte und deren Konstruktionsprinzip seitdem dem Schiffbau eine ganz neue Richtung gegeben hat.*

Die als Schoner getakelte Yacht AMERICA wurde 1849 von dem jungen Amerikaner George Steers in New York gebaut, der sich schon vorher durch den Entwurf der Lotsenschoner MARY TAYLOR und MOSES H. GRINNELL *bereits einen großen Ruf als Konstrukteur schneller und seetüchtiger Segelfahrzeuge gemacht hatte.* Sie hat mit ihrer Bauweise allerdings mehr die Konstruktion von kleinen Schnellseglern, wie Lotsenschonern, Fruchtjagern, Postseglern und Luxusjachten, entscheidend beeinflußt, weniger die der Tiefwasserschiffe. Die Wasserlinien der als Zwei-Mast-Gaffelschoner getakelten AMERICA waren *von außerordent-*

Linienriß der eisernen Klipperbark DER ORIENTALE *(1854)*

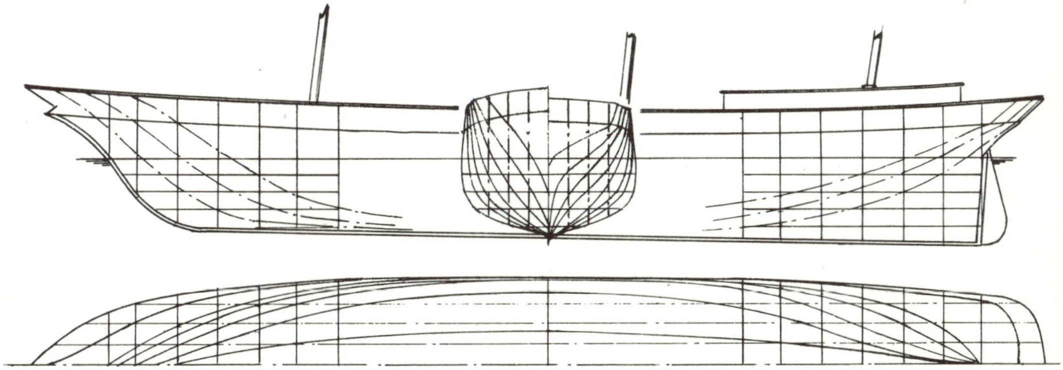

licher Schärfe und Hohlheit, der Deplacement-Schwerpunkt lag außerordentlich weit achtern, und auch im Schnitt der Segel wich die Yacht von allem Gebräuchlichen ab. (Oertz)

Sie überquerte anläßlich der ersten Weltausstellung in London im Juli 1851 in 21 Tagen den Atlantik, und die Sensation für Europa wurde perfekt, als sie in einer offenen Regatta um die Insel Wight im August des gleichen Jahres, besonders durch ihre hervorragenden Am-Wind-Eigenschaften, die besten englischen Jachten um über 20 Minuten schlug und damit den englischen Nationalstolz erheblich traf.

In Verbindung mit diesem kleinen Tischbeinschen Segler wird als Konstrukteur der oben angeführte Heydtmann genannt, der darauf, zusammen mit drei Freunden, den Kapitänen Walsmann, Teßdorf und Padderatz jun., eine Reise nach Lübeck und zurück gemacht hat. Die Jacht besaß vorn und achtern ein Halbdeck und war ebenfalls als Schoner getakelt. Die Tabelle zeigt eine Gegenüberstellung ihrer Maße mit denen der AMERICA (nach Oertz).

	Rostocker Jacht	AMERICA
Kiellänge	6,00 m	–
Wasserlinie	7,50 m	27,58 m
Länge ü. Deck	8,40 m	32,99 m
Tiefgang	0,75 m	3,48 m
Breite	–	6,88 m

Auf dieser Fahrt, die, von Warnemünde nach Travemünde, hin acht und zurück sieben Stunden gedauert hat, soll sich die Jacht *nicht allein als Schnellsegler, sondern auch in jeder Beziehung als seetüchtig* erwiesen haben. Ein Log war nicht an Bord, aber nach *annähernder Schätzung* sollen *mit Sicherheit* stellenweise trotz entgegenlaufenden Stromes 7–8 kn erzielt worden sein. Diese Geschwindigkeit war für das Schiff vielleicht erreichbar, doch wohl kaum unter den angegebenen Bedingungen. Den sonst auf Großseglern fahrenden Kapitänen muß die Geschwindigkeit auf dieser kleinen Jacht zwangsläufig größer vorgekommen sein, zumal noch bei Gegenstrom, wo eine objektive Schätzung der Fahrt über Grund noch schwieriger ist. Aber Lokalzeitungen pflegen bekanntlich kaum etwas Nachteiliges gegen heimische Unternehmen zu sagen, ein Umstand, der uns auch später alle Angaben kritisch überprüfen lassen muß. Die nicht ganz zweckfreie Begeisterung der Zeitung ist natürlich verständlich, aber sie versteigt sich zu recht euphorischen Äußerungen wie: *Auch uns steht die Zeit bevor, in welcher der Schiffbau von Eisen größere Ausdehnung gewinnen wird. Manchem von uns mag es beschieden sein, zu sehen, daß ebenso viele eiserne als hölzerne Schiffe unsere Werften verlassen. Das Eisen ist uns nur um die Fracht teurer als den Engländern, das Schiffbauholz aber steigt täglich im Preise. Die Aneignung der Erfindungen und Erfahrungen der Engländer ist uns offen. Ihnen folgend, werden wir nur durch ihren Schaden klug ..., und steht die obengenannte Anstalt auch schon wieder in Unterhandlung wegen der Erbauung noch mehrerer eiserner Schiffe.*

Erst Ende Mai 1854, also zehn Monate nach der Meldung, daß der Kiel bereits gestreckt und auch die Steven gerichtet seien, kam die Vorankündigung des Stapellaufs. Die Neuartigkeit des Baus, ein kalter, langer Winter, eine, wenn inzwischen auch erweiterte, so doch technisch nicht optimale Ausrüstung der Werft mögen dafür die Ursachen gewesen sein. Was der englische Schiffbau in dieser Beziehung schon zu leisten vermochte, zeigt das Beispiel der bei Alexander Stephen in Glasgow 1852 erbauten TYPHOON, die, mit 965 t beinahe doppelt so groß, in der sehr kurzen Bauzeit von vier Monaten und zehn Tagen fertiggestellt worden ist. Für das Vernieten der 994 eisernen Außenhautplatten benötigte man ganze sechs Wochen. Bei diesem Schiff waren auch die drei Untermasten aus Eisen. Allerdings wurde es gleich zu Beginn seiner Jungfernfahrt entmastet, und man setzte ihm im Nothafen Lissabon wieder die üblichen, ganz aus Holz bestehenden Masten ein.

Dann war es aber auch in Rostock soweit: *Am Donnerstagnachmittag, den 1. Juni 1854, lief das eiserne Barkschiff* DER ORIENTALE *für Kapitän Kirchhoff bei günstigem Wasserstand glücklich vom Stapel.* Die Meldung war für dieses doch historische Ereignis eigentlich ein bißchen knapp abgefaßt. Erst später folgten – bezeichnenderweise aus der »Hamburger Börsenhalle« entnommen – einige Angaben über die Größe und Konstruktion: *»DER ORIENTALE, Capt. Kirchhoff, ist ein Klipperbarkschiff von 200 Weizenlasten, bei 13 1/2' Tiefgang, Länge über Deck von 150', der Wasserlinie 138', größte Breite 26 1/2', Tiefe im Raum 15'. Die Spanten aus 4" × 2 1/2"igen Winkeleisen stehen in einer Distanz von 18", mit jedem derselben ist ein Decksbalken von gleichen Dimensionen und mit jedem fünften Spant ein Zwischendeckbalken von Eisen, 3 1/2" × 3" × 5/8" stark, verbunden. Jedes zweite Spant hat eine 13zöllige Bodenwrange und jedes neunte ist ein Rahmspant. Vier Kielschweine von 14" Höhe, die durch das ganze Schiff laufen und durch Winkeleisen mit der Außenhaut verbunden sind, geben dem Schiff die erforderliche Stärke im Boden, sowie die 19zölligen Stringerplatten, die über die Decksbalken laufen und mit dem Farbengang ebenfalls durch Winkeleisen verbunden sind, die Außenwände außerordentlich stark machen. Der Kiel ist 7 1/2" × 2" × 1 1/2" stark. Die Platten der Außenhaut sind im Kielgange 9/16", im Boden 7/16", bis zum Bergholz 3/8", das Bergholz 1/2" und der Farbengang 5/16" stark. Die Platten im Boden sowie alle Quernähte sind doppelt genietet. Von den durch vier wasserdichte Schotten in fünf Abteilungen getrennten Schiffsräumen haben die drei mittleren Räume resp. 51', 48' und 19' Länge und sind für die Ladung bestimmt und hat das 6' 4" hohe Zwischendeck einen Gesamtflächeninhalt von 2630 Quadrat-Fuß. Während hiesige hölzerne Schiffe von gleicher Größe 8 1/2' Tiefgang haben, hat der eiserne Klipper nur einen Tiefgang von 5', trotz einer soliden und festen Konstruktion, in der er nach sachverständigem Urteil den in England gebauten vollständig gleichsteht. Die äußere Form ist elegant und entspricht völlig den gegenwärtigen Ansprüchen der Nautik. Das Schiff hat eine hübsche Kajüte von 36' Länge, 16' Breite und 7' Höhe mit herumlaufendem Quarterdeck, in dem für Passagiere bequeme Kojen eingerichtet werden können, und außerdem für die Besatzung eine Roof von 17' Länge und 12' Breite.«*

Vergleicht man die gemeldeten Werte (alle in engl. Fuß und Zoll) mit denen, die durch Aufmessungen des Risses gewonnen wurden, so ergeben sich einige Differenzen:

	Riß	Zeitung
Länge ü. a.	151'	150'
Länge CWL	130'	138'
Breite	26'	26 1/2'
Raumtiefe	15'	15'
Tiefgang (beladen)	12'	13 1/2'

Die Größe in Lasten betrug nach der zeitgenössischen Schiffsliste von Wiggers 170 Roggenlasten (à 6000 Pfund) gegenüber den zweimal gemeldeten 200 Weizenlasten.

Ein Teil dieser Unterschiede ist für die Konstruktion an sich völlig unbedeutend, und sie können durch geringfügige Abänderungen oder Abweichungen während des Baus entstanden sein. Einige Angaben aber müssen Druckfehler oder falsch sein. Dazu gehört einmal die Konstruktionswasserlinie (CWL). Sie wurde während des Baus schon mit 130 Fuß gemeldet, und außerdem wäre bei 138 Fuß der Überhang von Bug und Heck so gering, daß das Überwasserschiff keine klippermäßigen Formen haben konnte, wie der Riß sie zeigt.

Neben einem Linien- und Takelriß im Rostocker Stadtarchiv ist zusätzlich auch noch ein zweiter Segelriß im Rostocker Schiffahrtsmuseum erhalten. Diese vom 18. August 1853 datierte Zeichnung scheint der erste Entwurf gewesen zu sein, denn er enthält noch keine Royals über den Bramsegeln. Lediglich am Großmast ist zusätzlich eines mit Bleistift nachgetragen worden. Nach Verlängerung der Vorbramstenge ist später dann auch noch laut des zuerst genannten Takelrisses am Fockmast ein gleiches Segel hinzugekommen. Außerdem war anfangs hinter dem Großmast ebenfalls ein Gaffelsegel geplant. Die Verbreiterung des Schiffes um 1 Fuß ist vermutlich wegen der höheren Takelung vorgenommen worden. Aus der Vermessungsformel läßt sich bei 170 Lasten, 130 Fuß CWL und 26 Fuß Breite eine mögliche Zuladung von 6 Fuß als »Niedersenkung« errechnen. Dieser Wert erscheint auch realer als die in der Zeitung angegebenen 8 1/2 Fuß, die sich aus der Differenz vom Leertiefgang (5 Fuß) und dem Tiefgang im beladenen Zustand (13 1/2 Fuß) herleiten. Einmal würde das Schiff beladen nur einen Freibord von 2 1/2 Fuß haben, zum anderen entsprechen alle von der Zeitung veröffentlichten Werte am Ende einer Tragfähigkeit von 259 Lasten.

Rein äußerlich schon, ganz abgesehen von dem neuen Material, mußte der Rumpf der Der Orientale für Rostocker Verhältnisse ungewöhnlich gewesen sein. Er hatte nicht viel mit seinen bisher am Ort erbauten Schwestern gemein, obwohl sich einige andere Schiffbauer jetzt auch bemühten, modernere Ansichten und Methoden im Schiffbau einzuführen. Die bis dahin meist hochbordigen, mit mehr oder weniger Sprung und einem oft plump wirkenden Spiegelheck versehenen Rümpfe hatten, trotz der teilweise weiter ausladenden Buge, bis auf wenige Ausnahmen immer etwas Klobiges an sich.

Auf den vorliegenden Rissen sehen wir ein recht schnittiges Schiff mit harmoni-

Hölzerne Klipperbark Cid aus Hamburg, ein Schwesternschiff der Imperieuse

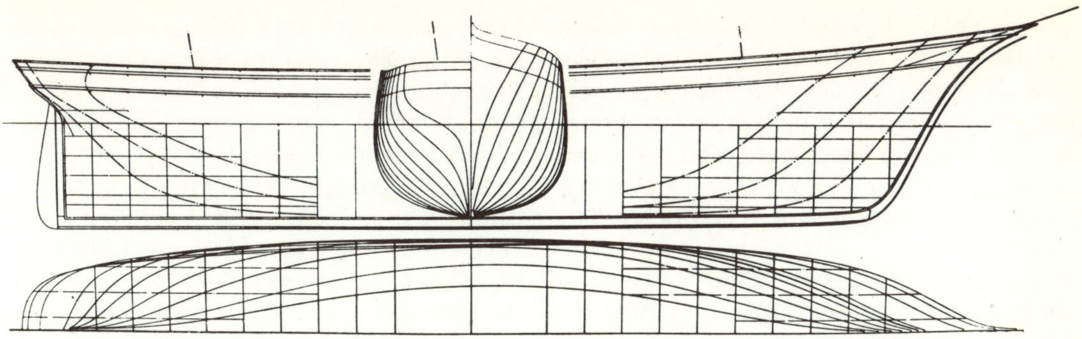

Linienriß des hölzernen Klippers Imperieuse *(erbaut 1853 bei E. Dreyer in Hamburg/Neuhof)*

schen Linien. Es entspricht rein äußerlich noch nicht dem Typ des Schnellseglers, so wie ihn Höver beschreibt, *mit niedrigem Freibord und fast ohne Sprung in der Deckslinie, starkem Überhang an Bug und Heck, verwegen nach achtern geneigten Masten*. Mag ersteres noch zutreffen, der Fall der Masten, wie die Besegelung überhaupt, wich nur wenig vom Herkömmlichen ab. Trotzdem war dieses Schiff von der Linienführung her ein Klipper, wenn es in der Literatur bisher auch immer unterschlagen wurde.

Über den Klipperbau in Deutschland schreibt Szymanski: *Etwa seit 1852 haben mehrere deutsche Werften Klipperschiffe gebaut. Gegenüber den vor 1850 gebräuchlichen Seglern hatten sie schärfere Wasserlinien, jedoch erhielten sie nicht so scharfe Schiffsenden, wie die sogenannten extremen Klipper, auch gab man ihnen häufig eine Barktakelung. Diese Klipper, in Amerika »medium-clipper« (Halbklipper) genannt, hatten für die deutschen Schiffahrtsverhältnisse günstigere Formen. 1853 konstruiert Ernst Dreyer (Altona und Neuhof) das Fregattschiff* Imperieuse *und dessen Schwesternschiff, die Bark* Cid, *beides scharfe Klipper, wie aus den Linien ersichtlich.*

Hier wie auch später wird Dreyer als der erste deutsche Schiffbauer belegt, der Klipper konstruiert und gebaut hat und dem die Reiherstiegwerft in Hamburg 1855 folgte. Wir können jetzt dank der vorliegenden Pläne den Namen von Albrecht Tischbein aus Rostock hinzufügen.

Das Mitwirken von Zeltz und Heitmann an dieser Konstruktion ist anzunehmen, aber auch eine Zusammenarbeit mit Dreyer ist beim Vergleich der Abmessungen nicht ganz auszuschließen. Die Längen der von Dreyer konstruierten Klipper lagen stets zwischen 43,5 und 45 m. Die größere Breite und Tiefe der Imperieuse im Vergleich zur Der Orientale sind wohl durch die konstruktiven Nachteile des Holzes gegenüber dem Eisen bedingt. Das wird noch deutlicher bei einer Gegenüberstellung mit der bei Zeltz zur gleichen Zeit gebauten und als »Klipperbark« bezeichneten Mecklenburgs Ritterschaft. Das dadurch bedingte geringere Fassungsvermögen der Der Orientale müßte z. T. durch ein materialbedingtes geringeres Eigengewicht infolge geringerer Wandstärken wieder ausgeglichen worden sein.

Allein die Tatsache, daß ein Schiff seitens seines Erbauers oder Reeders als »Klipper« bezeichnet worden ist, ist noch kein Beweis dafür, daß es auch wirklich einer war. Viele Reeder nannten früher selbst völliger gebaute Fahrzeuge so, wenn sie einmal eine schnellere Reise gemacht hatten, nur weil sie sich dadurch höhere Frachtraten erhofften. Auch ein größeres Längen-Breiten-Verhältnis oder vielleicht eine extrem hohe Takelung sind keine alleinigen Kriterien für einen echten Klipper. Darüber entscheiden die Formen des Unterwasserschiffes, und auch hier gibt es bei der Der Orientale Parallelen zur Impe-

RIEUSE. Beim Vergleich der Formverhältniswerte beider Schiffe ist festzustellen, daß Tischbein bei weitem nicht die Vorteile des neuen Materials voll ausgenutzt hat. Neben einem höheren Längen-Breiten-Verhältnis läßt sich nur ein vorteilhafterer Schlankheitsgrad erkennen. Der Schärfegrad der CWL-Fläche ist sogar schlechter, was darin begründet sein mag, daß sich der Bug und das Heck nicht in der Weise verjüngen wie bei der IMPERIEUSE.

Im Gegensatz zu den Amerikanern, die zur Vergrößerung der Vorpiek einen winkligen Stevenansatz, also relativ steil auflaufende Steven, bevorzugten, in dem sich die Wasserlinien im Längsriß fast punktförmig trafen, benutzten Dreyer und Tischbein bei ihren Schiffen einen langgerundeten Stevenauflauf, der in einen leicht geschwungenen Steven überging. Beide Schiffe besaßen trotzdem recht scharfe Enden, bei denen die Wasserlinien vor allem unter-

Klipper SOVEREIGN OF THE SEAS (erbaut 1852 bei Donald McKay in Boston)

Linienriß des hölzernen Klippers SOVEREIGN OF THE SEAS

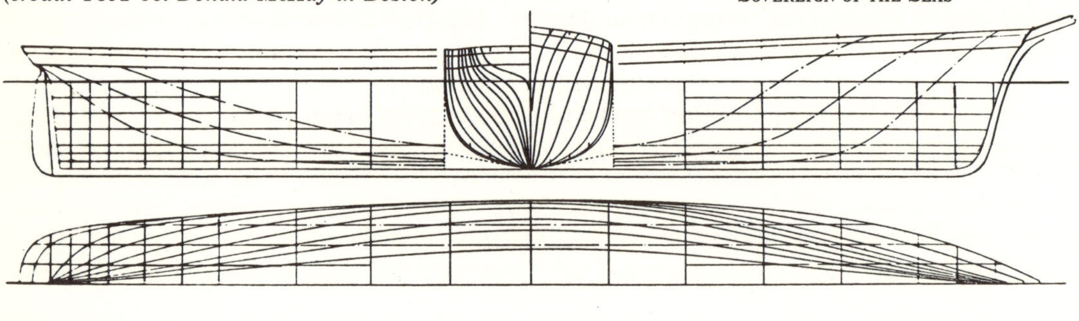

Formverhältnisse der ersten eisernen Rostocker Barken
(im Vergleich zu hölzernen Klippern)

Typ, Name, Schiffbauer, Jahr	L/B	B/T	$L/\sqrt[3]{D}$	α	β	δ	φ
Hölzerner Klipper SOVEREIGN OF THE SEAS Donald McKay Boston (USA) 1852	5,7	1,9	4,58	0,711	0,787	0,62	0,787
Hölzerner Klipper IMPERIEUSE E. Dreyer Hamburg 1853	4,48	2,01	4,17	0,678	0,802	0,558	0,696
Eiserne Klipperbark DER ORIENTALE A. Tischbein Rostock 1854	4,97	2,31	4,72	0,806	0,802	0,546	0,680
Eiserne Bark mit Hilfsantrieb HERZOGIN MARIE A. Tischbein Rostock 1857	5,23	2,05	4,60	0,793	0,844	0,552	0,653

halb der Tiefladelinie ziemlich konkav verliefen. Die Vorpiek ist bei der DER ORIENTALE durch den schrägen Stevenansatz etwas kleiner als die Achterpiek. Bei der IMPERIEUSE war sie vergleichsweise etwas größer, wie die Längsschnitte zeigen, die vorne (aber auch achtern) weiter auseinandergezogen sind als beim Rostocker Klipper. Vorschiff wie Achterschiff verjüngen sich früher und stärker als bei letzterem, bei dem der Bug kurz und gedrungen und das Heck breit ist. Der Überhang des Spiegels ist aber weitaus geringer als bei der DER ORIENTALE und in der Ausführung mehr den Amerikanern angeglichen. Die Aufkimmung des Bodens ist beim Rostokker Klipper deutlicher, und der Radius der etwas länger abgerundeten Kimm erscheint größer. Beide haben oben gering eingezogene Seiten. Die Unterwasserlinien sprechen insgesamt für eine gute Kursstabilität und auch gute Segeleigenschaften auf dem Am-Wind-Kurs. Sie waren allgemein darauf ausgerichtet, dem Wasser in Kursrichtung möglichst wenig, aber nach der Windangriffsseite möglichst viel Widerstand, im Interesse geringerer Abdrift, zu leisten. Tischbein hatte sich nicht, wie die alten Schiffbauer, nur darauf beschränkt, allein durch eine steile Achterpiek mit großem Totholz die Unterwasserlateralplanfläche zu erhöhen. Sowohl das vordere wie achtere konkav ausgebildete Ende vergrößerten den Lateralplan, und um der dadurch bedingten Verringerung des Frachtraumes wenigstens teilweise entgegenzuwirken, blieb der Hauptspant völliger.

Die DER ORIENTALE besaß einen Klipperbug »gemäßigten Ausmaßes«, wie er auch bei Dreyer gebaut wurde. Der Freibord war niedrig, der Decksprung an den Enden nur angedeutet, und das mit einem schrägen Spiegel versehene Heck war im Verhältnis zu vielen anderen Klippern weit überhängend. Mit dem im Vergleich zum Unterwasserschiff völliger gehaltenen Überwasserschiff trug Tischbein wohl der gewohnheitsbedingten Schönheitsauffassung der Auftraggeber Rechnung.

Aus der Art, wie der Rumpf im Takelriß gezeichnet ist, könnte man entnehmen, daß es sich um einen Klinkerbau handle, wie er auch in England schon aus Eisen gebaut worden war. Vermutlich aber sollte mit dieser Darstellung nur ein Absetzen der einzelnen, verschieden starken Plankengänge über der Wasserlinie wie Bergholz, Farbgang usw. erfolgen. Der weit achtern stehende Besanmast ging durch die Kajüte, die nur von einem leicht erhöhten Kajütdeck umgeben war. Ein bis zum Schanzkleid reichendes Achterdeck (Poop), später durch die amerikanischen Klipper eingeführt, benutzte man noch nicht, ebensowenig eine feste Back. Letztere war offen. Kurz hinter dem Fockmast stand das als Unterkunft für die Besatzung dienende Deckshaus (Roof), in dem meist noch die Kombüse und die Zimmermannswerkstatt untergebracht waren.

Gewöhnlich hatte damals jedes Schiff zwei Luken, eine Vorder- und eine Groß- oder Hauptluke. Durch die vierfache Abschottung wurde der Rumpf bei der Der Orientale nach Vorbild des Dampferbaus in fünf Abteilungen bzw. in drei Laderäume unterteilt. Das war bei vorwiegend in der Trampfahrt eingesetzten Seglern nicht üblich, da ihre Nutzungsmöglichkeiten dadurch zu stark begrenzt wurden. Die in der Nord- und Ostsee, aber auch auf dem Atlantik betriebene Holzfahrt wurde damit praktisch unmöglich gemacht.

Die vierfache wasserdichte Schotteinteilung wurde damals auch in England angewandt, z. B. bei dem 1850 bei William Denny and Brothers gebauten Klipper Three Bells. Hier entwässerte man die drei mittleren Abteilungen durch Kolbenpumpen, während die an den Enden liegenden Räume durch Ventile mit den angrenzenden Abteilungen verbunden waren. In ähnlicher Weise wird Tischbein das Problem des Lenzens der Bilge auch gelöst haben.

Bei dieser Konstruktionsart hat man sich vermutlich vorwiegend von Sicherheitsfaktoren leiten lassen. Das erste, als Kollisionsschott fungierende Schott war, ebenso wie ein zweites achtern, üblich bis in die letzte Phase des Segelschiffbaus. Das nächste könnte man als Laderaumschott bezeichnen, eine zusätzliche Sicherheit, falls das Kollisionsschott brechen sollte. Der verfügbare Raum zwischen beiden, durch eine Luke vor dem Fockmast zu erreichen, war auf dem Riß mit 15′ (19′ nach der Zeitung) angegeben und nur sehr klein. Die anderen Laderäume maßen 49′ (51′) und 48′ (48′) in der Länge, die Luken dafür befanden sich zwischen Großmast und Roof bzw. vor dem Kajütdeck. Ob diese Schotten die Schwimmfähigkeit des Schiffes im schweren Leckfall garantierten, sei dahingestellt. Sie trugen aber zur größeren Sicherheit bei geringeren Leckagen bei. Dabei drang Leckwasser meist nur in eine Abteilung ein, das Schiff war nicht so sehr gefährdet und konnte leichter lenz gehalten werden.

Die Takelung war gegenüber dem Rumpf sehr konservativ und wenig klippertypisch. Keine riesige Hochtakelung mit Skysegeln und »Mondkratzern« sowie zahlreichen Stag- und Leesegeln. Dafür entsprach sie einer bewährten Form, die wirtschaftlicher in der Anschaffung war und außerdem für ihre Bedienung keine große Besatzungsstärke benötigte. Der Kostenaufwand mußte im Verhältnis zu dem zu erwartenden Gewinn stehen, und die Der Orientale war für die ostasiatische Reisfahrt konzipiert und nicht für schnelle Passagier-, Post- oder Teefahrten mit hohen Frachtsätzen.

Außerdem wäre es auch fraglich, ob eine noch größere Tuchfülle die Geschwindigkeit überhaupt so bedeutend vergrößert und nicht sogar die Sicherheit des Schiffes gefährdet hätte. Jedenfalls gleicht die Takelung im Prinzip der der im Jahre 1853 bei Zeltz abgelaufenen Bark Herzog Georg, und vermutlich waren da die gleichen Takler am Werk. Fock- und Großmast be-

Bark HERZOG GEORG *(erbaut 1853 bei W. Zeltz in Rostock), ein konventionelles Holzschiff*

saßen zwei, der Besanmast eine Stenge. Der Großmast war nicht höher getakelt als der Fockmast. Beide trugen neben den Unterrahen an der Marsstenge je ein riesiges Marssegel und darüber an der Bramstenge zwei Rahen, ein kleineres Bramsegel und ein Royal. Der Baum des Besansegels ragte über das Heck hinaus, und über der Gaffel stand das übliche Toppsegel. Die vier Vorsegel allerdings wichen in der Anordnung etwas vom sonst Gebräuchlichen ab. In der Regel gingen die Stage für drei Vorsegel von der Bramsaling aus zum Vorgeschirr. Innen stand das Vorstengestagsegel, dem folgte der Innenklüver und zuletzt der große Außenklüver. Die Teilung des letzteren in zwei kleinere, handlichere Segel, dem Mittel- und Außenklüver, fand erst später statt. Einige fuhren dazu noch ein viertes Vorsegel, den Jager oder Flieger, auch Vorbramstengestagsegel genannt, weil dessen Stag von dort zur Nock des Klüverbaums führte.

Die DER ORIENTALE besaß dieses Vorbramstengestagsegel, fuhr aber von der Bramsaling aus nur zwei Vorsegel, einen großen Außenklüver und einen Innenklüver. Das Vorstengestagsegel fehlte, dafür hatte sie ein großes Vorstagsegel, wie es sonst nur Schoner zu fahren pflegten, vermutlich weil der Fockmast wegen des schärferen Vorschiffs weiter zur Mitte hin stand und trotz der Fockrah noch genügend Platz vorhanden war.

Die Zahl der Stagsegel zwischen den Masten erscheint etwas dürftig. Während andere Barken je nach Höhe der Masten insgesamt vier bis sechs und mehr Stagsegel fuhren, sind hier ganze zwei eingezeichnet. Das sogenannte baumlose »Barksegel« mit seiner festen Gaffel am Fockuntermast ist nicht ungewöhnlich, und es wurde an Stelle von Stagsegeln oft auch noch am Großmast gefahren. Hier ist aber zusätzlich noch ein Großstagsegel eingezeichnet, was sich dann erübrigte, falls es nicht als reines Sturmsegel gedacht war. Weiter gab es nur noch das Besanstagsegel zwischen Groß- und Besanmast. Es ist aber nicht anzunehmen, daß nicht wenigstens noch über dem Barksegel ein Großstengestagsegel und über dem Besanstagsegel ein Besanstengestagsegel gefahren wurde.

Es waren genau 35 Tage seit dem Stapellauf vergangen. Das Schiff befand sich in der Ausrüstung, und die Takler waren gerade dabei, das Rigg aufzusetzen. In den Abendstunden des 5. Juli setzte ein heftiger Sturm ein, der in der Nacht noch an Stärke zunahm. Und dann geschah das Unglück: Die DER ORIENTALE wurde durch die Gewalt des Sturms auf die Seite geworfen. Vermutlich lag sie nicht im Wasser, sondern mit den Masten auf der Kaimauer, denn schon gegen Abend des 6. Juli hatte man das Schiff, welches zum Glück keine wesentlichen Beschädigungen erlitten hatte, wieder aufgerichtet.

Kein falsches Manövrieren während der ersten Ausreise, wie es überliefert wird, war schuld an diesem Unfall. Ein unbeladenes, im Auftakeln begriffenes Schiff (im August sollte es auslaufen) war vom Wind auf die Seite gedrückt worden, kein außergewöhnliches Ereignis in der Segelschiffahrt. *Die Notwendigkeit, ohne Ballast zu stehen, war derzeit eine Quelle der Gefahr,* schreibt Basil Lubbock in »The Last of the Windjammers«.

Ein Segelschiff mit seiner riesigen Takelage konnte bis auf wenige Ausnahmen nicht ohne entsprechende Vorsichtsmaßnahmen im unbeladenen Zustand auf dem Wasser liegen. Ein geringer äußerer Einfluß genügte oft schon, um das jetzt topplastige Schiff kentern zu lassen. Dieser Situation mußte beim Auftakeln und vor allem auch später beim Löschen der Ladung Rechnung getragen werden. Je höher der Rumpf dabei aus dem Wasser auftauchte, desto geringer wurde die Stabilität. Nicht umsonst nahmen viele Kapitäne beim Ent-

Takelriß der eisernen Klipperbark DER ORIENTALE (erbaut 1854 bei A. Tischbein in Rostock)

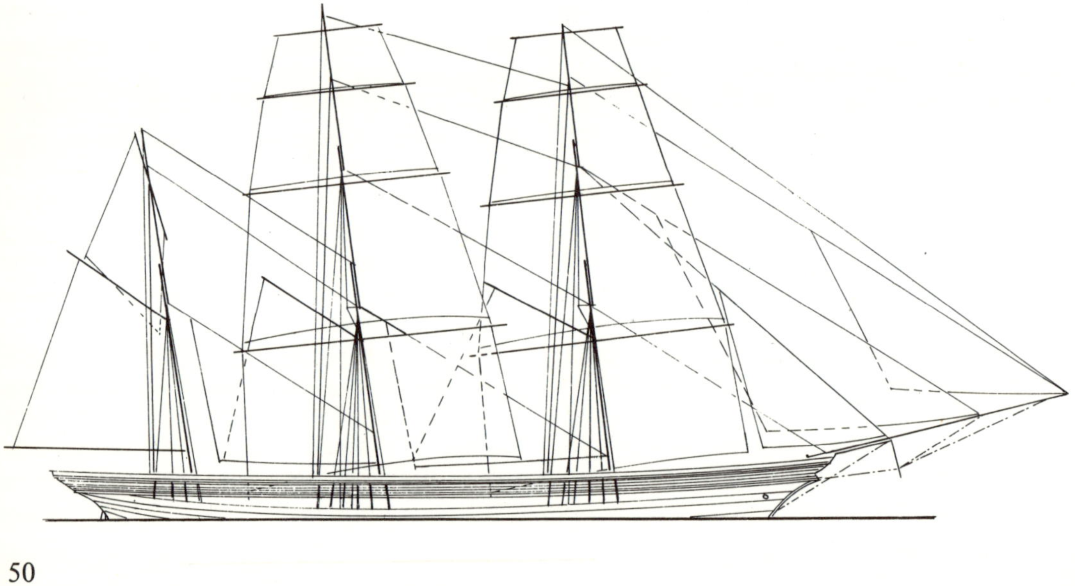

laden die oberen Rahen und bei besonders ranken Schiffen auch noch die oberen Stengen herunter. Bei den späteren Eisen- und Stahlschiffen begegnete man diesem Umstand z. T. mit Wasserballasttanks, die so bemessen waren, daß das Schiff ohne Ladung oder Ballast im Hafen sicher stehen und verholt werden konnte. Bei anderen Seglern gingen das Löschen oder das Beballasten bzw. das Laden und Entballasten gleichzeitig vor sich. Kapitän Hauth von der Rostocker Bark AMARANTH jedoch tat zur Sicherung seines Schiffes folgendes: Als die nur mit »Stehballast« versehene Bark im Hafen von Savannah verholt werden sollte, ließ er, um ein Kentern des Schiffes zu verhindern, außenbords an beiden Seiten schwere Balken mit eisernen Ketten befestigen. Andere benutzten beim Löschen schwere schwimmende »Ballastspieren«, die im Hafen solange als Gewichtsausgleich längsseits befestigt waren, bis wieder genügend Ballast oder Ladung für die notwendige Stabilität eingenommen waren.

Und doch kam es hin und wieder zu Unfällen. Durch Unvorsichtigkeit, durch Nichtbeachtung des Gezeitenwechsels, durch Fehleinschätzung oder Unterlassen der notwendigen Vorsichtsmaßnahmen, und in vielen Fällen war es auch höhere Gewalt. Wir brauchen dabei gar nicht auf die vielen in der internationalen Literatur mit Wort und Bild belegten Fälle zurückzugreifen. Die eigene Flotte bietet genug Beispiele, von denen hier ein paar herausgegriffen werden sollen.

Beim Löschen von Dielen kentert 1858 in Plymouth die Brigg AMPHITRITE und läuft voll Wasser. Vier Jahre später, in Liverpool, fällt die Bark C. E. STOLTERFOTH beim Einnehmen von Kohlen auf die Seite. 1869 kentert die Bark H. OEMIG-IVENDORF im Hafen von Ostviken beim Verholen, und sechs Jahre danach kentert und sinkt die Brigg UNDINE auf dem Revier von Minatitlan. Auch das eiserne Barkschiff DUNCRAIG fiel 1899 im Hafen von Cardiff gegen den Dampfer ADOLPH. Der Grund war, wie so oft, auch hier eine unvorhergesehene, in die hohe Takelage einfallende, harte Bö.

Bei entsprechenden vorbeugenden Maßnahmen ließ sich so etwas weitgehend vermeiden. Nicht alle Schiffe aber luden oder löschten an geschützten Piers, und besonders beim Umschlag auf offener Reede über Leichter gab es immer wieder unvorhergesehene Ereignisse. Eine plötzliche Gewitterbö, unerwartet auftretender Sturm oder eine unvermutet einsetzende hohe Dünung konnten gefährlich werden, vor allem, wenn das Schiff immer aufgetakelt bleiben mußte, um notfalls ablaufen zu können.

Noch mehr gefährdet als die normalen Frachtsegler waren sicherlich die mit schmaleren und niedrigeren Rümpfen ausgestatteten schärfer gebauten Eisenklipper. MacGregor berichtet z. B. von einem eisernen Klipperschoner CALEDONIA, *der während der fünfziger Jahre zwei- oder dreimal auf dem Tees gekentert sei.* Mit diesen Schiffen mußten erst Erfahrungen gesammelt werden, und so ist ihre Stabilität anfangs in einigen Fällen vielleicht falsch eingeschätzt worden. Warum sollte es bei der DER ORIENTALE anders gewesen sein?

Trotz allem verließ die DER ORIENTALE nach ihrer endgültigen Fertigstellung und Kompaßregulierung in der traditionellen Weise, unter vollem Flaggenschmuck und Böllerschüssen, den Rostocker Hafen. In Warnemünde wurde der restliche Ballast eingenommen, und am 11. August 1854, abends 6.00 Uhr, passierte sie die Molen mit dem Bestimmungshafen Haparanda via Stockholm.

Über den ersten Abschnitt der Jungfernfahrt liegt uns der Bericht eines Passagiers vor, der wörtlich wiedergegeben werden soll, weil er viele Angaben hinsichtlich der Segeleigenschaften des Schiffes enthält.

Am 11. August, abends 6.00 Uhr, gingen wir bei ganz flauem Winde aus Warnemünde und gelangten in kurzer Zeit bis gegen den Darß, wo wir, da völlige Windstille eingetreten war, bis zum nächsten Morgen liegen blieben. Eine frische Morgenbrise schwellte darauf unsere

Segel, und im Laufe des Tages sahen wir längere Zeit hindurch die schwedische Küste. Bei Oland wurde uns der Wind völlig contrair und, obgleich wir nun die ganze Strecke zwischen dieser Insel und Gotland hindurch kreuzen mußten, sahen wir doch schon am dritten Tage abends das Leuchtfeuer von Sandhamn auf der Höhe von Stockholm, hier kam jedoch ein so heftiger Gewittersturm auf, wie ich ihn nie geahnt, viel weniger noch erlebt hatte, und wir konnten deshalb nicht binnen kommen, sondern mußten die Nacht hindurch den Sturm aushalten.

Bei dieser ganzen Reise wies sich das Schiff als ein ganz vorzüglicher Segler aus, denn bei schwachem Winde loggten wir 10 1/2 kn, später 12 und bei frischem Winde, drei Stunden hindurch, stets 13 1/2 kn. Unser Kapitän zweifelte nicht im geringsten daran, mit diesem Schiffe bei starkem Winde selbst 14 und 15 kn machen zu können.

Hätten wir nicht anfangs den so sehr flauen und später den ganz contrairen Wind gehabt, so wären wir, wie ich an Bord hörte, in weniger als zwei Tagen nach Stockholm gesegelt. Am zweiten Tage wurden wir von einer englischen Kriegskorvette während drei Stunden verfolgt, doch konnte diese uns nicht einholen, wir verloren dieselbe immer mehr aus Sicht, und endlich steuerte sie einen anderen Cours; mehrere Handelsschiffe, Briggs und Barks, die mit uns gleichen Cours steuerten, überholten wir bald und verloren sie aus Sicht.

Auch außerordentlich seetüchtig erwies sich das Schiff, es ging beim Kreuzen leicht und schnell durch den Wind, konnte bei der frischen Brise, während wir 13 1/2 kn loggten, noch alle seine oberen Bramsegel tragen und nahm selbst bei dem heftigen Gewittersturme durchaus kein Wasser über. Als ganz ausgezeichnet bewährte sich ferner die von dem Erbauer des Schiffes, Herrn A. Tischbein, ebenfalls gefertigte Steuermaschine von ganz neuer Construktion. Die Rudersleute konnten nicht genug die bequeme, leichte und sichere Handhabung derselben loben und waren einstimmig in ihrer Äußerung: nie etwas so Vorzügliches von Steuervorrichtung unter Händen gehabt zu haben.

Daß die Der Orientale schon von der Konstruktion her gute Segeleigenschaften besessen haben muß, wurde vorher schon herausgestellt, und weil der Bericht relativ sachlich gehalten ist, sollen nicht allzuviel Abstriche von dem Gesagten gemacht werden, obgleich er von einem, wie es scheint, Unbefahrenen stammt. Sicher sind Ausschmückungen vorhanden, besonders wohl die bei flauem Wind erzielten 10 1/2 Knoten, denn selbst für einen ausgesprochenen »Flautenläufer« dürfte es etwas viel gewesen sein. Dieser Eindruck verstärkt sich beim Vergleich mit der bei frischem Wind gesegelten Geschwindigkeit noch mehr.

Mit großer Sicherheit aber war er den anderen Schiffen in der Schnelligkeit überlegen, und es ist durchaus glaubhaft, daß er einem zum englischen Blockadegeschwader gehörenden Kriegsschiff, das die Ostsee während des gerade herrschenden Krimkrieges kontrollierte, spielend weggelaufen ist. Die 13 1/2 Knoten sind nicht anzuzweifeln, auch scheint das Schiff selbst in Ballast nicht rank gewesen zu sein, sonst hätten die oberen Segel nicht stehenbleiben können, wie besonders betont wird. Die Takelung war aber auch nicht sehr hoch, wie schon die Höhe des Großmastes beweist, der mit errechneten 28,50 m nur ein Verhältnis von 0,73 zur Länge der CWL besitzt. Szymanski gibt nach 1850 einen Durchschnitt von 0,68–0,78 an, zwischen 1840–50 waren es 0,85–1,05, allerdings wieder nur für hölzerne Schiffe.

Zur Steuervorrichtung soll nur gesagt werden, daß Tischbein hier wahrscheinlich etwas Neuartiges hinsichtlich der Kraftübertragung konstruiert hat. Aber auch ohne besondere Maßnahmen hätte sich die Der Orientale »bequemer, leichter und sicherer« handhaben lassen müssen, als es die mecklenburgischen Seeleute bisher von den kurzen, breiten und völligen Ostseeseglern her gewöhnt waren. Durch die schmale und vor allem scharfe Rumpfform war das Schiff sehr kursstabil und konnte auch hart am Wind segeln. Solche Schiffe hatten, richtigen Trimm der Segel vorausgesetzt, selbst bei rauher See eine gute Kursbeständigkeit und ließen sich deshalb mit verhältnismäßig geringem Kraftaufwand steuern. Schon eine kleine Drehung des Rades genügte, um der mit zunehmendem Wind ebenfalls stärker werdenden Luvgierigkeit entgegenzuwirken.

Auch der weitere Verlauf der Reise ist durchaus günstig. Am 22. August 1854 kommt die DER ORIENTALE in Haparanda an und wird am 3. Oktober dort segelfertig nach Port Elizabeth (Kap der Guten Hoffnung) gemeldet. In der Sundliste erscheint sie am 17. Oktober, und laut Nachricht aus Helsingör wird sie am 26. Oktober bereits, »ausgezeichnet segelnd«, unter der norwegischen Küste gesichtet.

Um die Wasservorräte zu ergänzen, wird am 8. November noch einmal Plymouth angelaufen. Am 14. verläßt die DER ORIENTALE diesen Hafen und kommt nach einer Reise von 74 Tagen glücklich am 2. Februar 1855 in Port Elizabeth an. Die Reisezeit ab Plymouth war im Vergleich mit anderen Klippern nur durchschnittlich und sogar schlecht, wenn man bedenkt, daß viele von ihnen in gleicher und geringerer Zeit bis Australien segelten. Dafür aber wurde die Distanz Plymouth–Madeira in nur fünf Tagen zurückgelegt, das entspricht einem Etmal von 340 sm und einer Durchschnittsgeschwindigkeit von ~ 14 kn. Wenn das stimmt, war die DER ORIENTALE ein vorzüglicher Segler, auf Grund seines Schlankheitsgrades waren ja auch die Voraussetzungen dafür vorhanden.

Es gibt viele Methoden, die relative Geschwindigkeit von Seglern zu ermitteln. Leider haften ihnen meist eine ganze Reihe von Fehlern an, besonders wenn es sich um Vergleiche von Schiffen unterschiedlicher Größe und Fahrten unter verschiedenen Wetterbedingungen handelt. So suchte man nach möglichst konstanten Bedingungen, *unter denen die relativ günstige Rumpfform und die eigentliche Befähigung zur Schnelligkeit ermittelt werden konnte. Dazu gehört, wenn detaillierte Konstruktionsangaben fehlen, u. a. der ›relative Geschwindigkeitskoeffizient‹, der sich aus der Geschwindigkeit des Schiffes in Knoten, dividiert durch die Quadratwurzel aus der Länge der CWL in Fuß ergibt. Er ermöglicht den Vergleich von Fahrzeugen unterschiedlicher Länge und Größe auf der gleichen Basis. Nachgewiesenermaßen ist jedes Schiff mit einem die Zahl 1,25 übersteigenden Koeffizienten ein schnelles Fahrzeug.* (MacGregor)

Die 14 Knoten ergeben für die DER ORIENTALE einen Geschwindigkeitskoeffizienten von 1,22. Wenn die Angaben wahrheitsgetreu sind, muß die Bark aber bei einer über fünf Tage berechneten Durchschnittsgeschwindigkeit von 14 Knoten zeitweise mindestens 15 oder gar 16 Knoten gelaufen sein. Das würde bei 15 Knoten bereits einen Koeffizienten von ~ 1,32, bei 16 kn sogar von ~ 1,40 ergeben!?

Dieser Wert ist natürlich viel zu hoch, denn für den von Donald McKay erbauten extremen Klipper LIGHTNING z. B. errechnen sich vergleichsweise für die Maximalgeschwindigkeit von 19 kn gerade 1,26! Werte über 1,25 kommen nur sehr selten vor.

Die DER ORIENTALE wäre selbst mit einer Spitzengeschwindigkeit von 14 kn schon ein schnelles Schiff, und der große Zeitverlust während des Restes der Reise hat keine unbedingt abwertende Bedeutung. Stürme, widrige Winde, Flauten oder lange Liegezeiten in den Kalmen können die weitere Reise erheblich verzögert haben.

Aber auch alle weiteren Reisen des Schiffes sind nur als durchschnittlich zu bezeichnen, und die Meldungen über gesegelte große Etmale hörten ganz auf. Wir können heute nicht mehr in Erfahrung bringen, ob es am Schiff gelegen hat oder am Kapitän. Für schnelle Reisen waren nicht allein optimale Segeleigenschaften des Schiffes, sondern vor allem auch eine große navigatorische Erfahrung und die entsprechenden wissenschaftlichen Kenntnisse in der Segeltheorie, Meteorologie und Ozeanographie notwendig. Gerade die in der Mitte des vergangenen Jahrhunderts von dem amerikanischen Meteorologen und Ozeanographen Matthew Fontane Maury erarbeiteten »Sailing Directions« haben mit einen entscheidenden Anteil an den so konstant guten Reiseergebnissen der Klipper.

Über Kapitän Kirchhoff wissen wir nicht mehr, als daß er ein noch sehr junger Mann war. Wo, wie lange und auf welchen Schiffen er damals fuhr, ist nicht bekannt. Anfang der 50er Jahre gab es in Mecklenburg noch nicht viele Schiffe, die in der transozeanischen Fahrt beschäftigt waren, und es ist fraglich, ob die Erkenntnisse Maurys derzeit schon in Wustrow vermittelt wurden. Selbst wenn er schon, was anzunehmen ist, außerhalb der Nord- und Ostsee gefahren sein sollte, dann wohl nur auf konventionellen Schiffen und unter Kapitänen mit recht konservativen und z. T. überholten Ansichten in der Schiffsführung. Gerade den alten Schiffern der Ostsee machte man schon damals in vielen Fällen den Vorwurf einer zu geruhsamen und oft sogar nachlässigen Navigation. Ein der »Ostsee-Zeitung« im Jahre 1852 entnommener Bericht über die amerikanischen Klipperschiffe schließt z.B. mit solch einer Kritik. Der Klipperkapitän verstehe mehr von der Segelführung, er reffe nicht so früh, segele, egal was für Wetter, warte nicht tage- oder gar wochenlang, bis sich für seine Fahrtrichtung günstige Winde einstellten, und trimme sein Schiff so lange, bis es richtig laufe. *Wie so mancher Ostsee-Kapitän spielt er nicht auf seiner Violine, ehe er sie nicht richtig gestimmt hat, und klagt dann über den schlechten Ton, den sie abgibt.*

Das alles aber soll keine Kritik an Kapitän Kirchhoff sein, dafür wissen wir zu wenig. Die Gründe für längere Reisen sind auch zu vielfältig und die Anzahl der Fakten zu gering, um schlüssige Angaben machen zu können. Es soll nur nicht unerwähnt bleiben, daß dieser junge Schiffer vielleicht in mehrfacher Hinsicht vor für ihn völlig neue Aufgaben gestellt worden war: das Durchsegeln und Manövrieren in bisher unbekannten Meeresteilen und Wetterregionen, dazu mit einem neuartigen, in der Handhabung vielfach anders zu behandelnden Schiff, welches möglicherweise als Erstling auch nicht in allen Punkten eine bewährte Konstruktion darstellte.

Am 27. Februar geht die DER ORIENTALE wieder von Port Elizabeth ab, und erst nach 64 Tagen, am 2. Mai, wird ihre Ankunft in Akyab gemeldet. Von dort segelt sie weiter nach dem Reishafen Rangoon, wo sie am 20. Mai eintrifft und 460 t Reis für London lädt. Mit der Abgangsmeldung vom 25. Juli kommt gleichzeitig die Nachricht, die Bark sei am 1.8. auf der Da Silva Bank auf Grund geraten. Dieses, vielleicht sogar böswillige, Gerücht wird aber sofort von Lloyd's dementiert, da ein vom Kapitän an seine Frau adressierter und dem Lotsen mitgegebener Brief, datiert Rangoon Rede 2. August 1855, nichts davon erwähnt.

Nach 73 Tagen, am 13. Oktober, erreicht die DER ORIENTALE die Table Bay, geht von dort einen Tag später wieder ab und kommt am 28. Dezember, nach weiteren 75 Tagen, in London an. Die Gesamtreisezeit betrug hin 138 und zurück 148 Tage. Allerdings ergaben sich durch das Anlaufen eines Zwischenhafens einige Verzögerungen, die in Abrechnung gestellt werden müssen. Das Mittel für beide Routen beträgt immerhin 130 Tage!

Am 11. Februar 1856 clariert die Bark mit Kohlen in Hartlepool (Engl.) wieder nach Rangoon, geht am 29.2. von Sunderland ab und wird am 4. März unweit Start Point gesichtet. Diesmal segelt sie, vermutlich ohne Zwischenstation, direkt zu ihrem Zielhafen. Jedenfalls gibt es keine weiteren Meldungen, bis dann eine Hiobsbotschaft eintrifft. Laut Brief aus Rangoon vom 30. Juli 1856 war die DER ORIENTALE dort in einem Sturm am 28.7. gekentert und auf 4 Faden Tiefe gesunken. Die Mannschaft konnte sich retten. Nachdem sie ihre Ladung gelöscht hatte, war die Bark zu einem Ladeplatz nahe der Stadt verholt worden, wo sie als Fracht diesmal Öl einnehmen

North Riding, *1886 auf der Elbe gekentert und später wieder aufgerichtet*

sollte. Wieder war ihr in unbeladenem Zustand eine Bö zum Verhängnis geworden! Eine Nachlässigkeit der Schiffsführung? Ein Stabilitätsfehler? Das Zusammenfallen mehrerer unglücklicher Umstände? Es läßt sich heute nicht mehr mit Sicherheit nachprüfen, schon weil Einzelheiten nicht überliefert wurden. Dafür geht Basil Lubbock im Zusammenhang mit den Kenterfällen der Lodore und der Blairmore etwas näher auf deren Ursachen ein. Hier könnten Parallelen zum Fall der Der Orientale bestehen.

Der Lodore passierte das Mißgeschick im Hafen von Newcastle (N.S.W.). *Dieses Schiff war ein sehr stabiles Schiff. Nachdem es zwei Monate ohne Ballast vor Anker gelegen hatte, um beladen zu werden, geschah es, daß es in einem Gewittersturm zu gieren begann und Grundberührung hatte; das brachte das Schiff zuammen mit der Bö, die genau querab einfiel, zum Kentern.*

Der Unfall der Blairmore war noch tragischer, weil dabei der Zweite Steuermann und einige Schiffsjungen ertranken, die sich gerade im Laderaum aufgehalten hatten. Die Blairmore war auch eines jener stolzen Schiffe, von denen man annahm, sie wären in der Lage, sich ohne Ballast aufrecht zu halten. Fest steht, daß sie nur eine geringe Menge Ballast an Bord hatte. Sie lag vor Anker in der Mission Bay und wartete darauf, mit Getreide beladen zu werden. Der Wind war frisch und stand gegen den Strom. Die Blairmore wurde durch eine heftige Bö quer zum Strom gelegt, und die gegenläufigen Wirkungen von Strömung und Wind brachten das Schiff glatt zum Kentern.

Alle Versuche, die Der Orientale wieder aufzurichten, schlugen jedenfalls fehl, und so wurde der Rumpf für ganze 474 Rupien zum Abbruch verkauft. Ein hoffnungsvolles und für mecklenburgische, ja sogar für deutsche Verhältnisse bahnbrechendes Experiment hatte damit ein jähes Ende gefunden.

Kapitän Kirchhoff scheint dabei nicht nur sein Vermögen, sondern möglicherweise auch das in ihn gesetzte Vertrauen seines Korrespondenzreeders verloren zu haben, denn ab 1857 fährt er unter der Korrespondenz von J. C. Janentzky als Schiffer der kleinen, nur 79 Lasten großen und bereits 30 Jahre alten Galeasse Renata. Am 15. September 1860 verließ diese Riga mit dem Zielhafen Antwerpen. Seitdem wurde nichts wieder von ihr gehört.

Das neue Projekt

Die Fahrten für englische und französische Rechnung im Krimkrieg (1854–56) hatten für die Rostocker Schiffahrt erhebliche Gewinne gebracht. Kapitänen wie Reedern wurde dadurch der Anreiz zu einer Reihe von Neubauten gegeben. Die hohen Dividenden lockten zusätzlich neue Kapitalgeber an, so daß die Kapazität der Werften, trotz intensiver Tätigkeit, auf Jahre hinaus ausgebucht war. Nur bei Tischbein, der eiserne Segler bauen wollte, gingen keine neuen Aufträge ein. Die DER ORIENTALE schien nicht recht überzeugt zu haben.

Zwar kam gleich am 15. Oktober 1854 die Meldung, es werde nächstens wiederum der Kiel zu einem großen eisernen Barkschiff gestreckt, aber davon war dann für die nächsten Monate und Jahre keine Rede mehr. Erst in Verbindung mit dem Stapellauf des für Hamburger Rechnung gebauten 750 t großen Schraubendampfers CASTOR am 24. April 1856 wurde erwähnt, neben dem jetzt frei gewordenen Platz sei bereits der Kiel für ein eisernes Segelschiff hiesiger Rechnung gelegt worden. Die Korrespondenz hatte wieder Senator P. Burchard übernommen, als Schiffer war Heinrich Kossow vorgesehen. Diese Bark war aber kein gewöhnliches Segelschiff, sondern ein »Hülfsschrauben-Segel-Dampfschiff«.

Tischbein war wohl nicht der Mann, der einmal Erprobtes nur weiterentwickelte und es in allen Teilen so verbesserte, bis es zu einem bewährten Prototyp wurde. Ihn reizte vermutlich immer das technische Experiment, und als man dann in England anfing, sogenannte Auxiliarsegler zu bauen, gab es für ihn ebenfalls keine andere Alternative, zumal die Vorteile angeblich klar auf der Hand lagen und das Projekt gerade für ihn als Maschinenbauer viel lukrativer gewesen sein muß.

Dem Kontrakt nach war dieses Schiff ursprünglich als reiner Segler vorgesehen, *nachdem sich aber in neuester Zeit die Hilfs-Schraubenschiffe für längere Reisen von England aus so bewährt haben, da hierdurch der größere Vorteil erzielt wird, schnellere und regelmäßigere Reisen mit verhältnismäßig geringem Aufwande von Brennmaterialien machen zu können, so fanden sich die Herren Reeder in diesem Frühjahr (1857) veranlaßt, auf Anraten des Herrn Erbauer dies Schiff hierzu einrichten zu lassen. Rostock wird, soviel wissen wir, der erste Hafen der Ostsee- und Nordseeküste Deutschlands sein, wo ein derartiges Schiff gebaut ist. Wir haben dieses dem Mute unserer Reeder zu danken, und wir dürfen hoffen, daß die Ausführung des Baues unter der umsichtigen Leitung von Herrn A. Tischbein eine gelungene sein wird.*

Um es vorwegzunehmen, der Bau der HERZOGIN MARIE war allerdings wieder eine Pionierleistung Tischbeins, aber das Unternehmen als solches war ebensowenig erfolgreich wie das fast aller anderen Auxiliarsegler auch.

Segelschiff mit Hilfsantrieb oder Dampfer mit Hilfssegeln? Die JAMES WATT

Die ersten »Dampfer«, die den Atlantik kreuzten, waren eigentlich Segelschiffe mit Hilfsantrieb. Derzeit war der Entwicklungsstand der Dampfmaschine noch so niedrig, daß keiner glauben wollte, ein Schiff könne jemals allein mit Dampfkraft den Atlantik überqueren, ja man verstieg sich sogar zu der Behauptung, *mit derselben Wahrscheinlichkeit auf Erfolg könnte man die Reise von Liverpool oder New York nach dem Mond planen.* Dessenungeachtet schritt die technische Entwicklung unaufhaltsam weiter. An die Stelle der abnehmbaren Schaufelräder traten bald die festen Radkästen, und die Vorteile eines Schraubenantriebs gerade für Seedampfer war auch schon erkannt worden. Die ersten Dampfer sahen jedoch in keiner Weise vertrauenerweckend aus. Plump und schwerfällig, mit großen seitlichen Schaufelrädern versehen, vom lauten Getöse der Maschine begleitet und von einer Rauchwolke umgeben, die das ganze Schiff mit einer dicken Rußschicht bedeckte, so werden die ersten Dampfschiffe beschrieben. Welch erbärmlicher Anblick gegen einen schnittigen Klipper!

Mit ihrer geringen Geschwindigkeit, dem Gewicht und der Störanfälligkeit der riesigen Maschinen und vor allem aber wegen ihrer Unwirtschaftlichkeit, bedingt durch einen hohen Kohleverbrauch, schienen sie keine Chance gegen das auf seinem Höhepunkt der Entwicklung angelangte Segelschiff zu haben.

Dampfschiffahrt über den Ozean ist ein Unding, denn es kann nicht die Aufgabe der Schiffe sein, nur ihren eigenen Brennstoff über das Meer zu bringen, äußerte 1836 ein Professor Lardner. Als der berühmte Ingenieur Stephenson vor einer Kommission zur Untersuchung der Fortschritte in der Dampfschiffahrt die Ansicht aussprach, es werde die Zeit kommen, wo Dampfschiffe ohne Unterstützung von Segeln den Ozean überquerten, da sprang der amtierende Präsident, Lord Stanley, empört von seinem Sitz auf und rief: *Wie können Sie so reden! Wenn Dampfschiffe je über den Ozean gehen, so will ich den Dampfkessel des ersten Bootes fressen!* Mr. Stephenson war später so großzügig, den Lord nicht beim Wort zu nehmen.

Nicht die Seeleute, Techniker und Kaufleute verhalfen dem Dampfer zum Durchbruch. Schiffe wie Brunels GREAT WESTERN und GREAT BRITAIN waren Bahnbrecher auf diesem Gebiet. Bei ihnen war die Takelage schon mehr eine Stütz- und Hilfsbesegelung, vor allem für den Notfall, wenn die Maschine einmal ausfiel. Der Brennstoffverbrauch war aber noch so groß, daß die *Goldstücke förmlich aus dem Schornstein flogen.* Der Wind dagegen kostete nichts, und das Segelschiff war nicht auf Bunkerstationen angewiesen. Die Vorteile des Dampfers lagen allein in seiner Unabhängigkeit vom Wind, der ihn im Durchschnitt besser planbare Fahrten machen ließ, Vorteile, die vor allem in der Passagierfahrt und für den Postverkehr wichtig waren.

Durch ständige Verbesserungen der Maschinenanlagen wurde der Dampfer mit der Zeit doch zu einem ernst zu nehmenden Konkurrenten, und so machte man sich Gedanken, wie man den Reisen der Segler ebenfalls eine größere Regelmäßigkeit verleihen könnte. Relativ geringe Möglichkeiten boten Verbesserungen an Rumpf und Takelage. Größere Reserven dagegen lagen noch in der Optimierung der Navigation, besonders durch bessere Kenntnisse in der Wetterkunde und durch die Nutzung von Hilfsantrieben.

Besonders in die Schiffe mit Hilfsantrieb setzte man große Erwartungen, aber so überzeugend der Grundgedanke an sich war und so wenig der Erfolg in Frage gestellt zu sein schien, gerade diese Auxiliarsegler hatten eine wenig glückliche Geschichte.

Bis in die letzten Tage der Segelschiffahrt versuchte man mit ihnen verzweifelt, der Konkurrenz des Dampfers durch eine bessere Wirtschaftlichkeit entgegenzutreten. Aber vergeblich. Solange die Schaufelräder als Antrieb dienten, stand eine Kombination beider Antriebsarten nicht zur Diskussion, dafür waren ihre Nachteile bei einem Seeschiff zu bekannt. Rollte das Schiff bei starkem Seegang, drehte ein Rad in der Luft stets leer, verschwendete Energie und erschwerte die Steuerung. Je mehr Kohle im Laufe der Reise verbraucht wurde, desto höher tauchte der Rumpf aus dem Wasser und desto wirkungsloser wurden die Räder. Außerdem waren sie den sich am Rumpf brechenden Seen relativ ungeschützt ausgesetzt, wodurch Zerstörungen der Radflossen und selbst der -kästen häufig vorkamen. Die nachteilige Wirkung solcher Radkästen auf die Segeleigenschaften eines Schiffes braucht nicht extra erwähnt zu werden, und abnehmbare Schaufelräder hatten sich nicht als besonders praktisch erwiesen.

Erst als der Schraubenantrieb sich durchzusetzen begann, zog man eine Kombination wieder in Erwägung. Im 19. Jahrhundert war es zuerst der Rechtsanwalt John Stevens aus New Jersey, der 1802 ein 7,60 m langes Boot mit einer windmühlenartigen Flügelschraube (6,5 km/h) konstruierte. Ihm folgte 1812 der Techniker Josef Ressel aus Österreich, und 1836 ließ sich der englische Erfinder F. P. Smith einen korkenzieherähnlichen Propeller patentieren. Ein Jahr darauf führte der später in Amerika so erfolgreiche schwedische Ingenieur John Ericsson auf der Themse das schraubengetriebene Boot FRANCIS B. OGDEN vor. Alle diese Neuerungen fanden vorerst wenig Anklang, *weil die derzeit verwendeten Schiffsmaschinen trotz der Verwen-*

dung von Getrieben und Kettentransmissionen für Schrauben zu langsam liefen. Zum Durchbruch verhalf der Schraube nach mehreren Experimenten u. a. der Engländer J. K. Brunel mit dem Passagierdampfer GREAT WESTERN, der 1843 für die Überfahrt auf dem Atlantik zwischen Liverpool und New York mit einem sechsflügeligen Propeller 15 Tage benötigte.

Das zwei Jahre später auf der Themse von der British Navy veranstaltete »Tauziehen« zwischen dem schraubengetriebenen Kanonenboot RATTLER und dem gleich großen und gleich starken Raddampfer ALECTO, bei dem die RATTLER die ALECTO mit einer Geschwindigkeit von 2,5 kn über den Achtersteven schleppte, gab der Einführung und Weiterentwicklung der Schraube neue Impulse.

Nicht nur die Radkästen, auch die Schraube war der Fahrt eines Schiffes nur unter Segeln hinderlich, verringerte die Geschwindigkeit nicht unbeträchtlich und beeinträchtigte die Steuerfähigkeit. Man experimentierte daraufhin mit abnehmbaren, verstellbaren und während des Segelns mitlaufenden Propellern.

Das Motiv für diese Versuche war das Streben nach dem rentablen Schiff, und die Initiative ging vor allem von den Reedern aus. Der Hilfsantrieb sollte die völlige Abhängigkeit des Seglers vom Wind wenigstens teilweise beseitigen. Man erhoffte sich durch ihren Einsatz bei Flauten, Gegenwind oder Gegenstrom eine Reiseverkürzung und eine größere Sicherheit des Schiffes bei Sturm, in stark versetzenden Strömungen und beim Lavieren vor Leeküsten sowie die Einsparung von Schlepperkosten in engen Hafengewässern. In erster Linie aber, bis zu 80 % der Fahrtstrecke, sollten die Auxiliarsegler die kostenlose Kraft des Windes nutzen. Deshalb waren diese Schiffe nach wie vor als reine Segler ausgelegt. Besonders vorteilhaft stellte man sich den Einbau von Hilfsantrieben in solche Schiffe vor, die auf ihren Reisen den Äquator überquerten und somit die zwischen den Passaten liegenden Kalmen zu durchsegeln hatten, windstille Zonen, in denen Segler oft tagelang auf einem Fleck lagen und teilweise Wochen für ihre Durchquerung benötigten. Selbst wenn die Maschine dem Schiff nur eine Fahrt von 3–5 Knoten gab, konnte eine enorme Zeitersparnis erzielt werden.

Auf einen weiteren Vorteil wurde schon 1850 hingewiesen, der später mehr oder weniger in Vergessenheit geriet und erst in den 20er Jahren dieses Jahrhunderts wieder aufgegrifffen und wissenschaftlich belegt wurde. Durch die Erhöhung der Eigengeschwindigkeit des Schiffes wurde die Kraft des Windes günstiger genutzt und die Technik des Kreuzens erheblich verbessert. Das Schiff konnte mit Hilfe der Schraube statt der üblichen 5 1/2 Strich um 2 Strich höher an den Wind gehen.

Trotz der vielen Vorteile konnte sich der Auxiliarsegler nicht durchsetzen, und bis auf wenige Ausnahmen hat er auch die in ihn gesetzten Erwartungen nicht erfüllt. Teilweise mögen es subjektive oder ästhetische Gründe gewesen sein: Sie waren »leider verunziert durch einen plumpen Schornstein«. Alan Villiers schreibt über diese Segler: *Tatsächlich hat kein Auxiliar-Rahschiff auf langen Reisen Gutes geleistet. Vorteile, die man der Hilfsmaschine zuschrieb, erwiesen sich auf langen Hochseereisen als illusorisch, und die Maschine (einschließlich des Brennmaterials) vergeudete Raum und erhöhte das investierte Kapital und die Unterhaltungskosten.* Anforderungen, wie Laas sie an einen sinnvollen Hilfsantrieb stellte, waren folgende:

1. Geringer Bedarf an Platz und Gewicht. Da die Maschine höchstens 20 % der Zeit Verwendung findet, ist dieselbe samt des mitgeführten Brennmaterials in der verbleibenden Zeit nur Ballast.
2. Geringe Betriebskosten an Bedienung und Brennmaterial.
3. Stetige Betriebsbereitschaft, leichtes Ingangsetzen.

Das äußerte er 1906, als die Maschine in der Leistung bedeutend verbessert, die

Der erste schraubengetriebene eiserne Dampfer G*REAT* B*RITAIN (1843)*

Ausmaße, das Gewicht und der Kohleverbrauch viel geringer waren als am Anfang. Trotzdem mußte er hinzufügen: *Und gerade diesen drei wichtigsten Anforderungen entspricht die Dampfmaschinenanlage in keiner Weise.* Wie mag es da erst 50 Jahre zuvor ausgesehen haben?

Damals waren, nach MacGregor, der Verlust an Schiffsraum und der finanzielle Aufwand so erheblich, *daß die für die Maschinenanlage aufgewendeten Beträge auch bei noch so hohen Frachtraten kaum jemals wieder hereingefahren werden konnten.* Zu den Unkosten für die Maschine und deren Einbau kamen noch die Heuer für Heizer, Trimmer und Maschinisten, die auf der ganzen Fahrt relativ unbeschäftigt blieben, und der Preis des Brennmaterials. Deshalb soll sich in den 60er Jahren die Begeisterung für Hilfsantriebe schnell gelegt haben. Bei vielen Schiffen wurden sie nachträglich sogar wieder ausgebaut.

Neben den wirtschaftlich bedingten gab es auch noch eine ganze Reihe praktischer Nachteile. Dazu wieder Villiers: *Die Takelung eines richtigen Rahschiffes hatte einen zu großen Windfang, um sich leicht gegen den Wind schieben zu lassen, die Maschinenkraft, die notwendig ist, ihm unter solchen Umständen eine nennenswerte Fahrt zu geben, reicht hin, es zu dem zu machen, was man ein »full powered« Motorschiff nennt. Aber welchen Sinn hätte dann noch das Segeln ...? In erster Linie muß jeder Propeller die Fahrt hemmen und die Segeleigenschaften des Schiffes mehr oder weniger herabsetzen, und sogar wenn die*

Propellerflügel leer mitlaufen, würde die Fahrt des Schiffes bis zu einem gewissen Grade behindert. An zweiter Stelle kann ein Kapitän im Vertrauen auf die Hilfe der Maschine leicht dazu kommen, sich darauf zu verlassen, daß sie ihm von einer Leeküste freizukommen hilft oder ihm den Bug des Schiffes herumdreht, wenn er unter widrigen Umständen kreuzt, und ein einziger Versager der Maschine oder eine kräftigere Strömung, als die Maschine bewältigen kann, muß dann zum Verlust des Schiffes führen. Mindestens einer der Vinnen-Fünfmaster ging auf diese Weise im Kanal verloren! Und wie lange dauerte es, bis der Kessel beheizt, der Dampfdruck ausreichend und die Maschine einsatzfähig waren!

In der Endphase der Segelschiffahrt wurde der Hilfsantrieb wieder häufiger angewendet. Eine ganze Reihe von Vier- und Fünfmastern wurde damit ausgerüstet. Darunter die Fünfmastbarken MARIA RICKMERS (1892) und R. C. RICKMERS (1906) der Reederei Rickmers & Co. in Bremen. Da sie fast doppelt soviel Ladung trugen wie durchschnittlich große Segler, erwies sich der Hilfsantrieb bei beiden angeblich als zweckmäßig. Bei der MARIA RICKMERS kamen z. B. auf 4465 Ladungstonnen nur

Die Bremer Reederei Rickmers & Co. ließ 1892 mit der Fünfmastbark MARIA RICKMERS eines der größten Segelschiffe mit Hilfsantrieb bauen

646 t Bunkerkohle. Die Fünfmastbark R. C. Rickmers, bei Ausbruch des ersten Weltkrieges im Jahre 1914 in der Reisfahrt zu den Häfen Hinterindiens eingesetzt, hatte eine Maschine mit rund 1 000 PS, die sich in der Endkalkulation als unökonomisch erwiesen haben soll.

Mit der Entwicklung des Dieselmotors glaubte man schließlich die Ideallösung gefunden zu haben. Noch zu klein in der Leistung für einen Dampfer, schien er zur Unterstützung des Seglers gut geeignet. Besonders die Firma F. A. Vinnen & Co., ebenfalls in Bremen, tat sich dabei hervor, und noch in den 20er Jahren dieses Jahrhunderts entstanden auf der Germania-Werft in Kiel eine Reihe von Fünfmastern für die Südamerika-Fahrt. Ein Typ, der für die Hochsee wie für die Küstenfahrt gleichermaßen geeignet sein sollte, 1800 BRT groß, von Höver auch als »Polkabark« bezeichnet, weil nur Fock- und Mittelmast Rahen trugen. Einen davon, die Carl Vinnen, hatte der Rostocker Kapitän Weitendorf in den Jahren 1924 bis 1931 gefahren. Nach Höver sollen diese Fünfmaster den *Absichten ihres Reeders durchaus entsprochen haben.* Und Villiers: *Die Seeleute nannten sie fünfmastige Bastarde ... In der Theorie eigneten sie sich ideal für die Route zwischen Nordeuropa und dem Rio de la Plata mit ihren zuverlässigen Passaten und ihrem Windstillengürtel. Sie taten es jedoch nicht. Sie segelten nicht gut und manövrierten nicht gut, und nachdem einer verlorengegangen war, wurde wenigstens einer der übrigen in ein regelrechtes Motorschiff umgebaut.*

Für Villiers war der Einbau von Motoren ein Mißerfolg: *Er zog meistens eine Reduzierung der Takelage nach sich und degradierte*

In den 20er Jahren versuchte es die Bremer Reederei Vinnen noch einmal mit großen motorgetriebenen Seglern. Hier die Susanne Vinnen

dadurch das Segelschiff zu einem Motorschiff mit Hilfsbesegelung.

Der Autor stand mit dieser Ansicht weder allein, noch war sie neu. Schon im Jahre 1892 stellte das »Nautical Magazin« anläßlich einer Kritik zum Bau der MARIA RICKMERS fest, daß diese Schiffsgattung in seiner Geschichte kaum irgendeinen Erfolg aufzuweisen hatte. Entweder hatten die Schiffe eine starke Maschine, dann wurden sie nach wenigen Reisen in vollständige Dampfer umgerüstet (z.B. die CITY OF VALPARAISO und die CITY OF SANTIAGO), oder aber man baute die Maschine aus, und es waren wieder reine Segler.

Am 3. September 1857 lief auf der Werft von A. Tischbein, um 4.00 Uhr nachmittags, das eiserne Hilfsschrauben-Segelschiff HERZOGIN MARIE vom Stapel. Als Bark getakelt, werden ihre Dimensionen mit 140 Fuß Länge in der Wasserlinie, 27 Fuß Breite und 17 Fuß Tiefe genannt.

Die Maschine *hat 36 Pferdekraft und eine Schraube, welche vom Deck aus gehoben werden kann für den Fall, daß das Schiff allein durch Segel bewegt wird. Außer dem Gewicht der Maschine, des Kessels und der Kohlen, letztere für 20 Tage Dampffahrt, ladet die HERZOGIN MARIE ca. 500 tons oder 170 Rostokker Lasten und soll dieselbe bei stillem Wetter, beladen, ohne Segel mit Dampfkraft, 7 kn Fahrt laufen.* Weiter heißt es: Die Schraube messe 6 Fuß im Durchmesser und könne *mit einer Spindel und Führung mit Leichtigkeit unter das Heck genommen und hier befestigt werden, damit sie beim Segeln nicht hinderlich ist.*

Spezifisches über die Takelung, die Stellung des Schornsteins zwischen den Masten (sicherlich zwischen Groß- und Besanmast), die Lage des Maschinenraums, die Art der Schotteinteilung und andere grundlegende Konstruktionsmerkmale kennen wir trotz des vorhandenen Risses nicht. Es ist anzunehmen, daß die HERZOGIN MARIE in vielem der DER ORIENTALE ähnlich war, was sicher auch für die Anordnung der Deckshäuser zutrifft.

Die Abmessungen für den Rumpf können wir diesmal genau angeben, da der handschriftliche Vermessungsbrief des Hafenmeisters, datiert vom 5. März 1858, noch vorhanden ist. Die Hauptabmessungen stimmen mit denen des Risses nicht in jedem Falle überein, differieren aber jeweils nur um 1–2 Fuß.

Der Meßbrief hat folgenden Wortlaut:

Das hierselbst in der Maschinenbauanstalt des Herrn A. Tischbein für Rechnung des Herrn Senator P. Burchard neu erbaute eiserne Hilfs-Schrauben-Dampf-Bark-Schiff

HERZOGIN MARIE

geführt vom hiesigen Bürger und Schiffer H. Kossow unter Rostocker Flagge habe ich auf Verlangen des letzteren gemessen wie folgt

a) Die Länge über Deck vom Vorder- bis zum Hintersteven, von Außenhaut der Rundung bis zur Außenhaut desselben 156 Fuß
b) größte Breite über Deck im Nullspant von Außenhaut der Inhölzer zur Außenhaut der Inhölzer 26 Fuß
c) schnurrechte Tiefe vom niedrigsten Balken mittschiffs im großen Laderaum bis zum Garnier 16 Fuß
d) der Maschinenraum mißt 21 Fuß
e) das Schiff geht ledig vorn tief 5 1/2 Fuß
f) das Schiff geht ledig hinten tief 6 1/2 Fuß
g) die senkrechte Zuladung beträgt 7 Fuß

alles nach schwedischem Maß gemessen
Danach 120 Commerzlasten trächtig gleich 180 hiesige Roggenlasten.

5. März 1858 Der Hafenmeister

(Der schwedische Fuß mit 0,297 cm ist dem englischen mit 0,305 cm praktisch gleichzusetzen.)

Die aus den Lasten errechnete Länge der CWL beträgt bei 179 Lasten ca. 118 Fuß. Das ist aber nur die für die Tragfähigkeit zur Verrechnung gekommene Wasserlinienlänge. Abgezogen für den Maschinenraum wurden 21 Fuß, so daß die Gesamtkonstruktionswasserlinie 139 Fuß (siehe 140 Fuß nach Meldung), das wären 210 Roggenlasten, sein müßte.

Nach dem Riß ergibt sich eine Länge ü. a. von 157 Fuß und eine Länge in der Wasserlinie von 137 Fuß (ca. 208 Roggenlasten), der nach Abzug des Maschinenraums zur Bestimmung der Tragfähigkeit 116 Fuß ~ 176 Lasten entsprächen. Sicher ist bei der damals nur groben Bestimmung der Ladefähigkeit nach oben oder unten gerundet worden. Die Werte liegen alle ungefähr in einer Größenordnung, und nach dem Überhang von Bug und Heck zu urteilen, müßte ein Unterschied von ca. 20 Fuß zwischen der Gesamtlänge und der Länge der Wasserlinie bestanden haben.

Die Schärfe der Linien entspricht der der DER ORIENTALE. Nur die Vorpiek erscheint größer. Der Stevenauflauf ist steiler und winkliger als bei der DER ORIENTALE, der angedeutete Aberdeenbug endet in einer einwärts gebogenen Galionskrulle.

Im Hauptspant erscheint die HERZOGIN MARIE etwas völliger. Die Aufkimmung ist geringer und die Rundung der Kimm stärker ausgeprägt. Im Gegensatz zu den Schnitten sind hier die Abstände dichter gezeichnet (auch als bei der DER ORIENTALE), so daß der Eindruck einer runderen Rumpfform entsteht. Das bisher Gesagte bestätigt sich auch noch durch Errechnen der entsprechenden Formverhältniswerte (siehe Kapitel über die DER ORIENTALE). Sie liegen alle in so günstigen Bereichen, daß der spätere Mißerfolg, wie auch schon bei dem eisernen Klipper DER ORIENTALE, aus schiffbautechnischer Sicht nicht zu erklären ist.

Diese Bark mußte, trotz der relativ scharfen Enden, mittschiffs völliger sein, schon um ihr nach Abzug des Maschinenraums eine entsprechende Ladekapazität zu geben. Sie war mit einem Längen-Breiten-Verhältnis von 1 : 5,23 ein ausgesprochenes Langschiff mit ausladendem Aberdeenbug und Spiegelheck. Aus dem Längsriß ist ersichtlich, daß sich auch das Oberwasserschiff nach den Enden zu stärker verjüngte als das der DER ORIENTALE, bei der der Decksplan mehr dem der alten Ostseeschiffe entsprach. Die größte Breite lag vor der Schiffsmitte, der Decksprung war besonders vorn stärker ausgeprägt.

Am Dienstag, dem 1. Juni 1858, vier Jahre nach dem Stapellauf ihrer Halbschwester DER ORIENTALE machte die HERZOGIN MARIE ihre Probefahrt. Darin unterschied sie sich schon von einem reinen Segelschiff, denn für diese waren damals Probefahrten so gut wie unbekannt. Acht Monate waren seit ihrem Stapellauf vergangen, eine sehr lange Zeit nur für die Ausrüstung. Dafür bewährte sich aber dann alles so gut, daß sie gleich in See blieb und ihre Reise nach Hamburg fortsetzte. Von dort aus war die Bark durch dic Herren Pearson und Langnese für eine Reise nach Rio de Janeiro gechartert worden. Hel-

Linienriß der Hilfsschraubenbark HERZOGIN MARIE (erbaut 1857 bei A. Tischbein in Rostock)

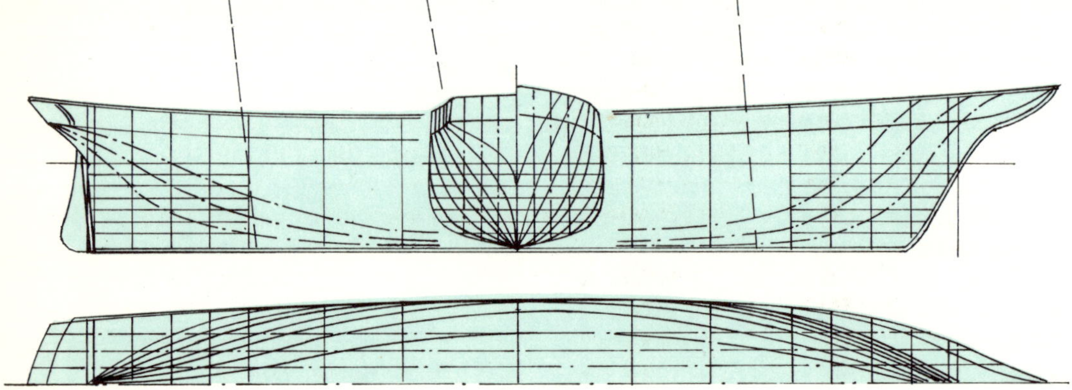

singör wurde am 3. Juni passiert, und am 10. Juni kam die Schraubenbark nach nicht gerade rühmlichen weiteren sieben Tagen in Hamburg an.

Am 16. Juli verließ sie diesen Hafen mit einer *vollen Ladung diverser Contanten, 14 Passagieren, 45 Pferden für die brasilianische Regierung und starker Post an Bord.* Daraus ist ersichtlich, daß die Expedienten von der HERZOGIN MARIE einiges erwarteten, denn besonders Post wurde nicht jedem beliebigen Schiff mitgegeben. Nach ebenfalls nicht gerade rühmlichen 62 Tagen mußte sie Bahia wegen Wassermangels für die Pferde anlaufen. *Sonst alles wohl!* wird lakonisch gemeldet, aber nicht, wie und ob sich die neue Technik an Bord bewährt hat oder überhaupt angewandt worden ist. 15 Tage später, am 30. September, trifft das Schiff dann in Rio ein. Die Rückfahrt gestaltet sich nicht besser. Sie clariert am 6. November aus und geht drei Tage später nach dem Kanal mit Falmouth for order ab. 69 Tage vergehen, ehe sie dort am 17. Januar 1859 eintrifft. Von einer Verkürzung der Reise dank des Hilfsantriebs ist nichts zu bemerken.

Von dort geht sie nach Hamburg und liegt am 14. März wieder segelfertig mit einer Ladung Kupfererz nach Swansea (England) in Cuxhaven vor Anker. Am nächsten Morgen setzt sie die Reise fort, passiert aber erst zwölf Tage später Portland. Das Eintreffen in dem Bestimmungshafen wird am 2. Mai, also nach 18 Tagen, gemeldet. Es war eine lange Fahrt für diese kurze Entfernung.

Aus Swansea versegelt die HERZOGIN MARIE wieder nach Rio, am 1. Mai 1859, und diesmal braucht sie 61 Tage. Bis zum 7. September gibt es keine Nachrichten, vermutlich weil kein Frachtabschluß zustande kam, und auch dann heißt es nur »im Hafen«. Am 7. Oktober läuft sie angeblich nach Gibraltar aus, trifft aber am 4. Januar 1860 in Falmouth ein und bekommt Order nach London.

In rund 1 1/2 Jahren hat sie lediglich die Route Hamburg–Rio und zurück bzw. Hamburg–Swansea–Rio–London absolviert. Dividenden dürften bei den zusätzlich noch stark gedrückten Frachtraten kaum ausgeschüttet worden sein. Die in das Schiff gesetzten Erwartungen wurden nicht erfüllt, das angelegte Kapital erwies sich als nutzlos ausgegeben, denn die durch die Hilfsantriebsanlagen zusätzlich entstandenen Kosten konnten nur durch schnelle Reisen bei hohen Frachtraten gedeckt werden. Wenn man aber die Reisezeiten studiert, dann entsteht der Eindruck, die Maschine sei nie in Betrieb gewesen.

Und dann kommt ein Ereignis, das vieles erklärt. Noch am 3. April 1860 wird die HERZOGIN MARIE unter Kapitän Kossow »ladungsnehmend« nach dem Kap der Guten Hoffnung in London gemeldet. Am 5. Mai ändert sich mit Kurachee (Vorderindien) nicht nur der Zielhafen, sondern auch mit Friedrich Wilhelm Walsmann der Kapitän. Nun sind Kapitänswechsel, aus welchen Gründen auch immer, keine außergewöhnlichen Maßnahmen. Dieser hier muß sich aber besonders drastisch abgespielt haben, denn v. Laffert-Lehsen, der Parten in diesem Schiff gehabt zu haben scheint, schreibt in seiner anklagenden Broschüre über »Die heillosen Mißbräuche in der mecklenburgischen Rhederei« darüber: *Infolge der ebenfalls mit diesem Schiffe getriebenen Wirtschaft ward dasselbe verkauft. Der widerspenstige Kapitän, von dem der Correspondent-Rheder bezüglich der verursachten Kosten mir schrieb, ›es habe noch kein Beispiel einer ähnlichen Schurkerei des Schiffers gegeben‹, weigerte sich, dieses derzeit in London liegende Schiff der Führung eines anderen Schiffers zu übergeben, und konnte man erst in Besitz desselben vermittels Dingung englischer Matrosen gelangen, welche den abgesetzten Kapitän über Bord warfen. Ein solcher Krieg aber kostet Geld, und man darf sich deshalb nicht wundern, wenn solche und andere fabelhaften Vorgänge die ganze Aufkunft des verkauften Schiffes absorbieren. Eine kostspielige Revision der Schiffsrechnungen hat auch hier zu dem traurigen Resultat geführt, daß der Correspondent-Rheder als Mitschuldiger erscheint. Der bedeutenden, von den Rechnungsrevisoren erhobenen Monita nicht zu gedenken, will ich nur auf das Factum hinweisen, daß die Matrosenheuer sich in der selben Rechnung für einen Monat zweimal aufgeführt fand.*

Der Kapitän, und wie es scheint auch zum Teil der Korrespondenzreeder, haben schamlos in die eigene Tasche gewirtschaftet. Den übrigen Reedern hat das Schiff nicht nur keinen Pfennig eingebracht, sondern sie sahen sich sogar zum Verkauf des Schiffes gezwungen, um wenigstens noch etwas von dem angelegten Kapital zu retten.

So schadete persönliche Profitgier einem Unternehmen, von dem sich der Erbauer wie die Mitreeder Großes erhofft hatten. Der Gedanke ist wohl nicht so abwegig, daß die Hilfsantriebsanlage nicht oder nur selten benutzt wurde, die Betriebskosten dafür aber vom Kapitän in Rechnung gestellt worden sind. Sonst sind die langen Reisen nicht zu erklären.

Und noch ein Gedanke zwingt sich dabei förmlich auf. War die Abneigung der mecklenburgischen Schiffer gegen Eisenschiffe und speziell gegen maschinengetriebene so groß, daß der Korrespondenzreeder bei der Auswahl des Schiffers, dem er in der Missive Tüchtigkeit und Ehrlichkeit bescheinigte, nicht auf korrektere Kapitäne zurückgreifen konnte?

Die nachfolgenden Reeder haben die Maschine möglicherweise auch ausbauen lassen, denn es wird jetzt nur noch einfach von der »Bark« gesprochen. Das Schiff wurde auch auf einer neuen Route eingesetzt, wo die Massengutfahrt im Vordergrund stand und der Zeitfaktor weniger eine Rolle spielte. Und ohne Maschine würden die Unterhaltungskosten gesenkt und der Frachtraum vergrößert worden sein. In der Verklarung beim Verlust des Schiffes gibt der Kapitän die Größe mit 426 »Toneladas« an, es wird aber nicht erläutert, ob es Gewichts- oder Registertonnen sind. Im letzteren Falle würden sich mit dem Umrechnungsfaktor von 2,00 etwa 213 Lasten ergeben, und wenn das die Ladefähigkeit war, dann dürfte die HERZOGIN MARIE keine Schiffsmaschine mehr geführt haben. Das sind zwar nur Vermutungen, die Länge der nun folgenden Reisen könnte aber eine Bestätigung dafür sein.

Unter Kapitän Walsmann geht die HERZOGIN MARIE am 4. Juni 1860 in London (Deal 10. 6.) ab, und laut eines am 7. November in Kurachee datierten Briefes trifft sie dort nach 130 Tagen ein. Auch diese Fahrt kann nicht gerade als schnell bezeichnet werden, wenn das Mittel bei 115 Tagen und schnelle Reisen knapp über 70 Tagen lagen.

Am 19. Dezember läuft die Bark wieder nach London aus, steht am 5. März 1861 unweit St. Helena, passiert Scilly nach 157 Tagen, am 25. Mai, und kommt in London endlich sechs Tage später an.

Für ihre letzte Fahrt clariert die HERZOGIN MARIE Ende Juli in London nach Odessa. Sie passierte Deal am 1. August 1861, und drei Wochen später bekommt Lloyd's durch ein Telegramm aus Figuera die Nachricht von ihrem Verlust. Die Zeitung der portugiesischen Hafenstadt Aveiro enthielt folgenden Bericht über den Untergang des Schiffes und die Rettung der Mannschaft:

Es war 5.00 Uhr nachmittags am 24. August, als der in dem Wachhäuschen am Eingange unserer Stadt zum Beobachten befindliche Lotse im Süden des Eingangs ein kleines Fahrzeug den Wellen des Weltmeeres preisgegeben sah. Er machte Mitteilung davon, und sogleich begannen die Signale, um es nach dem Eingange zu rufen. Es näherte sich, eine Gegensee überschüttete es jedoch dermaßen mit Wasser, daß es fast untergegangen wäre, hätte ihm nicht der Oberlotse mit einigen Lotsen, die schwimmend zu demselben gelangen konnten, schnelle Hilfe geleistet. Sie sahen nun sechs Männer, eine Dame und einen hübschen Knaben von drei Jahren, der freudig den Rettern entgegenlächelte.

Die Männer waren von den Beschwerden des mehrstündigen Kampfes zwischen Leben und Tod erschöpft, und die Dame war fast leblos. Das Kind allein zeigte sich fröhlich und zufrieden, es lächelte und belustigte sich über die Wogen des Weltmeeres.

Allen leisteten Herr Antonio Luz de Sousa, der Oberlotse, und dessen Gattin schnelle Hilfe. Daraufhin sagte ein gut aussehender junger Mann, welcher fertig französisch und englisch sprach, folgendes aus: Er sei ein Deutscher, nenne sich Friedrich Wilhelm Walsmann, sei am 5. des Monats in der mecklenburgischen Bark Herzogin Marie, die er als Kapitän geführt habe, von London nach Odessa abgegangen. Die Bark sei von Eisen gewesen, habe 426 Toneladas gemessen und eine Besatzung von 13 Personen gehabt. Auch seine Frau und sein Sohn hätten sich an Bord befunden. Am 20. August um 8 Uhr vormittags sei das Schiff 30 Meilen im Westen von Aveiro leck geworden und habe 5 Fuß Wasser gezogen. 24 Stunden habe man die Pumpen im Gange gehalten, jedoch ohne Erfolg, denn das Schiff habe sich immer mehr mit Wasser angefüllt, bis sie sich um 10 Uhr vormittags, am 21. August, nachdem sie alle Hoffnung verloren, in ihren Booten zu retten gesucht hätten. In dem oben erwähnten Fahrzeuge kam der Kapitän, seine Frau und ihr Sohn nebst sechs Matrosen, in das andere Boot stiegen der Steuermann und fünf Matrosen.

Nachdem der Kapitän durch Ruhe frische Kräfte gesammelt hatte, ging er mit dem Oberlotsen und anderen Lotsen aus dem Eingange zum Hafen hinaus, um den Rest der Besatzung zu suchen. Sie fuhren 3 portugiesische Meilen weit ins Meer hinaus, kehrten aber entmutigt nach dem Lande zurück, wo sie jedoch die gute Nachricht vorfanden, daß jene schon am 22. August gesund und unversehrt in die Mündung des Mondego eingelaufen waren.

Damit endet das erste Kapitel in der Geschichte der Rostocker Eisensegler. Zusammenfassend kann gesagt werden, daß beide Schiffe entweder keine guten Segler waren oder aber ihre Kapitäne es nicht verstanden, sie richtig zu führen.

Das war keinesfalls nur in Mecklenburg mit seiner relativ jungen transozeanischen Fahrt der Fall, wo sich die »Komm'-ich-heut-nicht-komm'-ich-morgen-Tradition« der alten Ostseefahrer nicht auf die Schnelle ausmerzen ließ. MacGregor berichtet für englische Verhältnisse Ähnliches und äußert es speziell für die Bark Black Prince, *einem von William Rennie entworfenen und bei Alexander Hall and Son gebauten Klipper, der, bei einer derartigen Kombination von Konstrukteur und Werft, ein ausgesprochener Spitzenreiter in der Chinafahrt hätte werden müssen. Nach den Aufzeichnungen von Kapitän Andrew Shewan müssen wir jedoch annehmen, daß ein großer Teil schiffbaulichen Könnens vergeblich investiert wurde bei dem fehlenden Elan ihres Kapitäns William Inglis und seiner mangelnden Zielstrebigkeit. Zweifellos gab es noch andere Klipperkapitäne von ähnlicher Disposition, denen es in manchen Fällen an Energie oder Nervenstärke* (und Können, d. Verf) *fehlte, denn es waren nur wenige unerschrockene Männer, die ihr Schiff mit jener unermüdlichen und rastlosen Energie knüppelten und zu steuern vermochten, durch die allein Rekordreisen erzielt werden konnten!*

Was auch die eigentliche Ursache für den Mißerfolg bei den ersten eisernen Rostokker Klippern gewesen sein mag, die schlechten Leistungen jedenfalls dürften mit dazu beigetragen haben, beide Schiffe in Vergessenheit geraten zu lassen. Sie waren alles andere als eine Reklame, weder für die Werft noch für das neue Baumaterial, und hier mag, neben subjektiven und finanziellen Gründen, eine der Hauptursachen dafür zu suchen sein, weshalb eiserne Segelschiffe in der Rostocker Flotte erst so spät ihren Einzug hielten.

Gebaut bei der »Neptun« A.G. in Rostock

Seit dem Stapellauf der ersten eisernen Bark Der Orientale waren 31 Jahre vergangen, und der Verlust der Herzogin Marie lag 24 Jahre zurück, als 1885 in Rostock erstmals wieder ein eiserner Neubau registriert wurde. Der für die Kamerunfahrt bestimmte sehr völlig gebaute Dreimastschoner Hedwig von 321 RT ging leer nur 4 Fuß tief. Er ist das erste von drei eisernen Segelschiffen, die von G. Howaldt, Kiel, bis 1908 gebaut worden sind. Der ursprüngliche Auftraggeber für diesen Bau war der Kieler Schiffer H. Reise, der dann aber zu den Lotsen ging und das Schiff noch auf den Helgen veräußerte. Als Käufer trat der Schiffer Wilhelm Luchterhand aus Barth auf, und die Korrespondenz wurde von der ebenfalls Barther Firma Carl Sodemann übernommen. Warum dieser Schoner zuerst im Rostokker Register erschien, ist unbekannt, jedenfalls wird bereits ein Jahr später die Verlegung des Heimathafens nach Barth gemeldet.

Bark Selene,
der erste, 1887, in Rostock gebaute Stahlsegler

Schon auf der Jungfernreise, und damit noch unter Rostocker Flagge, havarierte die HEDWIG. Am 6. Oktober 1885 hatte sie Kiel in Ballast mit dem Zielhafen Grangemouth verlassen. Am 9. Oktober strandete sie infolge einer Kompaßmißweisung bei diesigem Wetter auf den Untiefen südlich von Läso. Mit entsprechenden Segelmanövern und durch das Werfen von Ballast kam sie jedoch ohne fremde Hilfe wieder ab. Kurz danach aber lief sie am gleichen Ort wieder auf. Diesmal blieben alle Versuche, allein wieder freizukommen, erfolglos. Auf ihr Notsignal hin erschien der Dampfer FREDERIKSHAVN der Switzer'schen Bergungsgesellschaft, der sie nach Frederikshavn schleppte. Dort wurde der Boden des Schiffes von Tauchern untersucht, aber keinerlei Schaden festgestellt. Nach Ergänzung des Ballastes konnte der Schoner die Reise fortsetzen, die Gesamthavariekosten beliefen sich aber immerhin auf 8 800 Mark.

Es sollten aber noch sechs weitere Jahre vergehen, bis in Rostock selbst wieder ein eisernes Schiff auf Kiel gelegt wurde: die Bark FRIEDA MAHN. *Wieder ist ein stolzes Schiff durch Menschenkunst und Menschenfleiß so weit gediehen, daß es seinem Elemente übergeben werden kann. Mir ward der ehrenvolle Auftrag zuteil, dasselbe zu taufen. So fahre denn hin in fremde Meere und Länder, stets schnell und glücklich zur Ehre und zum Ruhm Deines Erbauers und zum Segen und Gewinn Deiner Reederei. Ich taufe Dich auf den Namen FRIEDA MAHN. Fahre wohl!*

Mit diesen Worten taufte die Tochter des Korrespondenzreeders Helmuth Mentz am Sonnabend, dem 12. September 1891, das um 15 Uhr nachmittags unter großer Zuschauerbeteiligung bei der Rostocker Aktiengesellschaft für Schiffs- und Schiffsmaschinenbau vom Stapel gelaufene Barkschiff mit der Baunummer 129. Diese aus bestem Stahl nach den Regeln des Britischen Lloyd für die Klasse 100 A 1 erbaute Bark war seit 1857 der erste Neubau dieser Art für Rostock und gleichzeitig das erste Stahlschiff für heimische Rechnung.

Als besonders erfreulich ist die Tatsache zu werten, daß dieses Schiff nicht in der »Werkstatt Europas«, wie man England nannte, sondern in Rostock selbst gebaut worden ist. So gab auch die »Rostocker Zeitung« anläßlich dieses Stapellaufs der Hoffnung Ausdruck, dieses Beispiel würde bald Nachahmung finden. Doch leider gefehlt. Von den überhaupt nur insgesamt vier Neubauten der Jahre 1891–93 gingen, abgesehen von der FRIEDA MAHN, zwei Aufträge nach England und einer nach Stettin. Man war, trotz des inzwischen besonders wegen seiner Qualität geachteten deutschen Schiffbaus, vielerorts noch immer der Ansicht, »die Engländer könnten es besser«. Sicher hatten sie mehr Erfahrung, und es gab dort eine ganze Reihe von weltberühmten Werften, die Hervorragendes auf diesem Gebiet geleistet hatten. Aber auch in Deutschland war die Entwicklung inzwischen vorangeschritten, und namhafte Firmen hatten hier, nach englischem Vorbild, ebenfalls mindestens gleichwertige Schiffe abgeliefert. In der Anzahl allerdings nehmen sie sich gegenüber den englischen recht bescheiden aus.

Auf der Reiherstieg-Werft in Hamburg entstanden bis zum Jahre 1878 35 Segler. Diese Zahl wurde von keiner anderen Werft erreicht, es sei denn, man rechnet bei Blohm & Voß die nach dem ersten Weltkrieg gebauten Rahschiffe mit hinzu. Die Tabelle gibt Aufschluß über den Zeitraum und die Anzahl der auf den bedeutendsten deutschen Werften gebauten Segelschiffe. Danach begann besonders in den 80er Jahren eine Reihe von Werften mit dem Bau eiserner und später auch stählerner Segler. International am bekanntesten wurden die beiden Firmen Blohm & Voß in Hamburg und die Johann C. Tecklenborg A. G. in Geestemünde. Hier entstand, neben anderen, ein großer Teil der schnellen Laeisz-Schiffe. Blohm & Voß baute nicht nur 1885 die erste eiserne Viermastbark POLYMNIA (2 129 BRT) und 1891 die erste stählerne Viermastbark HEBE (2 722 BRT), sondern auch die letzten großen Viermastbarken für die Frachtschifffahrt überhaupt. Tecklenborg, und dort der bekannte Schiffbaudirektor Georg Claussen, begann erst später mit dem Bau von eisernen und stählernen Großseglern, darunter dann so berühmte Schiffe wie die Fünfmaster POTOSI und PREUSSEN. Es war aber nur ein letztes Aufbäumen im verzweifelten Kampf gegen die qualmende Konkurrenz. Die in diesen Jahren entstandenen Großsegler galten in jeder Beziehung als die besten, und die bei der Rostocker Aktiengesellschaft für Schiffs- und Schiffsmaschinenbau, später »Neptun« A. G., gebauten machten dabei keine Ausnahme. Sie waren bekannt für ihre Schnelligkeit, und auch sonst entsprachen sie allen in sie gesetzten Erwartungen. Doch dazu bedarf es eines kurzen Rückblicks.

Neben dem Tischbeinschen Unternehmen, getrennt durch das Slip der »Patent-Slip-Compagnie«, war 1866 noch eine zweite Maschinenfabrik und Schiffswerft von N. H. Witte in Rostock gegründet worden, die er später an seinen Schwager, den Maschinenfabrikanten Abendroth abgab. Am 2. Oktober 1871 erwarb eine Gesellschaft dieses Unternehmen käuflich und gründete anschließend die »Rostocker Aktiengesellschaft für Schiffs- und Maschinenbau«, deren Zweck der Bau eiserner Schiffe und Schiffsmaschinen sowie deren Reparatur, die Anfertigung aller Art von Gußwaren, Kesseln, Brücken, stationären und transportablen Maschinen bildete. Durch den Ankauf der westlich davon liegenden, 1863 von E. Padderatz gegründeten Holzschiffswerft und den Erwerb der Dampfsägerei des Kaufmanns Fr. Chr. Schultze wurde im Januar des nächsten Jahres das Gelände erheblich erweitert.

Auch der bereits 69 Jahre alte Tischbein folgte dem Trend der Zeit und vermutlich auch dem Druck der Schulden, und so kam im April 1872 die Meldung, daß *die rühmlichst bekannte Maschinenfabrik und Schiffswerfte des Herrn A. Tischbein hierselbst von einer Anzahl bedeutender Bankfirmen in Berlin, Hamburg, Lübeck und Rostock erworben wurde, welche das Etablissement mit großen finanziellen Mitteln in erweitertem Umfange unter dem Namen »Hansa«, Werfte für eiserne*

Deutscher eiserner und stählerner Segelschiffsbau von 1858–1914

Zeitraum	Werften	Anzahl	BRT	Durchschnitt
1858–1878	Reiherstieg, Schiffswerft und Maschinenfabrik, Hamburg	35	24611	703,2
1875–1894	Bremer Schiffbau-Gesellschaft, vormals H.F. Ulrichs, Bremen-Vegesack	28	38405	1371,6
1875–1891	Flensburger Schiffbaugesellschaft	13	12238	1018,3
1880–1911	Blohm & Voß, Hamburg	29	47712	1645,2
1884–1893	Johann Lange, Bremen-Vegesack	10	12881	1288,1
1884–1889	Schiffs- und Maschinenbau A.G. GERMANIA, Kiel	10	11167	1116,7
1885–1891	NEPTUN A.G. Rostock, vormals Rostocker A.G. für Schiffs- und Maschinenbau	10	14239	1423,9
1886–1914	J.C. Tecklenborg A.G., Geestemünde	16	37528	2345,5
1889–1898	Henry Koch, Lübeck	9	11344	1260,4
1894–1908	Rickmers, Bremerhaven	8	22223	2777,9

Schiffe und Maschinenbauanstalt (vormals A. Tischbein), fortzuführen gedenken. Das Slip der »Patent-Slip-Compagnie« war schon vorher in den Besitz der Werft übergegangen. Tischbein blieb Direktor dieser Firma bis 1876, dann schied er, ein Jahr nach seinem 50. Dienstjubiläum, aus, und die Geschäfte übernahm ein Schiffbaumeister H. Burchard, der vorher bei der »Vulkan«-Werft in Stettin gearbeitet haben soll. Das Ziel dieser jetzt kapitalkräftigeren Firmen war, durch verbesserte Produktionsbedingungen den deutschen Eisenschiffbau zu entwickeln und international konkurrenzfähig zu machen.

Die Bilanzen der beiden Rostocker Unternehmen waren in den folgenden Jahren aber alles andere als erfolgreich. Es fehlte oft an Aufträgen, und so hielten sie sich meist nur recht und schlecht über Wasser und verfügten auch weiterhin über keine Mittel, die Betriebe zeitgerecht zu modernisieren und zu erweitern.

Nach dem Tode Tischbeins, am 22. März

Die alte Rostocker Aktiengesellschaft für Schiffs- und Maschinenbau

1881, kam die »Hansa« A. G. zur Liquidation. Die Schiffbaumeister Ernst Burchard und Carl Bohn sowie der Kaufmann Carl Burchard erwarben die Werft für nur kurze Zeit (Burchard's Schiffswerfte und Maschinenbauanstalt), dann kam es noch im April des gleichen Jahres zu einer Fusion mit der Rostocker Aktiengesellschaft für Schiffs- und Maschinenbau. Aber auch mit vereinten Kräften ging es nicht voran. Die Ursache dafür war, nach den Geschäftsberichten, neben einigen selbst verschuldeten Fehlkalkulationen und dem Konkurs eines Auftraggebers die *jetzige niedrige Konjunktur mit dem schlechten Frachtenmarkt und die seit Jahren auf den Rhedereien lastenden trüben Verhältnisse.* Nach dem Rechnungsjahr vom November 1884 zum November 1885 mußte die Generalversammlung feststellen, daß der Schiffbau im letzten Geschäftsjahr völlig darniederlag und seit dem Stappellauf des Dampfers TRAAG Mitte 1884 keine Aufträge mehr eingegangen waren. Die Unterbilanz von zwei Jahren betrug 302 882,99 Mark. Die Zahl der Arbeiter schrumpfte auf 139, die der Beamten und Meister auf zehn. Dem Direktor Weese wurde wegen der fehlenden Aufträge bereits zum 1. Januar 1885 gekündigt.

An seine Stelle trat am 1. Juni 1885 als Technischer Direktor H. E. Johns aus Kiel, der sich bei der »Germania« A. G. schon einen Namen als Konstrukteur schnellsegelnder Schiffe gemacht hatte. Und wirklich wurden gleich nach seiner Bestallung zwei Großsegler in Rostock in Auftrag gegeben, deren Kiele noch im August gelegt wurden. Es waren Schwesternschiffe, aber für verschiedene Reedereien in Hamburg, und ehe noch der erste Stapellauf erfolgte, ging die dritte Bestellung, für einen noch größeren Segler, ein.

Das erste Schiff, für die Reederei J. Hintze bestimmt, wurde in der großen Schiffbauhalle gefertigt und bereits am 10. Dezember, nachmittags 3 Uhr, lief es als Baunummer 83 ab. Es war ein historischer Augenblick für die Werft. Eine große Zuschauermenge hatte sich zu dem Stapel-

Schonerbark auf der Slipanlage, um 1900

lauf eingefunden. Auf der Tribüne standen die Vertreter der Reederei, des Aufsichtsrates und der Direktion der Werft, und bevor die Champagnerflasche am Bug zerschellte, hielt, auf Wunsch des Reeders, die Frau des Direktors Johns die Taufrede.

Vom Besteller dieses Schiffes wurde mir der ehrenvolle Auftrag zuteil, die Taufe zu vollziehen. Mit Freuden ist gewiß von vielen der Augenblick begrüßt worden, wo in dieser Halle der Kiel des ersten Segelschiffes gestreckt wurde und mit Interesse von allen Seiten die allmähliche Förderung seines Werkes beobachtet worden, welches zu seiner Entstehung der Arbeit so vieler fleißiger Hände unter sicherer Führung bedurfte. Es steht nun vor uns ein stolzes Schiff, seiner Vollendung nahe und bereit, seinen Elementen zuzueilen. Ein neues Glied zur Verbindung der entferntesten Weltteile mit der Heimat. Mögen alle Wünsche, welche die Beteiligten von der Zukunft des Schiffes erhoffen, in Erfüllung gehen. Nach dem Vornamen des Herrn Konsul Möller in Hamburg taufe ich Dich J. C. Julius. Fahre glücklich zum Vorteil der Reederei und zur Ehre der Erbauer!

Bereits einen Monat nach dem Stapellauf war das Schiff seeklar. Das Rigg stellten Hamburger Takler auf, und auch das Inventar und die sonstige Ausrüstung lieferten Firmen aus dem Heimathafen der J. C. Julius. Am 12. Januar 1886 schleppten die beiden Passagierdampfer Neptun und Courier die *stattliche und in jeder Hinsicht gelungene Bark* nach Warnemünde, von wo sie in Ballast nach Cardiff in gleich sehr guten sieben Tagen segelte.

Am 3. April 1886 lief die zweite eiserne Bark Lilla für F. Th. Eckhusen von den Helgen. Im Taufspruch betonte die Patin, *es wäre zu erwarten, daß auch die von früher durch ihre Unternehmungslust bekannte und hier vertretende Rostocker Reederei von diesem Beispiel angelockt, auch ihrerseits ihr Interesse an dem Aufblühen der Werft durch Bestellung moderner eiserner Segelschiffe an den Tag legen werde …* Daß sie es nicht tat, haben wir schon erwähnt.

Dabei wäre gerade in den Jahren 1886/87 der Zeitpunkt günstig gewesen, da die Werft damals bei Abschlüssen die niedrigsten Preise akzeptierte, nur um das Unternehmen zu erhalten. Später sah es dann schon etwas anders aus, als die Werft teilweise länger als ein Jahr ausgebucht war. Auftraggeber für neun der insgesamt zehn in Rostock erbauten Großsegler waren die bedeutendsten Hamburger Reedereien. Die Rostocker brauchten Jahre, bis sie sich zu einem Auftrag entschlossen, und so war die Frieda Mahn das zehnte und letzte Segelschiff, das diese Werft verlassen sollte.

Der Lilla folgten noch bis März 1887 die beiden Barken Gudrun und Thalia, ebenfalls Schwesternschiffe und größer als ihre beiden Vorgängerinnen. Masten und Unter- bzw. Marsrahen dieser Schiffe waren aus Eisen. Die äußere und innere Ausstattung wurde als praktisch und solide, die Kajüte als elegant und komfortabel, die Wohnräume für die Steuerleute und die Besatzung als zweckentsprechend gepriesen, und selbst eine Badekabine fehlte nicht. Alle Schiffe hatten ein elliptisches Heck, eine lange Poop und eine feste Back. Die Fock- und Großmasten führten doppelte Mars- und Bramsegel und darüber Royals.

Die Gudrun hatte neben anderen Goldverzierungen ein reich dekoriertes Namensbrett und sogar vergoldete Mastspitzen. Als Galionsfigur schmückte den Bug die *anmutige Gestalt einer nordischen Königstochter und schwebt demselben voran, gleichsam ausspähend nach dem besten Wege, welchen der Kiel zu durchforschen hat, um, der Gudrun gleich, allen Gefahren zu entgehen und schließlich die ersehnten Ziele zu erreichen.*

Die Gudrun war derzeit das größte Schiff, *welches je die Warnow getragen,* und zusätzlich noch eine der größten bisher in Deutschland gebauten Barken. Damit bahnte sich gleich bei der ersten Ausfahrt ein Problem an, das der Werft auch späterhin noch zu schaffen machen sollte: die Bark kam in der Nähe des Gehlsdorfer Ufers fest. Es mußte erst ein hoher Wasserstand abgewartet und ein Teil des Ballastes wieder gelöscht werden, ehe sie von einem Dampfer freigeschleppt werden konnte.

Dienstag, der 18. Juni 1889, wurde wieder zu einem Meilenstein in der Geschichte des Rostocker Schiffbaus. Auf dem Vordeck einer östlich der Schiffbauhalle in seiner Holzbettung ruhenden Bark flatterte wieder die Hamburger Fahne mit den weißen Türmen auf rotem Grund. Trotz der brennenden Sonne und des staubigen Weges waren viele Schaulustige gekommen, die vom Wasser wie vom Lande aus dem für 2 Uhr nachmittags festgesetzten Stapellauf beiwohnen wollten. Auf der Tribüne vor dem girlandenbehangenen Bug hatte sich neben den üblichen Offiziellen als »Taufdame« die Frau des Reeders Krogmann postiert. Endlich war der große Augenblick gekommen. *Indem ich Dir des großen Dichters Wort zum Abschied zurufe: Trag es gnädig, Neptun, und wiegt es schonend, ihr Winde!, taufe ich Dich auf den Namen* SELENE. Die Flasche zerschellte am Bug, und unter hundertstimmigen Hurrarufen glitt die neue Bark in die Warnow, fast bis zum anderen Ufer. Das Besondere an diesem Schiff mit der Baunummer 109 waren nicht seine Abmessungen, sondern der Werkstoff, aus dem es gefertigt war.

Eiserne Bark GUDRUN *(Baunummer 86) 1886 in Warnemünde*

Der Rumpf, die Masten und Rahen bestanden aus bestem englischen Stahl!

In England war man schon seit langem bemüht gewesen, einen Werkstoff von noch größerer Festigkeit, als das Eisen sie besitzt, zu entwickeln. Er mußte außerdem in jede Form zu bringen sein und in kaltem Zustand unter Belastung dehnbar und geschmeidig bleiben. Die Versuche gehen bis in die 50er Jahre zurück, und seit 1857 wurde der sogenannte Puddelstahl trotz seiner Härte auch schon für Versuchsbauten in der Fluß- und Kleinschiffahrt verwendet. Der erste, aus dem mit Hilfe des Bessemer-Prozesses ab 1860 gewonnenen weicheren Stahl gefertigte Großsegler soll die 1 283 t große, 1864 bei Jones Quiggin & Co. in Liverpool gebaute ALTCAR gewesen sein. Für wirkliche Qualitätsstähle, so wie der Schiffbau sie aber benötigte, mußten erst noch andere Verhüttungstechniken gefunden werden. Ein Schritt darauf zu war das Siemens-Martin-Verfahren, aber erst das 1878 von dem Engländer Sidney Gilchrist Thomas entwickelte »Windfrischverfahren« in der Thomas-Birne verwandelte das brüchige Roheisen des Hochofens in optimal schmiedbares Metall. Von jetzt ab stand dem britischen Schiffbauer der dehnbare und in verschiedene Richtungen verformbare Walzstahl von entsprechender Güte zur Verfügung. Die aus diesem Werkstoff gefertigten Platten und Winkel konnten im Querschnitt um etwa $\frac{1}{5}$ reduziert werden, was eine Gewichtsersparnis von rund 15 % mit sich brachte. Gleichzeitig war eine weitere Tonnagesteigerung möglich – die Ära der Superschiffe zwischen 3 000 und 5 000 t begann. Riesige Vier- und Fünfmaster entstanden, optimal im Fassungsvermögen wie in der Belastbarkeit, das wirtschaftliche Schwerwetterschiff schlechthin.

Auf Grund des sehr völligen Unterwas-

Schiffsporträt der Bark SELENE (Baunummer 109), 1887

serschiffes wurden sie vielfach auch abfällig als »Stahlkästen« bezeichnet. Wenn auch ihre Linien im Vergleich zu den Klippern kaum noch Schärfe aufwiesen, so besaßen sie doch, bedingt durch ihre enorme Länge, hervorragende Segeleigenschaften. Ihre mittleren Reisegeschwindigkeiten ließen sie bei der Endabrechnung kaum oder gar nicht hinter ihren berühmten Vorgängerinnen zurückstehen, und dann hatten sie in der gleichen Zeit noch das Mehrfache an Ladung mit einer weitaus geringeren Besatzung transportiert.

Die Umstellung von Eisen auf Stahl ging relativ schnell vor sich. England allen voran, aber die anderen europäischen Werften zogen bald nach. Ab 1887 baute als erste deutsche Werft Blohm & Voß in Hamburg alle seine Segler nur noch aus Stahl. Die Erstlinge waren, wie schon erwähnt, die beiden für die Reederei Laeisz gefertigten Barken POTRIMPOS (1 275 BRT) und PROMPT (1 445 BRT). Ihr folgte 1888 Tecklenborg in Geestemünde mit dem Vollschiff NAJADE (1 752 BRT) und 1889 die Bremer Schiffbau A. G. mit dem Vollschiff C. H. WÄTJEN (1 823 BRT), Henry Koch in Lübeck mit der Bark MARGA (1 074 BRT) sowie die Rostocker A. G. für Schiffs- und Maschinenbau mit der Bark SELENE von 1 319 BRT.

Auch alle anderen in Rostock *nach den*

Bark SELENE nimmt eine Holzladung ein

bewährten Schnellseglermodellen gebauten Schiffe waren ab jetzt aus Stahl. Noch im Jahre 1889 folgte mit der Baunummer 112 das Vollschiff SENATOR VERSMANN für die Firma A. H. Wappäus. Als Schwesternschiff der SELENE ebenfalls mit schwarz-weißem Anstrich versehen, hatte es zusätzlich noch gemalte Stückpforten.

Am 30. August 1890 läuft die Bark ARTEMIS (1 463 BRT), Baunummer 120, von den Helgen. Von diesem Schiff bringt die Nr. 488 der »Rostocker Zeitung« eine ausführliche Beschreibung: *Rostock 18. Oktober 1890. Heute Morgen hat die hier neu erbaute Bark ARTEMIS unter Assistenz von drei der hiesigen Flußdampfer ihren Anlegeplatz an der Schnickmannbrücke verlassen, um zunächst nach Warnemünde hinunterzugehen, von wo aus das stattliche Schiff seine erste Seereise antreten wird. Als Hauptbaustoff ist bei dem Schiff Stahl in Anwendung gekommen, welches auch beim Mannschaftsroof, der Combüse, der Zimmermannswerkstatt und den Hauptschotten des Deckshauses hervortritt. Alle Türen sind dagegen aus Teakholz hergestellt. Das Fahrzeug hat eine volle Poop erhalten, welche sich bis ca. 40 Fuß vor den Hintersteven erstreckt, und davor ein überbautes Hauptdeck von ca. 18 Fuß Länge. Die Poop bzw. das Quarterdeck sind aus guten Pitchpine-Planken hergestellt. Das Hauptdeck ist unter der Back vom Vordersteven bis ans Kol-*

Vollschiff SENATOR VERSMANN (gebaut 1889, Baunummer 112)

Bark ARTEMIS *(gebaut 1890, Baunummer 120)*

lisionsschott ganz beplattet, der Vordersteven aus bestem Abfalleisen geschmiedet. Der Kiel in 6 Längen gleichfalls aus scrap iron hergestellt und wasserdicht verstemmt. Der Ruderrahmen und Schaft bestehen aus einem soliden Schmiedestück. Die Nagelbänke und Monkey-Reling, die Mastknechte, der Groß- und Fockmast, die Begrenzungsplanken des Hauptdecks, diejenigen am Stringerwasserlauf des Poopdecks, des Halbdecks und der Back sowie das Hauptdeck unter dem Spill und die Stopperunterlage sind aus Teakholz. An jeder Schiffsseite im Zwischendeck ist eine Ballastpforte mit Scharnieren und Gummidichtung angebracht. Das Kollisionsschott reicht bis zum Hauptdeck. Das Schanzkleid ist mit drei Wasserpforten und drei Klüsen an jeder Seite versehen. Von Ventilatoren enthält das Hauptdeck zwei, das Poopdeck gleichfalls zwei (Viehoff'sche). Die Decksplanken sind aus Teak, das Zwischendeck aus splintfreiem Ostseeholz hergestellt. Auf jeder Seite des Großmastes sind zwei Frischwassertanks von 4000 Gallonen, auf dem Poopdeck der Schraubensteuerapparat aufgestellt. Zur Aufnahme der Seitenlaternen sind am hinteren Ende der Back Leuchttürme mit kupfernen Domen angebracht. Die Wände des Salons sind in polierter Arbeit, die Füllungen in Maple, die Kehlleisten und Pilaster in Nußbaum ausgeführt. Das Buffet hat eine Marmorplatte. Das Sopha und die Tischbänke des Salons sind mit Plüschstoff überzogen. Die Einrichtung der Passagierkammer besteht aus poliertem Mahagoniholz, das Sopha hat einen Velourbezug. Die Pantry enthält einen Anrichtetisch, Schränke, Borten und Haken und die anderen Ausrüstungsgegenstände einer Schiffs-Service-Kammer. An Bord hat die Bark weiter ein Großboot von 26 Fuß Länge, ein Lifeboot von 24 Fuß Länge, eine Gig von 18 Fuß und eine Schaluppe von 20 Fuß Länge. Zwei der Fahrzeuge sind auf der Roof, die beiden anderen hinter dem Großmast angebracht, zur Un-

terbringung seiner vierfüßigen und gefiederten Passagiere hat das Schiff einen Schweine- und Hühnerstall, von Ankern besitzt dasselbe zwei Buganker, einen Reservebuganker, zwei Warpanker und einen Stromanker.

Am 23. September 1890 wird der Abschluß eines neuen Baukontrakts unter der Nr. 125 gemeldet. Diesmal über ein noch größeres Vollschiff und – für die Reederei Laeisz in Hamburg! Das war unbedingt eine Auszeichnung für die Rostocker Werft. Diese hatte aber auch mit ihren bisher gebauten Schiffen nicht unerhebliches Aufsehen in Fachkreisen erregt. Alle Segler machten durchweg gute und oft sogar hervorragende Reisen. Die besten Ergebnisse des Jahres 1889 brachten die Barken SELENE und THALIA. Erstere passierte am 16. Oktober Prawle Point im Englischen Kanal und erreichte bereits am 27. Dezember, also nach sehr guten 72 Tagen (70 ab Lizard) Melbourne. Die THALIA hatte, tief abgeladen mit Salpeter, die Distanz Inquique-Lizard in 75 Tagen durchsegelt. Solche Leistungen mußten beeindrucken, und auch die Firma Laeisz sollte ihren Entschluß nicht bereuen.

Es ist schwer zu sagen, welcher der schnellste von den P-Line-Vollriggern war; jeder von ihnen besitzt eine glänzende Liste von guten Reisen. Was das Äußere betrifft, so sind sie würdig, mit den Besten der Clyde- oder Mersey-Schönheiten verglichen zu werden. Ich erinnere mich, wie gefesselt ich war von dem majestätischen Anblick und der seemännischen Elenganz der funkelnagelneuen PAMPA, als sie

Vollschiff PAMPA (Baunummer 125) übergibt die Schlepptrosse

in Antwerpen mitten unter einer Reihe von Engländern, Franzosen, Norwegern und Holländern lag, daß ich sofort eine Photographie von ihr kaufen ging. Die PAMPA *war das einzige von den Laeisz-Schiffen, welches in Rostock gebaut worden ist, und, ausgehend von ihren Ergebnissen, möchte ich sagen, daß sie ganz sicher genau so schnell war, wie die anderen bei Blohm & Voß oder Tecklenborg gebauten Klipper. Sie brauchte nur selten mehr als 80 Tage ausgehend um das Kap Hoorn, und ihre Heimreisen waren gleichmäßig gut.*

Diese ehrenden Worte über das Schiff und die Werft stammen von keinem Geringerem als Basil Lubbock, dem großen englischen Segelschiffshistoriker. Er machte sie in »Nitrate Clippers« und eröffnete mit der PAMPA das Kapitel über die Flying-P-Schiffe.

Dabei sah der Start für dieses Schiff gar nicht so rosig aus, das einmal als die »schnelle Pampa« Furore machen sollte. Zwei Monate nach dem Baukontrakt, der ein stählernes Vollschiff für 2 700 t Schwergut mit der höchsten Klasse beim Englischen Lloyd's wie beim »Bureau Veritas« vorsah, ging die Werft erst einmal wieder in Liquidation. Im Dezember 1890 übernahm eine neue Interessengruppe das verschuldete Unternehmen, und unter dem 25. Februar 1891 wird der Betrieb im Rostocker Handelsregister als Aktiengesellschaft »Neptun«, Schiffswerft und Maschinenfabrik, eingetragen.

Die Arbeiten an dem Laeisz-Segler gingen wieder rüstig voran. Bald ragten die Bordwände in Höhe des Daches der neben dem Schiff stehenden Arbeitshalle. Es war das mächtigste Fahrzeug, das hier bisher gebaut worden war, und so übte der am 9. Mai 1891 stattfindende Stapellauf wieder eine große Anziehungskraft auf die Einwohnerschaft der Stadt aus.

Die Taufrede war nur kurz und wurde von einem Fräulein Olga Clara Knöhr aus Hamburg gehalten: *Mein Onkel, Herr Carl Laeisz in Hamburg, hat mir die Ehre erwiesen, dieses stolze Schiff zu taufen. Das schöne Fahrzeug hier vor uns, das größte, welches bis jetzt auf Rostocker Werften gebaut, ist ein glänzender Beweis von der Tüchtigkeit dieser Werft. Mögest Du stets die Wogen zum Nutzen Deiner Reeder, zur Freude Deines Führers, zur Ehre des deutschen Handels und der deutschen Flagge glücklich durchkreuzen und mögen Deine Fahrten gesegnet sein. Mit diesen Wünschen gleite hinab in Dein Element und sei getauft auf den Namen* PAMPA. *Fahre wohl!*

Das erste Mal wird in diesem Zusammenhang erwähnt, daß Untermasten und Marsstengen aus einem Stück gefertigt wurden. Neben den Masten, dem Bugspiet, Klüverbaum und einem Teil der Rahen war auch das laufende und stehende Gut teilweise aus Stahl. Die PAMPA führte doppelte Mars- und Bramrahen, darüber Royals an allen drei Masten. Der Anstrich war schwarz-weiß-rot gehalten.

Auch der PAMPA bereiteten die schlechten Fahrwasserverhältnisse auf der Warnow einige Schwierigkeiten. Ein Übel übrigens, welches der Werft in ihren Kontraktabschlüssen hinderlich entgegenstand, da der Tiefgang der Neubauten und damit auch die Tonnage begrenzt waren. Am Freitag, dem 3. Juli, um 17.30 Uhr bugsierten die drei Passagierdampfer PHOENIX, NEPTUN und DELPHIN das Vollschiff von der Schnickmannbrücke in die Fahrrinne. Aber schon in der Nähe des Gehlsdorfer Rettungshauses saß die PAMPA fest. Nach vielen Versuchen bekamen die Dampfer sie wieder frei, doch wenig später lief sie bei Bramow wieder auf Grund. Diesmal mußte erst bis zum andern Tag ein höherer Wasserstand abgewartet werden, dann gelang es, mit Hilfe eines vierten Dampfers, das Schiff freizuschleppen und glücklich nach Warnemünde zu bugsieren. Dort lag es noch einige Tage an der »Schanze«, wo über einen Prahm durch die Seitenpforte der Ballast ergänzt wurde (siehe Foto).

Am 9. Juli 1891 passierte die PAMPA unter Assistenz der beiden Dampfer NEPTUN und PHOENIX die Warnemünder Molen unter den Ovationen der zahlreich erschienenen Badegäste. Auch diese Aktion war bei der Größe des Schiffes in dem engen

Strom kein leichtes Unterfangen. Zur Sicherung der PAMPA wurden deshalb nach jeder Seite vorn und achtern starke Trossen ausgesteckt, um sie beim Aus-dem-Kurs-Laufen des Schiffes notfalls über einen der auf beiden Molen in regelmäßigen Abständen stehenden Poller zu werfen. In die Mitte des Fahrwassers verholt, wurden zur Unterstützung der Dampfer die oberen Segel losgemacht. Der Lotse begleitete den

Vollschiff PAMPA (Baunummer 125) 1891 vor der »Schanze« in Warnemünde

Vollschiff Ariadne (gebaut 1891, Baunummer 127)

Segler bis Skagen. Die Führung des nach Iquique bestimmten Vollschiffes hatte die Reederei Kapitän Steincke übertragen, einem profilierten Kapitän, der sich schon vorher mit der eisernen Bark Plus einen Namen gemacht hatte. Sein bestes Ergebnis: 1886/87 segelte er vom Kanal nach Valparaiso in 61 Tagen! Eine Leistung, die international viel Aufsehen erregt hatte.

Auch mit der Pampa, er führte sie bis 1899, sollte er schnelle Reisen absolvieren:

1892 Kanal–Valparaiso	65 Tage
1893 Kanal–Valparaiso	63 Tage
1893 Kanal–Valparaiso	61 Tage
1894 Dungeneß–Valparaiso	64 Tage
1894 Iquique–Kanal	73 Tage
1895 Iquique–Prawle Point	75 Tage
1896 Lizard–Linie	15 Tage 6 Std.
1898 Iquique–Kanal	63 Tage
Cuxhaven	69 Tage

Aber auch danach blieb sie die »schnelle Pampa«:

1900 Iquique–Dungeneß	70 Tage
1905 Kanal–Valparaiso	61 Tage
1905 Taltal–Isle of Wight	75 Tage

1913 verkaufte Laeisz das Vollschiff an die Reederei J. Tengström in Åbo, Finnland. Unter dem neuen Namen Aura fuhr sie bis 1922, dann wurde sie nach einer Entmastung in Sunderland abgewrackt.

Nur wenige Wochen nach der Pampa, am 17. Juli 1891, lief das Schwesternschiff, das Vollschiff Ariadne, Baunummer 127, für M. G. Amsick vom Stapel. Auch dieses Schiff lief beim Bugsieren nach Warnemünde einige Male auf. In Höhe des Breitlings konnten die kleinen Flußdampfer infolge des stark auslaufenden Stromes das große Fahrzeug kaum halten. Um den Segler besser dirigieren zu können, machte der Dampfer »Neptun« längsseits fest. Trotzdem konnte nur mit Mühe eine Kollision mit einem Bagger verhindert werden. Bei dem Manöver geriet die Neptun aber in das laufende Gut der Ariadne, wobei ihm der Braßbaum und die Drahtbrassen über das Deck fegten, die beiden Masten zerbrachen und den Schornstein sowie die Kommandobrücke umwarfen.

Am 3. September ging die ARIADNE von Warnemünde nach Hamburg, und neun Tage später fand der Stapellauf der Bark FRIEDA MAHN statt. Dieses für Rostocker Rechnung gebaute Schiff beschloß die kurze, dafür aber erfolgreiche Zeitspanne des Großseglerbaus in Rostock.

Und die FRIEDA MAHN war ein würdiger Abschluß. Nach den Plänen der zwei Jahre vorher abgelaufenen SELENE erbaut, erwies auch sie sich als ein verzüglicher Segler. Unter dem 39 Jahre alten Kapitän Bernhard Niemann aus Wustrow verließ sie am 30. Oktober 1891 unter Assistenz des Tourendampfers DIREKTOR ARTHUR BARTZ und des Schleppers STADT ROSTOCK den Hafen. Ersterer schleppte sie bis zu dem norwegischen Hafen Fredrikshald, von wo aus sie am 17. Dezember nach Melbourne abging. Wie die SELENE benötigte die FRIEDA MAHN auf ihrer Jungfernfahrt von Prawle Point im Englischen Kanal bis zu ihrem Bestimmungshafen nur 72 Tage, eine Zeit, die uns an die glorreichen Wollklipper erinnert.

Für die Rundreise Fredrikshald–Melbourne–Sydney–London brauchte sie nur 9½ Monate, davon 90 reine Reisetage für die Hinfahrt, für die Rückfahrt 97 Tage. Dafür verteilte sie als Dividende 20 000 Mark, ein Betrag, der noch höher gelegen hätte, wenn die Retourfracht des Schiffes nicht annulliert worden wäre und so eine Fracht zu bedeutend niedrigerer Rate angenommen werden mußte. Segelschiffe konnten bei den gedrückten Fracht-

Bark FRIEDA MAHN
der einzige auf der »Neptun«-Werft für Rostock gebaute Segler am Kai in Bristol

raten überhaupt nur noch durch schnelle Reisen einigermaßen zufriedenstellende Resultate erzielen. Die zweite Rundreise wurde sogar in nur 8½ Monaten absolviert, jedoch wurde diese Fahrt zu einer der schrecklichsten ihrer Laufbahn.

Am 2. Dezember 1892 hatte die FRIEDA MAHN London mit dem Ziel Melbourne verlassen. Ein schwerer Orkan und heftige Schneestürme attackierten das Schiff bereits im Englischen Kanal, und schweres Wetter im Atlantik diesseits und jenseits der Passate folgte. Am 27. Januar wurde das Kap der Guten Hoffnung passiert, und am 6. Februar stand die Bark im Indischen Ozean auf 48° Süd und 66° Ost in der Nähe der Kerguelen. Das Barometer fiel ständig, und auch sonst gab es Anzeichen für das Nahen eines heftigen Sturms. Kapitän Niemann ließ die Segel kürzen und alles auf dem Schiff vorbereiten. Als die Dunkelheit hereinbrach, stürmte es bereits heftig. Gegen Mitternacht kämpfte die Bark mit einem ausgewachsenen Nordsturm. Der Kapitän ließ beidrehen, das gelang schließlich, wenn auch unter Schwierigkeiten.

Die Bark lag jetzt nur noch vor beiden Leeschoten der Untermarssegel. Der Sturm wehte inzwischen orkanartig aus NNO. Das Schiff arbeitete schwer in den hohen, brechenden Seen und nahm viel Wasser über. Kapitän Niemann war die ganze Nacht an Deck gewesen, der Jungmann Angerstein stand am Ruder. Kurz nach 4 Uhr a. m. begab sich der Schiffer in die Kajüte, um den Ersten Steuermann, seinen Bruder, zu wecken. Dann kam er wieder an Deck, ging zum Mann am Ruder und band diesen mit einer Leine an der Reling fest, weil die Gefahr bestand, daß er über Bord gewaschen wurde. Daraufhin ging er auf Steuerbordseite in Luv nach vorn. Als er ungefähr mittschiffs war, brach dort eine gewaltige See über das Deck, die bis zum Heck hin Spritzwasser schlug und dem Rudersmann für kurze Zeit völlig die Sicht nahm. Als dieser wieder sehen konnte, war der Kapitän verschwunden. Er glaubte in Lee ein Stöhnen zu hören und sah nun trotz der Dämmerung den Schiffer hinten am Schiff treiben. Das Ruder durfte er nicht loslassen, da sonst das Schiff in Gefahr geraten würde. Da es bereits dicht am Winde lag, ließ sich auch die Fahrtgeschwindigkeit nicht mehr mindern. Auf seinen Schrei »Mann über Bord« kam sofort der Zweite Steuermann an Deck und warf ein Tauende und zwei Rettungsringe dicht neben den inzwischen achteraus getriebenen Kapitän ins Wasser. Dieser machte jedoch keine Anstalten, eines der Rettungsmittel zu ergreifen, sondern sackte gleich darauf weg.

Der ganze Vorfall hatte nur wenige Minuten gedauert, und als der Bruder des Kapitäns an Deck erschien, war der Schiffer bereits untergegangen. Vermutlich hatte der mit Seestiefeln und vollem Ölzeug bekleidete Kapitän kaum Schwimmbewegungen machen können und war in der Kälte sicher auch rasch erstarrt. Da unter den herrschenden Bedingungen keine weiteren Rettungsmaßnahmen getroffen werden konnten, setzte die Bark die Reise unter Führung des ersten Steuermanns fort und kam am 4. Mai 1893, nach 87 Tagen, in Melbourne an.

Die weiteren Reisen der FRIEDA MAHN bis zum Jahre 1900 waren gut und zum Teil sogar sehr gut. Erwähnenswert ist vielleicht noch die Tatsache, daß sie auf ihrer dritten Ausfahrt, jetzt unter Kapitän H. Sraben, von London nach New York bestimmt, die Besatzung einer in Seenot geratenen norwegischen Brigg rettete. In der vom Kapitän gemachten knappen Meldung heißt es dazu lakonisch: *Am 30. 10. 1893, 8 Uhr abends, in 46°59′ N und 40°7′ W, traf ich die norwegische Brigg ILPOTAR aus Christiansand, von Miramichi nach Waterford bestimmt. Dieselbe war nahezu voll Wasser, und die erschöpfte Mannschaft wünschte abgeborgen zu werden. Ich nahm darauf die aus elf Mann bestehende Besatzung an Bord und habe dieselbe in New York eingebracht, da wir inzwischen keinen nach Europa bestimmten Dampfer trafen.*

Die Bark Frieda Mahn *war vermutlich das einzige Rostocker Segelschiff mit doppelten Bramrahen (hier in Sydney)*

Reisen der Frieda Mahn 1892–1900

1892	Prawle Point (Kanal)	– Melbourne	72 Tage
	Sydney	– London	97 Tage
1893	London	– Melbourne	87 Tage
	Melbourne	– Lizard	97 Tage
1894	London	– New York	41 Tage
	New York	– Melbourne	90 Tage
	Geelong	– Lizard	96 Tage
	Cardiff	– Rio de Janeiro	43 Tage
1895	Rio de Janeiro	– Rangoon	85 Tage
	Rangoon – St. Helena	– Falmouth	182 Tage
1896	Antwerpen	– Rio de Janeiro	36 Tage
	Rio de Janeiro	– Newcastle (NSW)	72 Tage
1897	Newcastle (NSW)	– Valparaiso	49 Tage
	Tocopilla	– Genua	128 Tage
	Genua	– St. John (N.B.)	51 Tage
1898	St. John (N.B.)	– Melbourne	91 Tage
	Newcastle (NSW)	– Iquique	53 Tage
1899	Iquique	– Rotterdam	139 Tage
	Beachy Head (Kanal)	– Desterro (Bras.)	60 Tage
	Desterro	– Iquique	?
	Pisagua	– Beachy Head (Kanal)	92 Tage

Mannschaftsbild der Bark FRIEDA MAHN, *aufgenommen 1902 in Hobart (Tasmanien)*

Die FRIEDA MAHN segelte insgesamt 23 Jahre unter Rostocker Flagge. 1912 übernahm der Wustrower Kapitän Daniel Niemann die Bark, der mit der PHILIPP NELSON bereits einen anderen Rostocker Eisensegler geführt hatte. Kurz vor Ausbruch des ersten Weltkrieges, am 30. Juli 1914, verließ die FRIEDA MAHN Cuxhaven mit einer nach Callao (Peru) bestimmten Ladung Koks. Vier Tage später wurde sie auf der Höhe von Ruytingen von einem französischen Torpedoboot angehalten, untersucht und nach Calais geschleppt. Auf Befehl des Konteradmirals Rouyer gab man die Bark jedoch am selben Nachmittag frei und schleppte sie wieder in See.

Widrige Winde zwangen Kapitän Niemann im Englischen Kanal zum Kreuzen. Dadurch brachten die Franzosen das Schiff am 8. August um 9 Uhr morgens in der Nähe von Cherbourg erneut auf und holten diesmal die deutsche Flagge endgültig ein. Bis zur Reede des Hafens gab der Zerstörer RAPIÉRE dem Rostocker Dreimaster das Geleit. Hier wurde er dann vom Hafenkommandanten zur Prise erklärt und die Besatzung interniert.

Die FRIEDA MAHN war die erste Kriegsbeute der Franzosen. Sie gaben ihr deshalb den symbolischen Namen BON PREMIER, daß heißt soviel wie »Guter Anfang«. Bereedert zwar von der »Société Générale de Transports Maritimes à Vapeur« in Marseille, blieb ihr neuer Heimathafen doch Cherbourg. Die letzte Reise trat die ehemalige Rostocker Bark am 27. August 1917 unter dem Kommando des französischen Kapitäns Louis Bré in Fort-de-France nach Bordeaux an. Am 29. September, etwa 220 Meilen nördlich von Kap Finisterre, wurde sie von dem deutschen Unterseeboot U-60 (Kapitänleutnant Schuster) abgefangen und durch Geschützfeuer versenkt. Die französische Besatzung konnte sich in den Booten erst nach mehreren Tagen retten.

In Rostock gebaute
eiserne und stählerne Segler
von 1885–1891

(Abmessungen nach Werftangaben, englische Zoll)

Nr. 1 Bark J.C.Julius (Eisen), Baunummer 83
Stapellauf 10.Dezember 1885 Abmessungen 205′ × 34′6″ × 21′3″
Raumgehalt 1118 BRT oder 1076 NRT Auftraggeber J.Hintze, Hamburg

Nr. 2 Bark Lilla (Eisen), Baunummer 84
Stapellauf 3.April 1886 Abmessungen 203′ × 34′6″ × 21′3″
Raumgehalt 1118 BRT oder 1036 NRT Auftraggeber F.Th.Eckhusen, Hamburg

Nr. 3 Bark Gudrun (Eisen), Baunummer 86
Stapellauf 5.August 1886 Abmessungen 234′ × 37′6″ × 22′11″
Raumgehalt 1476 BRT oder 1424 NRT Auftraggeber C.M.Matzen, Hamburg

Nr. 4 Bark Thalia (Eisen), Baunummer 89
Stapellauf 14.März 1887 Abmessungen 235′3″ × 37′6″ × 23′1″
Raumgehalt 1469 BRT oder 1416 NRT Auftraggeber B.Wencke, Söhne, Hamburg

Nr. 5 Bark Selene (Stahl), Baunummer 109
Stapellauf 26.April 1889 Abmessungen 220′ × 37′ × 22′
Raumgehalt 1333 BRT oder 1271 NRT Auftraggeber Wachsmuth & Krogmann, Hamburg

Nr. 6 Vollschiff SENATOR VERSMANN (Stahl), Baunummer 112
Stapellauf 2. September 1889 Abmessungen 220′ × 37′ × 22′
Raumgehalt 1333 BRT oder 1271 NRT Auftraggeber A. H. Wappäus, Hamburg

Nr. 7 Bark ARTEMIS (Stahl), Baunummer 120
Stapellauf 30. August 1890 Abmessungen 235′ × 37′4″ × 22′
Raumgehalt 1488 BRT oder 1407 NRT Auftraggeber G. Amsinck, Hamburg

Nr. 8 Vollschiff PAMPA (Stahl), Baunummer 125
Stapellauf 9. Mai 1891 Abmessungen 255′ × 40′6″ × 23′8″
Raumgehalt 1792 BRT oder 1720 NRT Auftraggeber F. Laeisz, Hamburg

Nr. 9 Vollschiff ARIADNE (Stahl), Baunummer 127
Stapellauf 18. Juli 1891 Abmessungen 255′ × 40′6″ × 23′8″
Raumgehalt 1785 BRT oder 1702 NRT Auftraggeber M. G. Amsinck, Hamburg

Nr. 10 Bark FRIEDA MAHN (Stahl), Baunummer 129
Stapellauf 12. September 1891 Abmessungen 224′ × 37′ × 21′10″
Raumgehalt 1369 BRT oder 1297 NRT Auftraggeber H. Mentz, Rostock

Weitere Neubauten für die Rostocker Reederei

Eindruck hatten die Leistungen der FRIEDA MAHN doch auf die Rostocker gemacht. So wurden im gleichen und in den darauffolgenden beiden Jahren noch drei weitere Stahlsegler in Auftrag gegeben, wenn auch nicht in Rostock selbst. Auch die höheren Gewinne der angekauften alten Eisenschiffe gegenüber den Holzseglern waren mit ausschlaggebend für weitere Neubauten. So wenigstens bei E. Burchard & Co., die mit ihren beiden Zweithandschiffen HELEN SCOTT (1889) und BEN VOIRLICH (1890) bisher gut beraten waren. Das beweist ein im November 1891 von der genannten Firma herausgegebenes »Circulair« folgenden Wortlauts:

Die günstigen Resultate, welche wir mit den in den letzten Jahren von uns angekauften Schiffen erzielt haben, veranlaßten uns, die jetzige billige Conjunctur der Preise für neue Schiffe zu benutzen und bei der Grangemouth Dockyard Compagnie in Grangemouth ein neues Stahlbarkschiff abzuschließen. Die Dimensionen des Schiffes sind folgende: Länge 250 Fuß, Breite 38 Fuß 2 Zoll, Tiefe 22¼ Fuß, alles englisch Maass. Tragfähigkeit ca. 2 650 tons; von den Erbauern sind 2 600 tons garantiert, d. h. inclusive Proviant und Wasser. Der Rumpf des Schiffes wird von bestem Siemens-Martin-Process-Stahl unter Lloyds Aufsicht erbaut und erhält das Schiff die höchste Klasse dieser Gesellschaft mit 100 A 1. Das Schiff wird mit seinen Einrichtungen allen Anforderungen der Neuzeit entsprechen, es erhält sehr complete Ausrüstung an Inventar für lange Reisen.

Der Baupreis ist zu englischen Pfund 16 050.– abgeschlossen, ohne daß irgendwelche Provisionen von unserer Seite zu zahlen sind, doch kommen Kosten für Proviant, Besatzung, Versicherung, Nautische Instrumente, Hafenkosten usw. hinzu und rechnen wir das Schiff fertig in See auf ca. 350 000 Mark.

Wir bilden nun für dieses Schiff, dessen Führung Herr Kapitän W. Albrand von hier übernehmen wird, eine Rhederei unter unserer Correspondentschaft und nachstehenden Bedingungen: Das zu erbauende Schiff, welches den Namen HENNY CLEMENT führen soll, wird von uns der Rhederei zum Selbstkostenpreis ohne Aufschlag an Provision in Rechnung gestellt. An Caplaken und Correspondentprovisionen werden von der Rhederei 5 Prozent von den Bruttofrachten und Liegegeldern berechnet, wovon der Capitän 4 Procent als Caplaken und wir 1 Procent als Correspondentprovision erhalten. Die Rimessen und Tratten werden der Rhederei zu den bedungenen Coursen in Rechnung gestellt. Der Kapitän erhält ausser seinen vorbenannten Caplaken eine Gage von Mark 100.– pro Monat, hat dagegen aber alle Gratificationen, Rückgaben auf Rechnung etc., überhaupt alle sonstigen ihm in seiner Eigenschaft als Führer des genannten Schiffes zufließenden Einnahmen oder Geschenke, sie mögen bestehen, worin sie wollen, der Rhederei in Rechnung zu bringen.

Wir verpflichten uns, die eingehenden Rimessen, soweit es die Schiffskasse erlaubt, sofort nach Empfang an die Interessenten zu vertheilen. Abrechnung wird nach jeder Heimreise aufgemacht und die ganze Schiffsrechnung durch zwei hiesige Mitrheder revidiert, welche den richtigen Befund durch Unterschrift auf der Abrechnung bescheinigen und erhalten diese Revisoren für ihre Mühewaltung jeder jedesmal 50,– Mark. Die Revisoren werden von den hiesigen Mitrhedern auf unsere Anforde-

Schiffsporträt der Bark Henny Clement *(1892)*

rung aus deren Mitte zur jedesmaligen Revision neu gewählt. Das ganze Casco des Schiffes wird von uns für Rechnung der Rhederei gegen Seegefahr in der Höhe des Anschaffungspreises versichert, also vorläufig zum Werthe von 350 000 Mark, auch reserviren wir uns das Recht, Fracht- und Vorschußgelder nach unserem Ermessen für Rechnung der Rhederei zu versichern, werden jedoch der Rhederei von solcher Versicherung jedesmal Mitteilung machen.

Die Eintheilung der Parte geschieht in 350/350tel à 1 000.– Mark als kleinsten Antheil, welcher nicht teilbar ist. Die Einzahlung ist zur Hälfte Ende Januar 1892 und zur anderen Hälfte Ende April 1892 zu leisten, zu welcher Zeit das Schiff laut Contractbestimmung fertig geliefert werden soll.

Unter Bezugnahme auf oben Gesagtes, halten wir dieses Unternehmen für eine gute Capitalanlage und bitten, falls Sie sich als Rheder in dem Schiffe beteiligen wollen, den anliegenden Bogen zur Zeichnung der Parte zu benutzen. Die Original-Contracte liegen zur gefälligen Einsicht in unserem Bureau bereit, und wir sind stets gerne zur weiteren Auskunft erbötig.

Kapitän Wilhelm Albrand, der bisher die Helen Scott geführt hatte, gab das Kommando an den Schiffer Martens ab und übernahm ab November 1891 die Bauauf-

Bark Henny Clement, ohne Ladung im Hafen von Blyth

sicht der in South Alloa entstehenden Bark. Am 11. Juni 1892 taufte die Tochter des Erbauers, Maggie Baine, die Bark, wie vorgesehen, auf den Namen Henny Clement. Ein Schlepper brachte diesen größten aller Rostocker Segler Mitte Juli nach Grangemouth, wo die Ausrüstung vollendet und dann eine Kohlenladung für Montevideo eingenommen wurde.

Noch vor der Jungfernfahrt schrieb die »Rostocker Zeitung«: *Es bleibt nur zu wünschen, daß ein guter Stern über dem neuen Schiff, welches einen wertvollen Zuwachs der Rostocker Reederei bildet, walten möge, und somit den an demselben Beteiligten ein zufriedenstellendes Resultat aus den Fahrten erwachse.*

Mit diesem aus »weiser Vorsicht« im schiffbauerfahrenen England hergestellten Schiff scheint die Reederei aber einen Mißgriff gemacht zu haben. Vermutlich war es einer jener wirklich plumpen, nur auf Frachtraum konstruierten »Stahlkästen«, denn es erwies sich später, besonders im Vergleich zur Frieda Mahn, als eine recht »lahme Ente«. Am 18. April 1892 erhielt die Henny Clement das Flaggenattest, und am 31. des gleichen Monats lief sie nach Montevideo aus, wo sie erst nach runden 70 Tagen ankam. Von dort ging sie in Ballast nach Rangoon, benötigte dafür 120 Tage, und brachte von Bassein für eine Flensburger Firma in 173 Tagen eine Ladung Reis nach England. 1894 brauchte sie 104 Tage von Liverpool nach Iquique und für die Rückreise von dort bis Dungeneß 135 Tage. Die nächste Fahrt von Blyth wieder nach Iquique dauerte gleich 143 Tage und zurück nach Hamburg bis Dungeneß 121 Tage.

Im März 1896 gab Schiffer Wilhelm Albrand das Kommando an seinen Sohn,

Wilhelm Albrand jun., ab. Das schien dem Schiff anfangs zu gefallen, denn die Fahrt von Hamburg nach Santa Rosalia (Westküste Mexikos) mit einer Ladung Koks dauerte ab Dungeneß nur etwa 150 Tage und auch die Rückfahrt von dort »nur« annehmbare 152. Dabei schien diese Reise gar nicht so gut anzufangen und noch weniger gut zu enden. Schon im Nordatlantik ging gleich einer der tüchtigsten Männer, der 28 Jahre alte Bootsmann und Segelmacher Carl Heinrich Wittkopp aus Ahrenshoop, durch Leichtsinn beim Setzen des Großsegels über Bord. Da er nicht schwimmen konnte, blieben die Rettungsversuche erfolglos. Und bei der Ankunft im Kanal im September 1897 rettete der Hamburger Schlepper SEEADLER unter Kapitän Nielsen bei sehr hoher See, durch Regen völlig unsichtigem Wetter und stark laufendem Strom die HENNY CLEMENT vor einer Strandung auf den Goodwin Sands.

Auf der nächsten Fahrt nach Santa Rosalia 1897/98 hatte man das Schiff schon fast aufgegeben. Nach 242 Leidenstagen schlich sie sich dann aber doch noch in den Hafen. Von dort ging die Bark in 81 Tagen nach Iquique, lief am 10. Januar 1899 wieder aus, und am 12. Mai meldete der Dampfer CAMBRIA KING in Antwerpen, er habe die HENNY CLEMENT am 10. Mai auf 49° N und 10° W gesichtet, *die nur langsam vorwärts kam und eine lange Reise zu haben schien.* Nach einer Fahrt von 125 Tagen von Iquique erreichte sie am 15. Mai Dungeneß und drei Tage später die Elbe.

Die nächste Reise sollte von Hamburg mit Zement und Kohlen nach Kiautschou gehen. Am 20. Juli brachte der Rostocker Tourendampfer MAX FISCHER noch *verschiedene Tiere mecklenburgischen Schlages, wie Schweine, Hühner, Tauben usw.* nach Hamburg, die mit der HENNY CLEMENT nach China für dortige Züchtungsversuche befördert werden sollten. Der Schlepper SIMSON bugsierte die Bark am 1. August 1899 aus der Elbemündung. Sie signalisierte am 4. August noch mit der Station von Dungeneß, und am 23. August wurde sie noch einmal auf 15° N und 26° W angesprochen.

Bei Lloyds wurde man erst Anfang des nächsten Jahres unruhig. Nach 173 Tagen ohne Meldung, begann man die ersten Rückversicherungen abzuschließen, und Mitte März wurde sie als überfällig angeschlagen. Die Rostocker aber hofften weiter, denn von der HENNY CLEMENT war man einiges gewöhnt. Am 15. Mai erschien dann in der Zeitung die Meldung von ihrer Ankunft in Kiautschou. Dazu noch die Bemerkung, es sollte für *gewisse Berichterstatter eine Lehre sein,* solche Unglücksbotschaften verfrüht in Umlauf zu setzen. Doch die Meldung erwies sich nur zu bald als falsch. So wurde die HENNY CLEMENT bei Lloyds erst als stark überfällig und dann, am 9. August 1900, für verschollen erklärt.

Noch vor der HENNY CLEMENT aber war für Rostocker Rechnung eine kleine stählerne Bark von 726 RT Raumgehalt in Schottland abgelaufen. Nur zwei Monate nach der FRIEDA MAHN, am 20. Oktober 1891, glitt die MARTHA BOCKHAHN bei der Shipsbuilding & Co. in Ardrossan für den Rostocker Schiffer W. Topp und die Firma Heinrich Bauer und Mitreeder *brilliant von den Helgen in die Fluten.* Ihre Abmessungen wurden in der »Rostocker Zeitung« mit 195 Fuß Länge, 32 Fuß Breite und einer Raumtiefe von 17½ Fuß angegeben. Vermutlich handelte es sich dabei um die »Werftmaße« (englische Fuß). Sie kostete umgerechnet 180 000 Mark, konnte 1 200 t Schwergut laden, war mit stählernen Masten und Rahen, sowie mit dampfgetriebenem Ladegeschirr und *allen praktischen und soliden Einrichtungen der Neuzeit versehen.* Das Schiff konnte ohne Ballast stehen und verholt werden, und da der Tiefgang beladen nur etwa 4,50 m betrug, sollte es für Fahrten zwischen stromaufwärts liegenden, flachen Häfen eingesetzt werden.

Am Freitag, dem 27. November 1891, ging die MARTHA BOCKHAHN von Ardrossan im Tau eines Schleppers nach Glasgow, um dort Stückgüter für Mauritius zu laden.

Sie war ein recht guter Segler, absolvierte die Jungfernfahrt nach Port Louis in 74 Tagen, und auch die 34-Tage-Reise von dort nach Rangoon war für einen gewöhnlichen Frachtsegler ansprechend. Mit einer Ladung Reis für Rio de Janeiro verließ sie Rangoon wieder am 6. Juni 1892

Zehn Tage später fiel der 20jährige Jungmann Jaspar Kern aus Rostock beim Festmachen des Großbramsegels in die See und ertrank. Das Rostocker Seeamt befand zwar später in seinem Spruch, *die zu seiner Rettung unternommenen Versuche waren der Sachlage entsprechend gewesen,* die Mannschaft und selbst der Erste Steuermann aber waren anderer Meinung. Bei aus SWzS wehendem böigen Wind lag die MARTHA BOCKHAHN am 16. Juni 1892 nachmittags 3.45 Uhr auf 13°30′ N und 90°10′ O einen SSO-Kurs an und machte trotz des ziemlich starken Seegangs 5–6 Knoten Fahrt. Da die Oberbramsegel von einer Bö aufgegeit worden waren, stiegen von der diensthabenden Backbordwache der Matrose Eichbaum und der Jungmann Kern *eigentrieblich in den Mast, um sie wieder festzumachen.* Kern befand sich dabei in einer Höhe von etwa 30 m im Großtopp und hatte das Segel auf der Luvseite bereits wieder festgesetzt, als er plötzlich unbemerkt abstürzte und in Lee ins Wasser fiel. Erst durch den Ruf des Mannes am Ruder »Mann über Bord!« wurde die Mannschaft aufmerksam und sah dann auch den Verunglückten mit blutüberströmtem Gesicht wieder auftauchen. Kapitän Topp ließ das Schiff sofort in den Wind legen und befahl mit lauter Stimme das hintere, auf Steuerbordseite befindliche große Boot auszusetzen. Obwohl der Jungmann ein guter Schwimmer war, ergriff er die in seine Nähe geworfenen Lei-

Modell der Bark MARTHA BOCKHAHN

nen und auch den Rettungsring nicht. Statt dessen faßte er die achteraus schleppende Patentlogleine, ließ aber auch diese bald wieder fahren. Sofort begann der Koch mit zwei Matrosen das hintere Boot klarzumachen. Dieses war zwar vollständig ausgerüstet und leicht zu fieren, doch »seefest« verzurrt. Die andere Hälfte der Mannschaft, einschließlich des Ersten Steuermannes, hatten das Kommando vorn nicht richtig gehört und das dort auf dem Galgen stehende kleinere Boot klargemacht, weil sie glaubten, es schneller zu Wasser bringen zu können. Kapitän Topp, der das Ruder übernommen hatte, bemerkte dies erst, als es, schon von der Persenning befreit, mittels eines an der Fangleine geknüpften Rahfalles ausgefiert wurde. Sofort lief er zur Brückenreling und rief den Leuten zu, nach achtern zu kommen und dort zu helfen. Der Erste bat ihn daraufhin, das kleine Boot nehmen zu dürfen, da es schon fast klar sei. Der Kapitän beharrte trotzdem auf seinem Befehl. Das große Boot hing ebenfalls schon ohne Persenning in den Davits. Da aber erst die Laschings entfernt und die oben eingschorenen Taljen übergeholt und eingehakt werden mußten, verflossen noch etwa 15 Minuten, bis es zu Wasser kam. Hatte man den Verunglückten bisher noch im Wasser treiben sehen, war er jetzt verschwunden. Selbst vom Mast aus konnte man ihn mit dem Glas nicht sehen, und auch das Boot fand von ihm später keine Spur.

Das Seeamt räumte zwar auf den Einwand des von der Mannschaft unterstützten Ersten Steuermanns Weber ein, man hätte das kleine Boot sicher gute fünf Minuten eher ausbringen können, und es wäre, *wenn es sich in der See behauptet hätte, vielleicht auch die Rettung möglich gewesen.* Doch es war nicht wie jene der Ansicht, daß es bei dem herrschenden *flauen Wind und nicht brechender See durchaus gegangen wäre!* Es stimmte statt dessen dem Kapitän zu, der damals glaubte, es nicht verantworten zu können, die anderen Leute zu gefährden, *da Böen die See oft brechend machten und dafür das kleine Boot nicht geeignet war.*

Von Rio ging die MARTHA BOCKHAHN später nach Westindien und Philadelphia. Auf der Reise von dort nach Nagasaki wurde Kapitän Topp krank und am 4. September 1893 beim Passieren von Anjer abgesetzt. Unter der Führung von Kapitän Meincke segelte die Bark weiter, geriet am 6. Oktober ca. 40 sm südlich von Formosa in einen Taifun und lief danach mit gekapptem Fockmast und schweren Decksschäden Hongkong als Nothafen an. Nach Übereinkunft mit den Abladern wurde dann hier auch die Ladung gelöscht und das Schiff mit Stückgütern nach Callao befrachtet. Von Peru versegelte es nach Altata (Mexiko), um dort eine Holzladung für Europa aufzunehmen, und nach sehr guten »118 Tagen aus« kam die Bark am 21. Dezember 1894 in Falmouth an. Von Liverpool aus ging sie dann über Honolulu abermals zu den Holzhäfen Altata und Mazatlan an der mexikanischen Westküste. Die Häfen des Rio de la Plata, am Kap der Guten Hoffnung, Westindiens sowie der nord- und südamerikanischen Westküste waren die Stationen der nächsten Jahre. Auf allen diesen Reisen blieb die MARTHA BOCKHAHN ansonsten »unauffällig«. Sie war dafür aber verläßlich und fuhr für ihre Reeder bis zu ihrer Kaperung auf der Reise von Punta Arenas (Costerica) nach Falmoth f. o. durch die Franzosen im Englischen Kanal 1914 mit gutem Erfolg. In Brest wurde die Prise für 40 550 Franc an eine Pariser Reederei verkauft.

»Unauffällig« heißt nun aber nicht, daß es für dieses Schiff nur komplikationslose Reisen gegeben hat. *Es waren harte Tage!* erinnerte sich z. B. Kapitän Carl Döringer, der auf der MARTHA BOCKHAHN im Jahre 1903 als Matrose eine Reise von Hamburg nach Guaymas mitgemacht hatte. *Bis in die Kap-Hoorn-Region verlief alles normal. Hier aber begann unsere Notzeit. Ende August des Jahres 1903 lagen wir bei heftigem Weststurm vor Untermarssegeln beigedreht. Schwere Brecher fluteten über das*

Deck. An solchen Schlechtwettertagen mußten wir Matrosen dem Koch das Wasserfaß in der Kombüse volltragen. Das Quantum Wasser, das täglich verbraucht werden durfte, wurde genau abgemessen durch eine Markierung im Faß. Unser Segler hatte mittschiffs im Laderaum zwei Wassertanks von je 20 Kubikmetern Inhalt stehen. Um einem dieser Tanks Wasser entnehmen zu können, mußte an Deck eine Verschraubung gelöst und an diese Öffnung eine Pumpe angeschraubt werden. In der Nähe befand sich noch eine zweite Schraube, die auch herausgedreht werden mußte, um die Luftzufuhr zum Tank zu regeln. Diese Schraube mußte einer von uns in der Hand behalten, um sie sofort zudrehen zu können, falls Seewasser hineinlaufen sollte. Der Alte stand hierbei auf der Brücke am Peilkompaß, um aufzupassen. Plötzlich schrie er: »Achtung, Brecher!« Da war es aber auch schon geschehen. Wir wurden fortgewaschen und klammerten uns in Lee am Großwant fest. Trotz der kleinen Öffnung des Luftloches war Seewasser in den Tank gedrungen, und wir hatten hinfort nur Brackwasser für den Küchenbedarf. Bei Erbsen- und Bohnengerichten war es noch einigermaßen zu ertragen, aber der damit zubereitete Tee und Kaffee wollten uns absolut nicht schmecken.

So ging nun das Murren im Logis los, und wir beratschlagten, was wir unternehmen könnten. Schließlich wurden wir uns darüber einig, daß wir vom Alten unsere vorgeschriebene Ration verlangen wollten, mit dem Gedanken, daß er uns dann auch die Menge guten Trinkwassers geben müßte. Ich wurde mit der Aufgabe betraut, mit dem Kapitän zu verhandeln. Nach Rücksprache war er damit einverstanden, uns die laut Speiserolle zustehende Lebensmittelmenge zu gewähren. »Aber Wasser aus dem anderen Tank gebe ich euch nicht. Der Tank wird nicht angebrochen, sondern bleibt für die Heimreise«, erhielt ich als Antwort. »Wenn ihr Trinkwasser haben wollt, so fangt euch Regenwasser auf«, war sein weiterer Rat, »ihr werdet es mir noch einmal danken, daß ich darin festblieb, den anderen Tank unberührt zu lassen.« Er wußte Bescheid, was es für eine mühevolle Arbeit war, den Tank wieder aufzufüllen. Wir wurden es erst später gewahr.

Ab nächsten Tag wurden uns alle Lebensmittel vorgewogen und zugeteilt. Hierbei war der Alte zugegen und warnte uns, irgend etwas über Bord zu werfen, falls wir nicht alles verbrauchen sollten. Eine Zeitlang hielten wir es aus. Es sammelte sich allerlei Hartbrot und Margarine bei uns an. Was wir aber entbehrten, war das bisher einmal wöchentlich verabreichte Frischbrot, das vom Koch gebacken wurde. Das uns zustehende Mehl wurde bereits zu den Klößen verbraucht, die in der Erbsen- und Bohnensuppe statt Kartoffeln gekocht wurden. Obwohl wir uns bald Regenwasser aufgefangen hatten, aus dem Kaffee und Tee bereitet wurden, baten mich eines Tages die Kameraden, doch mal wieder mit dem Kapitän zu sprechen, daß er uns wieder nach seinem Ermessen verpflegen möchte. Als er mich kommen sah, lachte er schon und fragte: »Na, Korl, wat hest du up'n Harten?« Als ich bat, uns wieder die alte Verpflegung zu geben, antwortete er nur: »Dat hew ick mi dacht, dat ji wedder kamen würden. Ja, dat sall juch warden. Schafft man dat Brot und die Margarine wieder nach hinten, damit es vorne nicht verdirbt« – damit war dieses Kapitel beendet. Wir mußten weiter das Brackwasser zu den Mahlzeiten in Kauf nehmen.

Inzwischen hatten wir noch manchen schweren Sturm hinter uns gebracht. In einer stockfinsteren Nacht kam mal so ein gewaltiger Brecher über Deck, daß das ganze Schiff erzitterte und auch das hochliegende Quarterdeck überflutet wurde, wo wir uns aufhielten. Bei Tagesanbruch stellte sich heraus, daß das an Luvseite stehende Rettungsboot verschwunden war. Es hatte den Peilkompaß mit fortgerissen und die Davits des in Lee stehenden Bootes bis auf die Reling heruntergebogen. Auf See ist es üblich, daß die Taljen der Rettungsboote über Kreuz an der Reling befestigt werden. Sie bieten dann der Mannschaft einen gewissen Schutz bei den Großbrassen, um nicht über Bord gespült zu werden.

Im weiteren Verlauf der Reise stellte sich eines Tages heraus, daß die Suppe, aus braunen Bohnen hergerichtet, voller Maden

Von langer Fahrt zurück – Bark MARTHA BOCKHAHN *in Le Havre*

schwamm. Wir hatten sie anfangs für abgekochte Keime gehalten. Da mußte ich wieder zum Alten, um ihm diese Entdeckung vorzuzeigen. Er gestand ein, daß es Maden waren. Hierauf ordnete er an, daß bei gutem Wetter die Bohnen auf der Großluke ausgebreitet werden und die angefressenen herausgesammelt werden sollten. Dieses geschah dann auch bei der erstbesten Gelegenheit. Die Nachmittagswache wurde eines Tages damit beschäftigt, die Bohnen auf der Luke zu verlesen. Es befand sich aber nicht eine einzige Bohne dabei, die nicht von den Käfern oder Larven befallen war. Die schlimmsten hatten wir auf einen Haufen aussortiert. Als der Alte von seinem Mittagsschläfchen an Deck kam und den abgesonderten Haufen liegen sah, sagte er nur: »Wenn ihr diese alle wegwerfen wollt, so müßt ihr hungern.« So kamen die Bohnen alle wieder in den Tank hinein. Wenn es am Freitag die übliche Bohnensuppe gab, hieß es, mit verschlossenen Augen und Todesverachtung hineinzuhauen. Die Maden waren das einzige Frischfleisch, das es während der Reise zu essen gab. Wie aber alles mal ein Ende nimmt, so nahm unsere Fahrt nach 176 Tagen durch Erreichung des Hafens von Guaymas an der Westküste Mexikos ein Ende. Hier erhielten wir ein neues Rettungsboot, auch frischen Proviant, und bald waren alle Leiden vergessen. Nach dem Löschen unserer Stückgutladung versegelten wir in 45 Tagen nach San Juan del Sur in Nikaragua. Fast vier Monate lang dauerte hier das Laden von Zedern- und Mahagoniholz. Danach wurde auch unser Tank mit dem Brackwasser leergepumpt und gereinigt.

Nun begann für uns eine schwere Arbeit, den Tank mit dem frischem Wasser zu füllen. Das Schiff lag in einer Bucht vor Anker, ungefähr 500 Meter vom Lande entfernt. Wir hatten zwei Wasserfässer von je 250 Liter Inhalt an Bord. Eins dieser leeren Fässer nahmen wir in unser Arbeitsboot und ruderten damit an den Strand. Kurz vor der Brandung sprangen wir heraus und schoben das Boot den Strand hinauf, so weit es uns gelang. Dann wurde das Faß herausgenommen und auf den Hof des Kaufmannes gerollt, der unsere Ladung verschiffte. Mit Hilfe einer hier befindlichen Pumpe füllten wir das Faß. Abgedichtet, wurde es an den Strand zurückgerollt. Nun schoben wir erst das Boot ins Wasser, und ein Mann rollte das Faß hinterher. Außerhalb der Brandung wuchteten wir das Faß über das Achterende des Bootes hinein. Obwohl wir nur mit einer Badehose bekleidet waren, flossen Ströme von Schweiß. Längsseits unserer MARTHA BOCKHAHN angekommen, wurde das Faß hochgehievt und auf ein Gestell gelegt, so daß das Wasser aus dem Bodenspunt durch einen Trichter in den Tank laufen konnte. Mit dem anderen leeren Faß ging es wieder zurück, und nun wiederholte sich der Arbeitsvorgang. Fünf Touren schafften wir am Vormittag, desgleichen am Nachmittag. Gearbeitet wurde wegen der großen Hitze nur von 6 bis 12 Uhr und von 14 bis 18 Uhr. Nach acht Tagen hatten wir endlich den Tank voll. Der Alte hatte also recht gehabt, und im stillen sind wir ihm dankbar gewesen. Auf der Heimreise wurde das Wasser aus dem zweiten Tank genommen und der neugefüllte blieb in Reserve.

Noch »unauffälliger« war die am 3. Juni 1893 bei Möller & Holberg in Stettin abgelaufene Bark ANNA SCHWALBE, der einzige stählerne Segler, der dort gebaut worden ist. Sie war das vierte Stahlschiff und der letzte Neubau dieser Art für Rostocker Rechnung überhaupt, stand ebenfalls unter der Korrespondenz von Heinrich Bauer und war mit 797 RT etwa ebenso groß wie die MARTHA BOCKHAHN. Die ANNA SCHWALBE fuhr unter drei verschiedenen Kapitänen, ehe sie am 4. Oktober 1900 für 127 000 Mark an die Firma Mentz, Dekker & Co. in Hamburg verkauft wurde, eine 1896 gegründete Schwesterfirma des Rostocker Korrespondenzreeders Mentz. Die Bark betätigte sich in den sieben Jahren Fahrenszeit unter Rostocker Flagge vorwiegend in der Atlantikfahrt, machte aber auch Reisen nach Port Natal, Rangoon und Bangkok, wobei sie sich nur als durchschnittlicher Segler auszeichnete. Die Jungfernfahrt von Swinemünde mit Kaynit und Stückgütern dauerte vom Kanal (Beachy Head) bis Wilmington (USA) 50 Tage. Die leichtere Rückfahrt bis Falmouth allerdings nur 25 Tage.

Einen Einblick in ihr Leistungsvermögen ergeben einige Reisen in den ersten fünf Jahren:

1895	Rosario	– Plymouth	82 Tage
	Gothenburg	– Port Natal	102 Tage
1896	Port Natal	– Rangoon	63 Tage
	Rangoon	– Santos	97 Tage
	Santos	– Mobile	62 Tage
1897	Mobile	– Port Natal	105 Tage
	Port Natal	– Bangkok	53 Tage
	Bangkok	– Cadiz	156 Tage
1898	London	– East-London	69 Tage
	Apalachicola	– Montevideo	72 Tage
1899	Montevideo	– Falmouth	61 Tage

Der zweite Kapitän dieses Schiffes, Heinrich Rahden (geb. 4. Oktober 1862, gest. 16. November 1933), verdient eine besondere Würdigung. Mit 26 Jahren hatte er das Kommando der aus Danzig angekauften Bark ANTARES (466 RT) erhalten. Nach dem Verkauf des Schiffes nach Greifswald übernahm er die ANNA SCHWALBE und führte sie bis 1899, danach noch bis 1917 den Dampfer ELISE PODEUS aus Wismar. Besondere Verdienste für die Rostocker Schiffahrtsgeschichte erwarb sich Heinrich Rahden nach seiner aktiven Laufbahn als Seemann. Mit dem alphabetischen Register »Die Schiffe der Rostocker Handelsflotte« (1800–1917) schuf er ein Standardwerk, den »Rahden«, das zu allen Zeiten die Grundlage für weitere Forschungen auf diesem Gebiet sein wird.

Die ANNA SCHWALBE, ab 1900 unter Hamburger Flagge als VIGANELLA

Heinrich Rahden – Kapitän der Bark ANNA SCHWALBE von 1897–1899

In Auftrag gegebene Neubauten

Bark DER ORIENTALE	Stapellauf: 1. Juni 1854 Unterscheidungssignal: M 208 Bauweise: Eisen Tragfähigkeit/Raumgehalt: 170 Lasten (à 6000 Pfund) Abmessungen: 44,85 × 7,72 × 4,46 in Metern Werft: A. Tischbein, Rostock Korrespondenzreeder: P. Buchard & Co. Kapitän: H. F. Kirchhoff Baukosten: – Verbleib: 1856 in Rangoon gekentert
Auxiliar-Bark HERZOGIN MARIE	Stapellauf: 3. September 1857 Unterscheidungssignal: R 35 Bauweise: Eisen Tragfähigkeit/Raumgehalt: 180 Lasten (à 6 000 Pfund) Abmessungen: 46,33 × 7,72 × 4,75 in Metern Werft: A. Tischbein, Rostock Korrespondenzreeder: Paul Burchard Kapitän: H. Kossow, Rostock; F. W. Walsmann, Rostock (ab 1861) Baukosten: – Verbleib: 1861 im Atlantik gesunken
Dreimastschoner HEDWIG	Stapellauf: 1885 Unterscheidungssignal: MDLH Bauweise: Eisen Tragfähigkeit/Raumgehalt: 321,55 RT Abmessungen: 41,30 × 8,60 × 3,60 in Metern Werft: G. Howald, Kiel Korrespondenzreeder: Carl Sodemann, Barth Kapitän: W. Luchterhand, Barth Baukosten: – Verbleib: 1886 Heimathafen nach Barth verlegt
Bark FRIEDA MAHN	Stapellauf: 12. September 1891 Unterscheidungssignal: MDPV Bauweise: Stahl Tragfähigkeit/Raumgehalt: 1297 RT Abmessungen: 69,61 × 11,09 × 6,19 in Metern Werft: »Neptun« A.G., Rostock Korrespondenzreeder: Helmuth Mentz, Rostock Kapitän: B. Niemann, Wustrow; H. Staben, Ribnitz (ab 1893); D. Niemann (ab 1912) Baukosten: 284 000 Mark Verbleib: 1914 im Kanal von den Franzosen gekapert

Bark MARTHA BOCKHAHN	Stapellauf: 20. Oktober 1891 Unterscheidungssignal: MDPW Bauweise: Stahl Tragfähigkeit/Raumgehalt: 726,26 RT Abmessungen: 58,67 × 9,78 × 5,00 in Metern Werft: Shipbuilding & Co., Ardrossan (Schottland) Korrespondenzreeder: Heinrich Bauer, Rostock Kapitän: W. Topp, Rostock, E. Meincke, Rostock (ab 1892); H. Breu, Rostock (ab 1906); W. Hauth (ab 1913) Baukosten: 180 000 Mark Verbleib: 1914 im Kanal von den Franzosen gekapert
Bark HENNY CLEMENT	Stapellauf: 11. Juni 1892 Unterscheidungssignal: MDQF Bauweise: Stahl Tragfähigkeit/Raumgehalt: 1656,41 RT Abmessungen: 75,65 × 11,64 × 6,80 in Metern Werft: Dockyard & Co., South Alloa (Schottland) Korrespondenzreeder: E. Burchard & Co., Rostock Kapitän: W. Albrand, Rostock; W. Albrand jun., Rostock (ab 1896) Baukosten: 350 000 Mark Verbleib: 1899 verschollen auf der Reise von Hamburg nach Kiautschou
Bark ANNA SCHWALBE	Stapellauf: 3. Juni 1893 Unterscheidungssignal: MDQK Bauweise: Stahl Tragfähigkeit/Raumgehalt: 797,19 RT Abmessungen: 58,09 × 9,88 × 5,06 in Metern Werft: Möller & Holberg, Stettin Korrespondenzreeder: Heinrich Bauer, Rostock Kapitän: F. Niejahr, Wustrow; H. Rahden, Rostock (ab 1897); F. Niejahr, Wustrow (ab 1900) Baukosten: – Verbleib: 1900 nach Hamburg als VIGANELLA verkauft

Angekaufte ALTBAUTEN

Umschlag über Deckkähne im Hamburger Hafen

Ein verhängnisvoller Navigations-fehler

Gerade hatte die »Rostocker Zeitung« im Juli 1884 in einem Rückblick auf die Entwicklung der heimischen Schiffahrt feststellen müssen, daß *jene großen eisernen Segler, welche an anderen Orten das Schiffahrtsgewerbe immer noch lohnend machen, sich in unserer Flotte nicht vertreten finden*, als, einen Monat später, die Meldung kam, in England sei von einer Reederei unter der Korrespondenz von Wilhelm Maack für 3 700 Pfund Sterling eine 500 RT große eiserne Bark angekauft worden. Sie hieß MIRA FLORES, war 1867 bei Bowdler, Chaffer & Co. in Liverpool erbaut, konnte 800 t Schwergut laden und sollte von Kapitän Albert Witt aus Dändorf geführt werden.

Die MIRA FLORES war also kein Neubau, sondern ein sogenanntes »second hand ship«, ein »Zweithandschiff«, wie man angekaufte Altbauten nannte. Doch sie war immerhin wieder ein Anfang. Die beiden von Tischbein gebauten Barken hatte man inzwischen schon fast vergessen, und selbst für August Kägbein, der um 1900 seine Dissertation über die Geschichte der mecklenburgischen Reedereiorganisation schrieb, war diese angekaufte Bark das erste eiserne Segelschiff der Rostocker Flotte.

74 000 Mark, das war viel Geld für einen kleinen, bereits 17 Jahre lang in Fahrt befindlichen Segler. Allein wenn man bedenkt, daß derzeit ein gleichgroßes neues Holzschiff nur rund 40 000 Mark mehr kostete und daß ein gleichgroßer und gleichaltriger verkupferter hölzerner Altbau dagegen, je nach Beschaffenheit, schon für 20–30 000 Mark zu bekommen war. Doch ein Eisenschiff erhielt meistens in den Häfen nicht nur wertvollere Ladung, sondern erzielte auch höhere Frachtraten. Ebenfalls besser beurteilt wurden von den Befrachtern und Versicherungsgesellschaften auch die Kompositschiffe, bei denen alle inneren Verbände des Rumpfes aus Eisen und lediglich die Beplankung aus Holz bestand. Die Rostocker Flotte besaß nur drei Schiffe dieser »Mischbauweise«. Da sie hinsichtlich ihrer Konstruktion eine enge Beziehung zum Eisenschiff haben, werden sie in diesem Teil mit abgehandelt.

Zwischen 1884 und 1896 wurden 29 eiserne oder stählerne Segler angeschafft, darunter die bereits behandelten fünf Neu-

Bark Mira Flores

Registrierung	1885
Schiffstyp	Bark
Name	Mira Flores
Ex-Name	–
Unterscheidungssignal	MDLC
Bauweise	Eisen
Raumgehalt	500 RT
Abmessungen	49,22 × 8,26 × 5,21 in Metern
Werft	Bowdler, Chaffer & Co., Liverpool (Engl.)
Baujahr	1867
Alter beim Kauf	17 Jahre
Kaufpreis	74 000 Mark
Korrespondenzreeder	Wilhelm Maack, Rostock
Kapitän	A. Witt, Dändorf
Verbleib	1886 vor Fremantle (W. A.) gestrandet

bauten. Die 24 Zweithandschiffe bestanden alle aus Eisen, und das letzte davon, die 1896 von dem Schiffshändler Paul Grampp angekaufte Schonerbrigg Alice Scott, wurde schon im nächsten Jahr wieder veräußert. Die restlichen 23 Altbauten hatten beim Ankauf ein Durchschnittsalter von 25,5 Jahren (17–36 Jahre). Ihre Korrespondenz übernahmen folgende Reeder:

Helmuth Mentz	5 Schiffe (dazu 1 Neubau)
Heinrich Bauer	4 Schiffe (dazu 2 Neubauten)
Wilhelm Maack	3 Schiffe
August Burchard	3 Schiffe
Ernst Burchard & Co.	3 Schiffe (dazu 1 Neubau)
Franz Schultze	2 Schiffe
H. Janentzky	2 Schiffe
Rudolph Josephi (Ribnitz)	1 Schiff

Wieder verkauft wurden davon später 15 Segler, acht gingen durch Seeverlust ab. Aber auch die Schicksale einiger der anderen Schiffe waren in vielen Fällen nicht gerade vom Glück begünstigt. Kaum ein Segler blieb von größeren Unfällen verschont, und Totalverluste unter unglücklichen Umständen, ja selbst auf der ersten Reise, waren keine Seltenheit.

Darin machte auch die Mira Flores keine Ausnahme. Ihre erste Reise unter deutscher Flagge unternahm sie von London aus nach Westaustralien. Am 5. Oktober 1884 passierte die Bark Gravesend, und 86 Tage später, am 30. Dezember, wurde ihre Ankunft in Fremantle gemeldet. Nach dem Löschen versegelte sie Mitte Februar 1885 via Adelaide nach Port Pirie. Von dort ging sie am 1. April mit »Canal for order« ab. Nach »137 Tagen aus« kam das Schiff am 15. August in Queenstown ein und erhielt dort Aberdovey als Löschhafen zugewiesen.

Die zweite Reise der Mira Fores sollte schon ihre letzte werden. Wieder nach Fremantle bestimmt, verließ sie London am 28. Oktober 1885 mit einer elfköpfigen Besatzung und wertvoller Ladung Stückgut. Die Fahrt verlief ohne besondere Vorkommnisse, und am 29. Januar 1886 peilte man 8 Uhr abends in NO ungefähr 20 sm ab das Feuer von Rottnest, einer etwa 10 sm westlich von Fremantle gelegenen bergigen Insel. Schiffer Witt ließ die Segel kürzen und lief bei einer gleichmäßigen Brise aus OSO die Nacht über nach Norden. Dabei näherte sich die Bark bis 4 Uhr nachmittags dem westlichen Ende der Insel bis auf 11 sm. Als nun auch die Freiwache zum Wachwechsel an Deck kam, wurden wieder mehr Segel gesetzt und gewendet, um mit kurzen Schlägen gegen den Hafen von Fremantle aufzukreuzen. Mit SSO-Kurs bei weiter östlichen Winden steuerte Schiffer Witt jetzt auf die Nordwestecke von Rottnest und genau auf die Landenge 1½ sm östlich von Kap Fleming zu. Und dabei beging er einen folgenschweren Fehler, der zum Verlust der Bark führte und ihm um ein Haar das Patent gekostet hätte.

Die Mira Flores lief bei hellem Tage und ruhigem Wetter auf das dicht am Lande befindliche Riff. Das Schiff befand sich in einer Position, in der es überhaupt nicht hätte sein dürfen. Es ist sehr schade, daß das Schiff ein fremdländisches war, eine Untersuchung nicht angestellt werden konnte, weil es ein Fall der unentschuldbarsten Nachlässigkeit zu sein scheint! Diese schwerwiegende Anschuldigung stammt aus einem dem Großherzoglichen Seeamt zu Rostock aus Fremantle zugeschickten Gutachten, und in der Verhandlung am 22. März 1889 stellte auch der Reichskommissar den Antrag, *dem Schiffer Albert Witt die Befugnis zur ferneren Ausübung des Schiffergewerbes abzusprechen.*

Der Sachverhalt läßt sich anhand der Seeamtsverhandlung folgendermaßen rekonstruieren: Schiffer Witt war zwar im Vorjahr bereits in Fremantle gewesen, hatte den Hafen aber von dieser Seite damals nicht angesegelt und mußte sich deshalb ganz auf das vorhandene Kartenmaterial und die Segelanweisungen verlassen. Nach seinen Angaben standen ihm dafür an Bord nur eine englische Karte kleineren Bestecks von der Südwestküste Australiens aus dem Jahre 1877 mit Korrekturen bis zum September 1885 und eine 1882 von Findlay in London herausgegebene »Directory for the navigation of the Indian Ocean«, Westaustralien mit enthalten, zur Verfügung. Der Steuermann Friedrich Schröder aus Wustrow bestätigte das insofern, weil eine ihm vom Seeamt vorgelegte Karte der an Bord befindlichen *vollkommen geglichen und von demselben kleinen Besteck gewesen,* und die ebenfalls vorgelegte Segelanweisung hätte ebenso *einen 4 Finger starken Band gebildet und war dem letzteren auch sonst ihrem Äußeren nach ganz ähnlich gewesen.*

Schiffer Witt beabsichtigte damals, sich dem nordwestlichen Ende der Insel bis auf 1½ sm zu nähern, um dann wieder auf den anderen Bug zu gehen. Dies schien ihm unbedenklich, da es für aus dem Norden kommende Schiffe in seiner Segelanweisung so angegeben war. Lotsensignale hatte er nicht setzen lassen, weil man den Lotsen erst später von der auf der Nordostecke der Insel befindlichen Station aufnehmen wollte. Daß der Leuchtturm die Lotsensignale ansegelnder Schiffe weitergab, war ihm angeblich unbekannt. Außerdem lag für eine Lotsenanforderung kein Grund vor, da er ja wenden und wieder abliegen wollte.

Die Luft war nach See zu klar, aber über der Insel Rottnest neblig, so daß man nur die Spitzen der Berge, einschließlich des Leuchtturms in der Mitte der Insel, deutlich sehen konnte, während die tiefer gelegene Küste meist im Nebel lag. Alle 10 Minuten wurden Peilungen zum Leuchtturm und einer Bergspitze, die der Schiffer für den North Point der Insel hielt, vorgenommen und auf der Karte abgesetzt. Das ständig benutzte Lot zeigte eine allmählich abnehmende Wassertiefe an, die morgens 5 Uhr 12 Faden betrug. Gerade im Kurs der Bark voraus lagen die Horse-Shoe-

Reefs, die sich längs der Nordwestküste der Insel erstrecken, ungefähr eine Seemeile in die See hineinragen und aus mit nur 7 bis 10 Fuß tiefem Wasser bedeckten Felsen bestehen. Von diesem »Hufeisenriff« wollte Schiffer Witt nichts gewußt haben, auch war es in seiner Karte nicht direkt vermerkt. Die dort angezeigten Untiefen sprangen nur ½ bis ¾ Seemeile in die See hinein. Die Segelanweisung aber erwähnte dieses Riff ausdrücklich mit dem Bemerken, man könne sich der Küste bis auf 1½ sm nähern, sofern man von *Duck-Rock Baken nördlich von North Point gut frei stehe.* Diesen Passus will Witt aber bei der Benutzung seiner Segelanweisung am Morgen des 30. Januar 1886 übersehen haben.

Gegen 5.30 Uhr schätzte der Kapitän den Abstand der MIRA FLORES von dem nächsten Punkt der Küste auf 1 ½ Seemeilen, und die Bergspitze, welche er für den North Point hielt, peilte er 0 ¼ S. Er gab deshalb den Befehl zum Wenden, auch weil das Lot an Backbordseite nur noch 9 ½ Faden ergab. Bevor die Bark jedoch über Stag gehen konnte, stieß sie plötzlich durch, kam aber nicht fest. Die sofort vorgenommene Peilung der Pumpen des sonst sehr dichten Schiffes ergab 3 Fuß Wasser im Raum. Da dieses rapide zunahm, ließ der Kapitän, da er ein schnelles Sinken des Schiffes befürchtete, nicht wenden, sondern auf die Küste zuhalten, um es möglichst hoch auf den Strand zu setzen. Gleichzeitig wurde das Rettungboot klargemacht, aber schon fünf Minuten später lief

»Comptoir« eines Rostocker Korrespondenzreeders (Gemälde von Wilhelm Claudius)

die Bark erneut auf und sank schnell so weit weg, daß das Quarterdeck 1 Fuß hoch überflutet war. Auf die Notsignale hin kam eine Stunde später ein Lotse von der Rottnest-Lotsen-Station an Bord, von welchem man erfuhr, daß es keine Schleppdampfer für einen Bergungsversuch gab. Am Nachmittag erschienen schon Lloyd's Besichtiger aus Fremantle und erklärten die Bark für total wrack. Daraufhin befahl der Schiffer abzutakeln und mit dem Löschen der Ladung zu beginnen. Die MIRA FLORES wurde am Morgen des folgenden Tages durch die Zollbehörde beschlagnahmt und von der Mannschaft verlassen. Als das Wrack bald darauf auseinanderbrach, verkaufte man es zusammen mit dem geborgenen Inventar öffentlich meistbietend für 285 Pfund.

Im Gegensatz zu der Aussage des Kapitäns und des Steuermanns behauptete der Hafenmeister Russell aus Fremantle in seinem Gutachten, *der Schiffsführer, welcher schon einmal in Fremantle gewesen ist, habe sich im Besitz der allgemeinen Karte des Hafens (Nr. 1058 Rottnest) befunden. Auf dieser Karte (einschließlich der dem Seeamt vorliegenden englischen Admiralitätskarte größeren Bestecks mit Korrekturen bis 1880) seien Marken, mittels derer man die Horse-Shoe Reefs vermeiden könne, genau angegeben, nämlich: Duck-Rock Baken (liegt an der NO-Spitze von Rottnest, ca. 4 sm vom Riff entfernt) offen nördlich von North Point! Wenn man einen Blick auf diese Karte werfe, werde man sehen, daß der Schiffer, wenn er jene Linie überschritten habe, nur eine Seemeile von dem nächsten Punkte der Horse-Shoe Reefs entfernt gewesen sei. Nehme man nun an, daß die Bark, ein schneller Segler, 8 Knoten gelaufen, so habe dieselbe in sieben bis acht Minuten auf die Felsen geraten müssen. Falls der Schiffer überhaupt auf dem Ausguck gewesen sei, hatte er, so bald Duck-Rock Baken durch North Point verdeckt worden, sofort über Stag gehen müssen, und wenn er auch nur einen Augenblick weiter über jene Linie hinausgegangen sei, treffe ihn die schwerste Verantwortung!* Schiffer Witt bestritt, im Besitz einer solchen Karte gewesen zu sein, und diese Behauptung konnte vom Seeamt nicht widerlegt werden.

Immer wieder zwecks genauerer Klärung des Sachverhalts zum Aussetzen der Verhandlung gezwungen, rang sich das Rostocker Seeamt in drei zermürbenden Sitzungen am 22. März 1889 folgenden Spruch förmlich ab: *Die am 30. Januar 1886 an der Nordwestküste der Insel Rottnest stattgehabte Strandung der Bark MIRA FLORES, welche deren gänzlichen Verlust sowie den teilweisen der wertvollen Ladung zur Folge hatte, ist durch diesige Unterluft und die dadurch herbeigeführte Verwechslung des Bare Hill mit dem North Point der genannten Insel verursacht. Die Befugnis zur ferneren Ausübung des Schiffergewerbes wird dem Schiffer Albert Witt aus Dändorf nicht abgesprochen.*

Begründet wurde der Spruch damit, daß die Luft unten neblig war und so die Nordspitze an Bord nicht gesehen werden konnte. Statt dessen peilte man den höher liegenden Bare Hill, der, für den North Point gehalten, zu dieser Fehleinschätzung und schließlich zur Strandung führte. Dem abfälligen Urteil der ausländischen Behörden maß das Seeamt nicht soviel Wert bei, da diese unbewiesenermaßen das Vorhandensein einer Spezialkarte an Bord voraussetzten. Es wurde aber dem Schiffer der Vorwurf der Unvorsichtigkeit gemacht, vor allem, weil es überhaupt nicht notwendig gewesen war, so dicht unter Land zu laufen. Da es sich aber nur um eine einzelne Verfehlung handelte, sah man entgegen der Ansicht des Reichskommissares von einer Patententziehung ab.

Auf Grund einer Beschwerde des Letzteren ging dieser Fall dann noch vor das Kaiserliche Oberseeamt in Berlin, wo er am 13. Januar 1890 zur Verhandlung kam. Dieses bestätigte den Spruch des Rostocker Seeamtes, tadelte den Schiffer Witt aber ebenso. Zur Ausrüstung hätte unbedingt eine Spezialkarte größeren Maßstabs gehört. Die allzu große Sparsamkeit bei der Anschaffung von Navigationsmitteln habe sich auch in diesem Fall durch Schäden bitter gerächt, die die geringe Ersparnis um

Bark Mira Flores.

Spruch des Seeamts zu Rostock vom 22. März 1889 und Entscheidung des Kaiserlichen Ober-Seeamts vom 13. Januar 1890, betreffend den Seeunfall der Bark „Mira Flores" von Rostock.

Der Spruch des Seeamts lautet:

Die am 30. Januar 1886 an der NWKüste der Insel Rottnest stattgehabte Strandung der Bark „Mira Flores", welche deren gänzlichen Verlust sowie den theilweisen der werthvollen Ladung zur Folge hatte, ist durch diesige Unterluft und die dadurch herbeigeführte Verwechselung des Bare-Hill mit dem North-Point der genannten Insel verursacht.

Die Befugniß zur ferneren Ausübung des Schiffergewerbes wird dem Schiffer Albert Witt aus Dändorf nicht abgesprochen.

ein Vieltausendfaches überstiegen, ganz abgesehen von dem möglichen Verlust unersetzlicher Menschenleben. Gerade weil er keine Spezialkarte besaß, wäre ein Abstand von mehreren Seemeilen ratsam gewesen, denn das vorhandene Segelhandbuch beschreibt diese Untiefen sehr genau.

Abstandsmessungen an unbekannten Küsten und dann noch mit ungenügendem Kartenmaterial sind äußerst gefährlich, besonders mit einem Segelschiff, welches mit 4 ½ kn Fahrt direkt auf die Küste zusteuert. Schon bei 20 Faden hätte gewendet werden müssen, da Lotungen auf felsigem Untergrund auf geringen Tiefen zu ungenau sind. Auch die vorgegebene Begründung für eine Beschleunigung der Fahrt durch den Schiffer sei keine Entschuldigung, da ein Zeitverlust von einem Tag, eventuell auch zwei Tagen durch mehrmaliges Kreuzen oder durch das Warten auf einen Lotsen bei der langen Reise von London praktisch bedeutungslos gewesen wäre.

Hatte nun Schiffer Witt auch die Strandung der MIRA FLORES aus mangelnder Vorsicht verschuldet, *so ist hierin doch nicht der Mangel solcher Eigenschaften zu finden, die zur Ausübung des Schiffergewerbes erforderlich sind. Hierbei kommt in Betracht, daß er zur Zeit des Unfalles noch ein sehr junger Mann war, dem es an Erfahrung mangelte, und daß seitdem vier Jahre verflossen sind, während welcher er teils als Steuermann, teils als Schiffer in seinem Beruf rüstig weitergestebt und sich weiter ausgebildet hat, ohne daß Nachteiliges über ihn bekannt geworden ist. Seine Übung und Erfahrung sind seitdem gewachsen, und es darf auch angenommen werden, daß er es an der in seinem Berufe so nötigen Vorsicht nicht wieder fehlen lasse.*

Ein salomonisches Urteil, wie es derzeit bei den Seeämtern an der Tagesordnung war. Nur in den seltensten Fällen wurde auf Patententzug entschieden, und dann auch nur bei fast schon kriminellem Fehlverhalten. Der Verlust für die Reeder jedenfalls war groß. Den Kaufpreis von 74 000 Mark hatte man in 360 Parten zusammengetragen, von denen zur Zeit des Unfalls aber nur 160 zu 22 000 Mark versichert waren.

Aus Holz und Eisen – Kompositschiffe

In der Nacht vom 18. auf den 19. August 1887 läuteten die Feuerglocken in Rostock Sturm. Die Löschzüge mußten »Zum Strande« ausrücken, da im Achterschiff der im Kielhafen zur Reparatur liegenden Bark GUINEVERE ein Brand ausgebrochen war. Auch der Löschprahm wurde bemannt, um das Feuer zusätzlich noch von der Wasserseite zu bekämpfen, was aber durch die gekrängte Lage des gerade gekielholten Schiffes wenig erfolgreich war. Immer höher loderten die Flammen aus der GUINEVERE empor und färbten den Himmel bald glutrot. Als man bemerkte, daß die Spritzen gegen das Feuer machtlos waren, holten Werftarbeiter die den Segler in der Schräglage haltenden Taljen weiter durch. Sie krängten den Rumpf auf diese Weise, bis er kenterte und das Wasser zischend und brodelnd hineinlief. Die über die Oberfläche ragenden Teile bespritzten die Feuerwehrleute noch bis zum nächsten Morgen mit Wasser, dann *glomm auch nicht ein Funke mehr.*

Alte Prahmspritze mit eingebauter Dampfpumpe (Rostock 1887)

Die Schiffbaufirma Ernst Burchard & Co. übernahm sofort die Bergung der Bark. Etwa 50 Arbeiter waren mehrere Tage damit beschäftigt, den Rumpf abzutakeln und mit Hilfe von Winden nach und nach wieder aufzurichten, während ihn der kleine Dampfer HANS mittels seiner Dampfpumpen lenzte. In den späten Abendstunden des 24. August waren die Arbeiten beendet, und bei der Besichtigung der durch das Feuer verursachten Schäden stellte man fest, besser hätten die Vorteile der Kompositbauweise gegenüber den konventionellen Holzschiffen gar nicht demonstriert werden können. Die eisernen Verbände sowie die ebenfalls aus Eisen bestehenden Untermasten einschließlich des stehenden Gutes waren unversehrt geblieben. Diese »Mischbauweise«, bei der die Längs- und Querverbände sowie die Diagonalen aus Eisen und nur die Außenhaut aus einer Teakholzbeplankung bestand, vereinte die Vorteile des Holz- und des Eisenschiffbaus. Die eisernen Verbände vermieden die beim reinen Holzschiff so gefürchtete Fäulnis der Innenhölzer, gaben dem Rumpf die notwendige Stabilität, erlaubten größere Dimensionen bei größerer Schärfe und Schlankheit des Schiffskörpers, ohne daß wie bei gleichgearteten Holzschiffen das Durchbiegen des Schiffskörpers befürchtet werden mußte. Zusätzlich behob die Holzverplankung den derzeit wohl am stärksten empfundenen Mangel des reinen Eisenschiffes: den Bewuchs des Schiffsbodens in tropischen Gewässern. Kompositschiffe ließen sich nämlich in herkömmlicher Weise kupfern, wenn auch die Verbolzung anfangs einige Schwierigkeiten bereitete. Verwendete man für die Befestigung des Holzes an den Spanten Eisenbolzen, wurde diese bald *wegen der in Verbindung mit der Kupferhaut verursachten elektrolytischen Vorgänge durch Korrosion zerstört.* Benutzte man statt dessen Kupferbolzen, war wieder eine Isolierung dieser von den Eisenspanten notwendig. Deshalb befaßten sich die unzähligen, in der etwa zwei Jahrzehnte andauernden Entwicklungsphase gemachten Patente

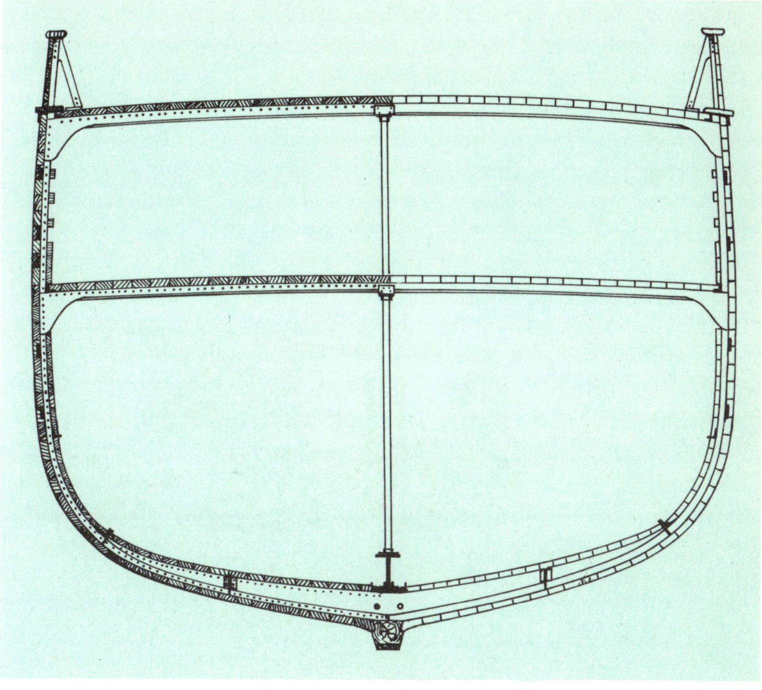

Hauptspant eines Kompositschiffes

nicht nur mit konstruktiven Verbesserungen, sondern auch *mit der Kupferbefestigung am Schiffskörper und damit, wie die Befestigungselemente durch eiserne Spanten, Deckbalken oder Platten ungefährdet hindurchgeführt werden konnten* (MacGregor). Alexander Stephen z. B. benutzte anfangs zum Schutz vor der »Kontaktkorrosion« für die aus Kupfer oder Messing bestehenden Schraubenbolzen und -muttern zur Isolierung Gummistücke, und später bettete er die Verbolzung in Zement, eine Idee, für die er 1862 ein Patent erhielt. Andere wieder benutzten galvanisierte Eisenbolzen.

Es würde zu weit führen, auf Einzelheiten der Entwicklung des Kompositbaus einzugehen. Deshalb wollen wir uns nur auf die wichtigsten Stationen und auf England, der Geburtsstätte dieser Bauweise, beschränken. In der relativ kurzen Geschichte des Kompositschiffbaus spielten Patente eine große Rolle. In der Zeit von 1839 bis 1866 wurden nicht weniger als 75 derartige Patente eingereicht. Der Weg bis zur Vollkommenheit und nutzbringenden Anwendung war langwierig und nicht nur mit technischen Schwierigkeiten verbunden. John Walters soll 1814 mit einem Patent *auf mehrere Methoden der Kombination von Eisen und Holz im Bau von Schiffsrümpfen* den Anfang gemacht haben. Erst 1839 folgte William Watson aus Dublin *mit einer Verbesserung in der Konstruktion von Schiffen, bei der die Rippen aus eisernen Winkeln oder eisernen T-Trägern gebogen werden* (Jobé). In diese Zeit fällt auch das erste größere Schiff, der Dampfer ASSAM, angeblich in Indien von einem Kapitän Andrew Henderson gebaut.

Die Schiffbauer Thomas Ditchburn, Blackwall (1841), James Kennedy und Thomas Vernon, Liverpool (1844), und der Eisenmeister James Boydell (1845) setzten die Reihe fort. Leider lassen sich keine Einzelheiten über ihre Versuchsbauten mitteilen, da sie sich als solche nicht in Lloyd's Register befanden, wollten sie nicht eine jährliche Kontrolle auf sich nehmen.

Alle bisherigen Patente kombinierten auch noch in den inneren Verbänden auf irgendeine Weise Holz und Eisen. Mit John Jordan kam 1849 ein Mann dazu, der von sich behauptete, als erster eine komplette Eisenkonstruktion mit Spanten, Knie und Balken, Vor- und Achtersteven entworfen zu haben. Nach seinem Prinzip bauten in den folgenden Jahren Henry Jordan und John Getty in Liverpool 1850 als Versuchsbau den Schoner EXELSIOR, 33 t und 15 m lang. 1851 folgte für die Firma L. H. Macintyre die Bark MARION MACINTYRE, 283 t und 35 m lang, sowie das Vollschiff TUBAL CAINE, 788 t und 47,5 m lang. Im Jahr danach lief der flachbodige Schoner GEORGE JORDAN von 91 t ab, und 1854 baute John Getty allein noch die Bark BRISTOW von 374 t.

Alle weiteren Patente befaßten sich eigentlich nur noch mit Verbesserungen und Modifikationen. Eine Reihe von sogenannten Experimentalbauten mit Diagonalspanten fertigten auch Bilbe und Perry, Rotherhithe (London), bis 1860 an, von denen das für die Chinafahrt bestimmte 709 t große Klipperschiff RED RIDING HOOD im Jahre 1857 das erste gewesen ist. Es hatte aus Eisen und Holz zusammengesetzte Spanten, wobei aus zwei Winkeleisen gebildete U-Profile verwendet wurden, die mit Holz ausgefüttert waren.

Trotz seiner Vorteile wollte sich das Kompositschiff vor 1863 nicht so recht durchsetzen. Ein Grund dafür waren die höheren Kosten durch die Benutzung des bewährten, aber teuren Teakholzes für die Beplankung und die anfangs aufwendigen Maßnahmen hinsichtlich der Verkupferung. Ein weitaus größeres Hindernis aber war die Weigerung des Britischen Lloyd, diesen Schiffen eine hohe Klasse zu geben, obwohl doch gerade hier bei großer Stabilität auch noch die gefährliche Fäulnis der Innenhölzer entfiel.

MacGregor schildert in »Schnellsegler« den hartnäckigen Kampf eines einzelnen Mannes gegen diese Voreingenommenheit, Uneinsichtigkeit und übertriebene Vorsicht der Experten dieser Klassifikationsge-

Den Vorteil der »Mischbauweise« bewies auch der Klipper Torrens *bei seiner Kollision mit einem Eisberg (1896)*

sellschaft. Es war der englische Schiffbauer Alexander Stephen jun., der, nach unzähligen Aussprachen und Konsultationen mit anderen Fachkollegen, seinen Überzeugungsfeldzug gegen diese Behörde antrat. Am 10. Oktober 1861 erhielt er die Zusicherung, für *ganz mit eisernen Spanten und Holzbeplankung gebaute Schiffe eine so hohe Klasse wie 15 Jahre A 1 zu bekommen,* die später noch um weitere fünf Jahre verlängert worden ist. Er schloß sofort einen Kontrakt mit der Reederei John Lidgett & Co. über einen 750 t großen Kompositbau ab. Am 4. März 1862 wurde der Kiel für das Vollschiff John Lidgett gestreckt, welches knapp sechs Monate später ablief.

Schnell folgten weitere Schiffbauer diesem Beispiel, allen voran Alexander Hall and Sons in Aberdeen. Aber erst nach der Ende des Jahres 1863 abgehaltenen Tagung der »Scottish Shipsbuilder's Association« kam der große Durchbruch. Die Anwendung dieser »Mischbauweise« verbreitete sich plötzlich so schnell, daß Lloyd's wieder Bedenken bekam, vor allem, weil sich fast jedes Fahrzeug von dem anderen irgendwie unterschied. Deshalb wurde zuerst für alle diese Schiffe die Vorlage einer Bauzeichnung gefordert und die Klasse vorerst nur mit dem Zusatz »experimental« vergeben, womit eine zweijährliche Besichtigung verbunden war. Gerade aber diese Experimentalbauten erwiesen sich später als besonders langlebig, und als

Lloyd's 1867 endgültige Richtlinien für die Konstruktion herausgab und der Vermerk »experimental« entfiel, war die Ära der Kompositschiffe schon fast vorbei.

Den englischen Schiffbauern stellte sich aber nun ein anderes, völlig unerwartetes Hindernis entgegen. John Jordan begann für jeden Bau hinsichtlich seines Patents von 1849 Lizenzgebühren einzutreiben. Damit war man nicht einverstanden, hatte doch, abgesehen von vielen Abarten, schon Ditchburn eine eiserne Spantenkonstruktion beschrieben, dessen Ansprüche inzwischen erloschen waren. Einige Schiffbauer strengten einen Prozeß gegen Jordan an, den sie jedoch erst 1866 in zweiter Instanz gewannen. Das hinderte Jordan aber keinesfalls daran, weiterhin Gebühren zu fordern. Viele der Schiffbauer zahlten diese auch, nur um kostspieligen, aufreibenden und zeitraubenden Prozessen aus dem Weg zu gehen. 1870 waren auch seine Patentrechte zwar erloschen, aber da war der Boom für die Kompositbauweise schon zu Ende.

Ein typisches Kompositschiff von 1000 t hatte nach Bathe zu dieser Zeit *einen Balkenkiel aus Steinulme von etwa 40 × 40 cm Querschnitt mit einem Vor- und Achtersteven aus Teakholz etwa gleicher Abmessung. Das kastenförmige Kielschwein war aus dicken eisernen Platten und die Querspanten aus Winkeleisen. Die Außenhaut im Boden bestand aus Steinulme und die übrige Beplankung aus Teakholz. Diese Beplankung wurde mit den Spanten durch Schraubenbolzen und -muttern aus Kupfer oder Messing verbunden, die vor Kontaktkorrosion mit den eisernen Spanten geschützt waren. Kupfer- oder Messingplatten, etwa 120 × 35 cm groß und auf einer Lage von Teer und Pappe befestigt, bedeckten den gesamten Unterwasser-Schiffskörper. Das untere Deck bestand aus 7 cm dicken Pitchpine-Planken, das Ober- oder Hauptdeck und das Quarterdeck aus einer Teakholzbeplankung von 9 cm Dicke. Das Bugspriet, der Fock- und Untermast waren aus Eisen, während der Kreuzuntermast, die Bram- und Marsstengen aus Fichte bestanden. Die unteren Rahen waren aus Eisen, die übrigen aus Fichte. Ein großer Teil des laufenden und stehenden Guts bestand aus eisernen Drahtseilen.*

In dieser Zeit entstanden eine ganze Reihe von berühmten Schiffen, die durch besonders schnelle Reisen in die Geschichte eingegangen sind. Abgesehen von den scharfen Enden, gaben die Konstrukteure diesen Klippern wieder stark aufkimmende Böden mit lang gerundeter Kimm, wie sie eigentlich bei vollgetakelten Schiffen nicht mehr verwendet wurden. Der Hauptspantkoeffizient lag im Durchschnitt bei 0,75 und war damit viel geringer als bei den Amerikanern (ab 0,8). Die berühmten englischen Woll- und Teeklipper dieser Zeit hatten *Hauptspantquerschnitte (und Enden) von einer Schärfe, wie man sie bei den Yankeeschiffen vergeblich sucht,* schreibt Höver. Zu ihnen gehörten die Teeklipper TEAPING (1863) und ARIEL (1865), die sich in dem »tea-race« 1866 von Foochow nach London »nach 99 Tagen aus« im Englischen Kanal einen großartigen Endkampf lieferten. Beide und das Schwesternschiff der ARIEL, die SIR LANCELOT, waren bei Robert Steele & Co. in Greenock gebaut. Der Erstling war die TEAPING mit 767 t, 56 m lang und 9,5 m breit. Die Schwesternschiffe waren mit 886 t, 59,5 m Länge und 10,5 m Breite etwas größer. Die SIR LANCELOT durchsegelte die gleiche Distanz 1869 sogar in noch schnelleren 89 Tagen.

Als beste Kompositklipper aller Zeiten galten die 1868 bei Hood in Aberdeen vom Stapel gelassene THERMOPYLAE (947 RT) und die heute noch als Museumsschiff im Trockendock von Greenwich liegende CUTTY SARK, 1869 bei Scott & Co. in Greenock gebaut und zu 921 RT vermessen. Erstere zeichnete sich durch einen Rekord im Australien-Trade aus, der mit 61 Tagen von Lizard nach Melbourne im Jahre 1871 einer Durchschnittsgeschwindigkeit von 9 Knoten entspricht und nie wieder von einem Segelschiff erreicht wurde. Die CUTTY SARK zeichnete sich ebenfalls in der Australienfahrt durch besonders konstante Reisen aus. Von 17 Ausfahrten lagen allein elf unter 80 und fünf unter 90 Tagen.

Das große »Teerennen« von China nach London (nach einem Gemälde)

Der Klipper Thermopylae *unter kanadischer Flagge (1890)*

Der Klipper Ferreira *(ex* Cutty Sark*) im Trockendock*

Trotz der vorteilhaften Eisenverbände besaßen die meisten Kompositschiffe kein größeres Deplacement als 500 bis 1000 t. Das größte war der im November 1866 bei der berühmten Werft von Alexander Hall and Sons vom Stapel gelassene Klipper Sobraon, ein vollgetakeltes, 97 m langes und 12 m breites Schiff, welches kurze Zeit nach der Fertigstellung von einem Teeklipperreeder an die Firma Devitt and Moore überging und für diese 25 Jahre als *das beste Passagier-Segelschiff, welches jemals vom Stapel lief,* in der Australienfahrt eingesetzt war. 1891 kauften es die Behörden von New South Wales, legten es in Sydney vor Anker und benutzten es als Besserungsanstalt. 20 Jahre später wurde es wieder aufgetakelt und als Schulschiff für die australische Marine genutzt. Als man das Schiff einer Besichtigung im Trockendock unterzog, konnte man feststellen, daß der Zustand dem Alter zum Trotz so sauber *wie der Klang einer Glocke war* (Lubbock). Beim Abwracken 1941 zeigten sich, nach einem dreiviertel Jahrhundert, die eisernen Decksbalken und Spanten, ja selbst die Teakholzbeplankung noch in gutem Zustand.

Carl Rahtkens kaufte als einziger Rostocker Korrespondenzreeder, im Jahre 1887, drei Kompositschiffe aus England an. Obwohl diese Segler inzwischen als »unverwüstlich« galten und die höchste Klasse auf 20 Jahre erhielten, fanden sie in der mecklenburgischen Schiffahrt sonst keine Liebhaber. Aber auch im Weltmaßstab zählt der Kompositschiffbau, nach Bathe, nicht als ein *gerader Schritt in der Entwicklung vom hölzernen zum eisernen Schiff, sondern eher als ein Seitensprung.* Diese Bauweise war trotz aller Vorteile zu kostspielig, und sie erforderte auch eine ganz spezielle Technik. Die in Rostock an der Partenreederei beteiligten Mitreeder, die vorwiegend aus Handwerkern, Kaufleuten, Bauern, kleinen Unternehmern und Beamten bestanden, hielt besonders ersteres davon ab, ihr begrenztes Kapital in Kompositbauten zu investieren. Hinzu kam, daß die mecklenburgische Reederei durch Veruntreuungen bei diesen Dividendenreedern in Mißkredit geraten war. Der heimische Schiffbau selbst zeigte sowieso kein Interesse für diese Konstruktionsweise, und gerade die Rostocker Holzschiffbaumeister boten den Kapitänen in Krisenzeiten eine sehr hohe Beteiligung an, worauf diese nicht verzichten konnten.

Erst als die kurze, nur bis etwa 1875 reichende »Blütezeit« der Kompositschiffe längst vorbei war und sich das weiterentwickelte Eisenschiff eindeutig in den Vordergrund schob, entschloß sich der Korrespondenzreeder Carl Rahtkens, von seinem

Das vollgetakelte Passagierschiff SOBRAON *auf der Themse vor Gravesend*

in England lebenden Bruder drei alte Schiffe dieser Bauart käuflich zu erwerben. *Nach anliegenden Dokumenten habe ich das zu London liegende Vollschiff* NORTHAMPTON *von meinem Bruder Franz Rahtkens, wohnhaft in Middlesbro, gekauft,* hieß es in einem Schreiben Anfang 1887 an die »löbliche Schiffsregisterbehörde« in Rostock. Drei Viertel der Anteile gehörten dem Korrespondenzreeder, und mit einem Viertel beteiligte sich der aus Stralsund stammende Kapitän Fritz Pagels, der vorher die am 29. September 1886 auf der Fahrt von Westindien nach Hamburg im Atlantik gesunkene Bark ANNA geführt hatte. 1886 war die NORTHAMPTON das größte bisher in Rostock registrierte Schiff. Trotz ihres Alters besaß sie noch für 13 Jahre bei Lloyd's die »Erste Klasse«, verfügte über Dampfwinden zum Löschen und Laden und konnte 1700 t Schwergut einnehmen.

Registrierung	1887
Schiffstyp	Vollschiff
Name	NORTHAMPTON
Ex-Name	–
Unterscheidungssignal	MDLV
Bauweise	Komposit
Raumgehalt	1171 RT
Abmessungen	64,49 × 10,85 × 6,70 in Metern
Werft	C. Conell & Co., Glasgow (Schottland)
Baujahr	1866
Alter beim Kauf	21 Jahre
Kaufpreis	–
Korrespondenzreeder	Carl Rahtkens, Rostock
Kapitän	F. Pagels, Stralsund
Verbleib	1888 nach Kollision im Bristol-Kanal gesunken

Ihre erse Fahrt für Rostocker Rechnung trat die NORTHAMPTON am 12. Februar 1887 in London nach Melbourne an, wo sie nach einer 99-Tage-Reise eintraf. Für die Rückfahrt nach Europa verließ sie Bakers Island am 16. September, und nach dem Passieren der »Linie« von Lizard Anfang des Jahres 1888 wäre sie dann schon beinahe verlorengegangen.

Es war ein ausgesprochen unfreundlicher Empfang, der dem mit Guano beladenen Vollschiff kurz vor dem Eingang des Englischen Kanals zuteil wurde. Nach »107 Tagen aus« stand der Segler am 2. Januar 1888 zwischen Eddystone und Lizard, als ihn ein schwerer Südweststurm überfiel. Mit verkürzten Segeln versuchte man zunächst den Standort zu halten, um nicht zu weit in den Kanal getrieben zu werden.

Kapitän Pagels lag mit hohem Fieber in der Koje, und so hatte der Erste Steuermann Henke die Führung des Schiffes übernommen. Mehr als der Sturm machte ihm vorerst die hohe Kreuzsee zu schaffen. Das Schiff rollte so stark, daß der eiserne Fockmast schließlich brach und samt der Takelage über Bord ging. Um ernsthafte Schäden durch das längsseits treibende Gut an der Außenhaut zu vermeiden, mußte die Mannschaft unter ständiger Gefahr, von den Brechseen über Bord gewaschen zu werden, die noch haltenden Leewanten und Pardunen kappen. Der Wind fetzte ein Sturmsegel nach dem anderen aus den Lieken. Sturzseen brachen über das Deck hinweg, fegten alles, was nicht ordentlich gelascht war, über Bord und beschädigten schließlich auch die Reling und das Schanzkleid.

Am nächsten Tag sprang das schwer arbeitende Schiff leck. Die Pumpen konnten bei diesem Wetter ebenfalls nur unter Lebensgefahr und auch nur zeitweilig bedient werden. So trieb die NORTHAMPTON, vor Topp und Takel anliegend, immer weiter in den Kanal hinein. Den Zielhafen Falmouth gegen den Wind anzuliegen, war unmöglich. Deshalb wollte man versuchen, Plymouth zu erreichen. Dafür aber mußten wieder Segel gesetzt werden. Dicht an die Luvwanten gepreßt, arbeiteten sich die Männer mühsam nach oben, legten vorsichtig auf den schwankenden Fußpferden aus, hingen mehr auf den Rahen, als daß sie standen – aber sie schafften es, wenn auch Stunden darüber vergingen. Ein Liverpooler Schleppdampfer erbot sich, das havarierte Schiff für 500 Pfund nach Dartmouth einzuschleppen. Das Angebot wurde aber abgelehnt, da eine akute Gefahr für den Segler noch nicht bestand.

An diesem Tag, es war ein Dienstag, flaute der Wind etwas ab, sprang aber in der Nacht auf Südost um und nahm wieder an Stärke zu. Jetzt konnte die NORTHAMPTON zwar Fahrt voraus in Richtung Zielhafen machen, trieb dabei aber wegen der wenigen geführten Segel immer mehr auf die Leeküste zu. Ein »Pressen« des Schiffes durch zusätzliche Segel war bei dem Wetter und dem Zustand des Schiffes nicht möglich, und so sah der Mittwochmorgen die NORTHAMPTON in einer gefährlichen Lage. Auf das Notsignal hin näherte sich unter dreifach gerefften Segeln der Brixham-Trawler VOLUNTEER dem Vollschiff, konnte aber wegen des Wetters nichts unternehmen und blieb deshalb für den äußersten Notfall beigedreht in der Nähe liegen.

Um 9 Uhr kam der zwischen Plymouth und Liverpool verkehrende Dampfer WEXFORD in Sicht. Auf ein Signal hin änderte er seinen Kurs und lief auf die in Not geratenen Rostocker zu. Aber der Dampfer konnte infolge der hohen Seen keine Schlepptrosse übergeben.

Als die Lage der NORTHAMPTON immer kritischer wurde, bewiesen die englischen Fischer einmal mehr ihren aufopferungsvollen Mut und ihr hohes seemännisches Können, wenn es galt, in Not geratene Kameraden zu retten. Ihr Trawler manövrierte sich vorsichtig an den Havaristen heran, passierte dabei dessen Heck in geringem Abstand und brachte trotz des hohen Seegangs ein Boot zu Wasser, welches auch glücklich an das Vollschiff herankam.

Mittels einer Wurfleine brachten dessen Insassen eine Trosse zum Dampfer über. Die Schleppverbindung brach jedoch. Noch einmal wurde das lebensgefährliche Manöver wiederholt, diesmal für eine Drahttrosse, aber auch diese brach.

Während die WEXFORD in der Nähe der NORTHAMPTON beigedreht liegenblieb, um notfalls deren Besatzung abzubergen, signalisierte die kleine VOLUNTEER, die nur mit Mühe ihr Boot wieder an Bord gebracht hatte, sie wolle nach Plymouth segeln, um von dort Schlepperhilfe zu holen.

Um 17 Uhr traf der Trawler dort ein, und sofort machte sich der Schleppdampfer WIXEN auf die Reise, um dem inzwischen dicht vor Rame Head auf Legerwall liegenden Rostocker Segler zu Hilfe zu eilen. Wind und See waren aber so heftig, daß er nicht gegenan dampfen konnte. Auch die Schlepper FRANCIS DRAKE und POWER machten vergebliche Versuche. Um 20 Uhr wurde endlich der große Marineschlepper AETNA von der Admiralität zum Auslaufen freigegeben. Dieser fand trotz der Dunkelheit und des regnerischen Wetters die NORTHAMPTON, welche bis auf 8 Meilen SSW auf Rame Head getrieben war und dort auf 30 Faden Tiefe vor beiden Ankern lag. Da man nicht wußte, wie lange die Ketten bei diesem Wetter noch hielten, wurde erneut unter Lebensgefahr eine Drahttrosse an Bord des Vollschiffes gebracht, die aber ebenso brach, wie die anderen zuvor. Als auch noch das Auge einer weiteren Stahltrosse abriß, versuchte man es mit einer 13 ½zölligen und 150 Faden langen Manilatrosse. Unter äußerst vorsichtig gefahrenen Maschinenmanövern gelang es der AETNA damit endlich, den Segler von der Küste freizuschleppen und am Donnerstag, dem 5. Januar, nach 12 Stunden mühsamer Arbeit in den Plymouth Sound einzubringen.

Der kranke Kapitän wurde an Land gebracht und in ein Hospital eingeliefert. Das Löschen der Ladung und die Reparaturarbeiten fanden deshalb auch noch unter der Aufsicht des Obersteuermanns Henke statt. Danach ging das Schiff nach Cardiff, um dort Steinkohle für Montevideo einzunehmen.

Bei herrlichstem Wetter verließ das Vollschiff Cardiff am 22. Juni 1888. An Bord befanden sich außer dem Kapitän, dessen Frau und den drei Steuerleuten noch 15 Mann Besatzung. Vormittags 9.30 Uhr hatte man Ilfracombe in SW mit 5 bis 6 sm Abstand gepeilt, und um Mitternacht stand der Segler ungefähr 55 sm NNO von Longship. Kapitän Pagels hatte zusammen mit dem Zweiten Steuermann Carl Jung, ebenfalls aus Stralsund, die Wache übernommen. Matrose Behrens übernahm das Ruder, und der Matrose Karsten löste den Ausguck auf der Back ab. Ruhig zog die NORTHAMPTON im Bristol-Kanal bei leichter Brise aus östlicher Richtung mit etwa 4 bis 5 Knoten ihre Bahn. Das Wetter war schön, die Luft klar und mild, die Nacht mondhell und der Himmel sternenklar. Der alte WSW-Kurs wurde beibehalten, auch als der Wind eine halbe Stunde später südlicher ging und Schiffer Pagels deshalb anbrassen und den Klüver setzen ließ.

Fast gleichzeitig schlug der Ausguck zweimal kurz die große Glocke auf der Back an und sang »weißes Licht an Backbord voraus!« aus. Der Kapitän schätzte die Entfernung auf etwa 7 sm, und wenige Minuten später konnte er durch das Nachtglas schon die Umrisse des Dampfers erkennen. Nach weiteren zehn Minuten kam das grüne Licht in Sicht.

»Gut Kurs halten, Behrens!« befahl der Kapitän, ohne den Entgegenkommer aus den Augen zu verlieren. Wegerecht für Segelschiffe besagte das internationale Reglement, doch noch machte der Dampfer keine Anstalten, der NORTHAMPTON pflichtgemäß auszuweichen, obwohl der Abstand sich zusehends verringerte. Als der Dampfer steuerbord voraus stand, lief der Schiffer, der besseren Übersicht wegen, nach vorn. Von dort warf er auch noch einen Blick zurück auf die eigenen Seitenlichter, die brannten hell und klar. Erst vor drei Monaten, bei den Reparaturarbeiten, hatte man sie neu installiert. Alles entsprach genau Lloyd's Vorschriften: oben geschlossene Laternenhäuser an der festen Reling angebracht, wo das Schiff die größte Breite hatte und die Lampen nicht von der Fock verdeckt werden konnten.

Der Dampfer aber ignorierte das Vollschiff noch immer und lag weiter NNO an. Das war wieder so eine Situation, in der die Segelschiffsführer die Ausweichregel verfluchten, die den Segler dazu zwang, an seinem Kurs festzuhalten, um den ausweichpflichtigen Dampfer nicht zu irritieren. Nur im letzten Augenblick durfte der Kurs geändert werden, um eine unvermeidlich gewordene Kollission noch zu verhindern oder in ihrer Wirkung abzuschwächen.

Zur Sicherheit wurden alle Mann an Deck beordert. Schiffer Pagels schätzte den Abstand jetzt nur noch auf 4 Schiffslängen. Er ließ den Ausguck die große Glocke läuten, lief nach achtern zurück und wollte das Schiff jetzt anluven lassen, damit der Dampfer noch vorbeiziehen konnte.

Unterwegs auf dem Hauptdeck, warf er noch schnell einen Blick zur Seite, und da war das grüne Licht bereits 1 ½ bis 2 Strich in Lee. Auf dem Achtereck meldete ihm der Zweite Steuermann, er habe schon anluven lassen, als das grüne Licht nach Lee auszuwandern begann. Trotzdem tauchten jetzt die riesigen Umrisse des Dampfers in einem Winkel von 40 Grad auf, der mit schneller Fahrt direkt auf die Breitseite der NORTHAMPTON zuhielt. Nun erst, als es schon zu spät war, schien der Dampfer den Segler zu bemerken. Erst ein kurzer, dann ein langer Pfiff mit der Dampfpfeife. Kurze Zeit darauf wurde das rote Licht voll sichtbar, dann erfolgte auch schon der Zusammenstoß. Mit fürchterlichem Krachen und Knirschen bohrte sich der Steven des Dampfers zwischen Groß- und Kreuzmast mehrere Fuß tief in den Rumpf des Vollschiffes hinein. Mit rückwärts gehender Maschine arbeitete sich der Dampfer wieder frei, ein riesiges klaffendes, bis tief unter die Wasserlinie reichendes Loch hinterlassend, durch welches das Wasser gurgelnd und zischend eindrang. Die NORTHAMPTON begann sofort zu sinken. Schnell ließ Kapitän Pagels deshalb die kleine Jolle fertigmachen, die auf der Großluke lag. Zu Wasser gebracht, beorderte er den Ersten Steuermann, seine Frau, den Segelmacher, fünf Matrosen und die beiden Schiffsjungen in das Boot. Mehr gingen wirklich nicht hinein, und so befahl er abzulegen.

Der Rest der Mannschaft versuchte in aller Eile das große Rettungsboot klarzumachen, aber das schwer beladene Schiff sank zusehends tiefer. Mit Äxten wurden die Zurrings durchschlagen, doch bevor das Boot überhaupt bewegt werden konnte, stand das Wasser bereits bis zum Schandeckel, und Sekunden später überflutete es das ganze Deck. Um nicht mit in die Tiefe gerissen zu werden, gab es nur noch eines: über Bord zu springen und sich schnell von dem sinkenden Schiff freizuschwimmen. Die Männer ergriffen die auf dem Achterdeck befindlichen Rettungsringe und sprangen über Bord. Kaum lagen sie im Wasser, sank die NORTHAMPTON auch schon mit fürchterlichem Getose und alles mit sich reißend in die Tiefe. Die Schiffbrüchigen wurden durch den Strudel mit unter Wasser gezogen. Als sie dann, halb besinnungslos, wieder auftauchten, fehlten zwei: der Zweite Steuermann Jung aus Stralsund und der Matrose Bernatz aus Rostock.

Kurze Zeit später barg ein Boot des Dampfers die Überlebenden. Es war der in Leith beheimatete englische Dampfer AEGEAN, der sich mit 1400 t Eisenerz auf der Reise von Bilbao nach Glasgow befand. Auch er wurde bei der Kollision so schwer beschädigt, daß er sank. Die 17köpfige Besatzung konnte sich aber vorher vollzählig in die Boote begeben. Zum Glück war das Wetter beständig und die See ruhig. In diesem stark befahrenen Teil des Bristol-Kanals brauchten die Schiffbrüchigen nicht lange zu warten, bis sie aufgenommen wurden. Der englische Schoner GRACE DARLING nahm sie an Bord und setzte sie am nächsten Tag in Plymouth an Land.

Registrierung	1887
Schiffstyp	Bark
Name	BRIDE
Ex-Name	–
Unterscheidungssignal	MDNC
Bauweise	Komposit
Raumgehalt	863 RT (830)
Abmessungen	56,33 × 9,23 × 5,84 in Metern
Werft	Briggs & Pollien, County Durham (Engl.)
Baujahr	1870
Alter beim Kauf	17 Jahre
Kaufpreis	37 000 Mark
Korrespondenzreeder	Carl Rahtkens, Rostock
Kapitän	J. Müller, Rostock, F. Pagels, Stralsund (ab 1889)
Verbleib	1891 nach Norwegen verkauft

Registrierung	1887
Schiffstyp	Bark
Name	GUINEVERE
Ex-Name	–
Unterscheidungssignal	MDNG
Bauweise	Komposit
Raumgehalt	857 RT
Abmessungen	60,06 × 10,39 × 6,08 in Metern
Werft	John Elder & Co., Glasgow (Schottland)
Baujahr	1868
Alter beim Kauf	19 Jahre
Kaufpreis	46 000 Mark
Korrespondenzreeder	Carl Rahtkens, Rostock
Kapitän	F. Opitz, Rostock, H. Bischoff (ab 1891)
Verbleib	1891 nach Norwegen verkauft

Schon bei der dort abgelegten Verklarung versuchte die Führung des Dampfers die Schuld von sich abzuwälzen. Angeblich hatte man die NORTHAMPTON rechtzeitig gesichtet, und nur weil diese plötzlich den Kurs geändert habe, sei der Zusammenstoß erfolgt. Aber weder das Londoner Admiralitätsgericht noch das Großherzogliche Seeamt in Rostock erkannten die Aussagen der Dampferbesatzung an. Die AEGEAN habe genügend Zeit gehabt, um dem Vollschiff auszuweichen, wenn ordentlich Ausguck gehalten worden wäre. Selbst zuletzt, nach dem Anluven des Seglers, bestand noch die Möglichkeit, mit Volldampf vor dessen Bug vorüberzulaufen. Statt dessen wurde mit »Steuerbordruder« ein der Situation unangemessenes Kommando gegeben, welches schließlich zu dem verhängnisvollen Zusammenstoß führte. Die Eigner der NORTHAMPTON verklagten die Reederei des Dampfers auf Schadenersatz in Höhe von 10 000 Pfund Sterling (ca. 200 000 Mark), dem das Gericht auch entsprach. Die beiden Menschenleben vermochte keiner zu ersetzen.

Als zweites Kompositschiff wurde der Rostocker Schiffsregisterbehörde unter dem 31. Mai 1887 der Ankauf der 1870 *zu Pollien, County Durham, erbauten* Bark BRIDE von 863 RT gemeldet, deren Abmessungen 56,33 m in der Länge, 9,23 m in der Breite und 5,84 m in der Raumtiefe betrugen. Neben Carl Rahtkens waren an dem für 1850 Pfund (ca. 37 000 Mark) erstandenen Schiff noch Kapitän Müller mit 28/100 Part und ein Mitreeder Spiegelberg aus Barth mit 7/100 beteiligt.

Ein paar Wochen nach der BRIDE erwarb dann die Reederei für den Kaufpreis von 2300 Pfund (ca. 46 000 Mark) die 1868 bei J. Elder in Lanark (Glasgow) zu Wasser gegangene GUINEVERE als drittes Kompositschiff, *welches von Eisen und Teakholzplanken, und kupferne Bolzen und Yellow metal-Beschlag hat.* Die Abmessungen dieser Bark betrugen bei einem Raumgehalt von 857 RT 60,06 × 10,39 × 6,08 in Metern. Außer dem Korrespondenzreeder besaß nur noch Kapitän Opitz 25/100 Parten im Schiff, dessen *elegante Form und praktisches Inventar* ebenso gelobt wurde wie die *solide Inneneinrichtung und die komfortable Kajüte*. Am 19. Juli 1887 segelte die GUINEVERE von London nach Warnemünde und ging von dort nach Rostock hinauf, wo man sie in dem vor den Werften liegenden Kielhafen für eine *gründliche Zimmerung und einen neuen Metallbeschlag* verholte. Dort brach dann an Bord das Feuer aus. Nach Beendigung der Reparaturen durch die Firma E. Burchard & Co. wurde die Bark Anfang November an das *neue Bollwerk gelegt, dort fertig getakelt, ausgerüstet und beballastet*. Am 11. November versegelte das Schiff von Warnemünde nach Cardiff und lud dort Kohlen für Sierra Leone. Weiterhin in der Tiefwasserfahrt zwischen Europa, Südamerika und Südafrika eingesetzt, wurde die GUINEVERE dann nach ihrer Rückkehr von Kapstadt im Juni 1891 von ihrer Reederei zusammen mit der BRIDE nach Norwegen verkauft.

Die BRIDE, seit 1889 fuhr sie unter dem Kommando des Schiffers Fritz Pagels, verlor auf ihrer letzten Reise unter Rostocker Flagge von Iquique nach Falmouth einen Mann der Besatzung auf 26° 33′ S und 82° 55′ W. Am Morgen des 10. Mai 1891 brachen bei hoher See die Großbramrah und kurz darauf am Vorgeschirr auch noch das leichte Wasserstag und der Bolzen des dikken Wasserstages. Anstelle des Stages wurde eine Talje geschoren, als aber der Wind abflaute, beschloß Kapitän Pagels, auch den gebrochenen Bolzen zu ersetzen. Dafür segelte die Bark unter kleinen Segeln platt vor dem aus Osten wehenden Wind. Als die Arbeit schon fast beendet war, verlor der in Rio de la Plata ohne Papiere an Bord gekommene Matrose Hermann Kruth plötzlich den Halt und stürzte, ohne einen Laut von sich zu geben, rückwärts in die See. Auf den Ruf des Ersten Steuermanns: »Mann über Bord!« ließ Kapitän Pagels, um die Fahrt aus dem Schiff zu nehmen, anluven und schickte den Koch als Ausguck in den Besanmast. Gleichzeitig befahl er, das Rettungsboot auszusetzen. Die BRIDE gehorchte dem Ruder sofort. Noch auf der Back, aber auch mittschiffs wurden dem Verunglückten mehrere Tauenden zugeworfen, und vom Achterschiff aus warf ihm der Schiffer neben mehreren Leinen auch noch einen Rettungsring zu. Der Matrose machte aber keinen Versuch, eines der Enden zu fassen und beachtete auch den Zuruf nicht, nach der ausgefierten Logleine zu greifen. Statt dessen versank er vor den Augen der Besatzung, nur eine knappe Schiffslänge hinter der Bark ganz dicht neben dem Rettungsring. Mit losen Segeln blieb die BRIDE noch etwa zehn Minuten am Winde liegen, und erst als der Verunglückte auch dann noch nicht wieder aufgetaucht war, setzte sie ihre Reise fort.

Nach dem Verlust des ersten und dem Verkauf der beiden anderen Kompositschiffe unterhielt die Firma Carl Rahtkens keine Segler mehr. Ursprünglich nur eine Dachpappen- und Asphaltfabrik, hatte sich ihr Inhaber (anfangs zusammen mit seinem Bruder in England) ab 1879 auch noch als Korrespondenzreeder betätigt. Am 25. Juni 1890 feierte die Firma Carl Rathkens, deren *Besitzer es als Kaufmann und Reeder verstanden hat, durch Umsicht und Fleiß sein Geschäft in die Höhe zu bringen,* ihr 25. Jubiläum. Bis zu diesem Zeitpunkt hatte sie die kaufmännische Leitung von insgesamt 14 Segelschiffen übernommen. Ab 1891 bereederte die Firma noch vier Jahre lang die ebenfalls aus Zweithand stammenden eisernen Dampfer FANNIE, BEDALE, FERNBROOK und BARON CLYDE und zog sich dann wieder ganz aus der Schiffahrt zurück.

Der Korrespondenzreeder hatte dabei als alleiniger Eigentümer gegolten, doch am 11. April 1895 beantragte die Rostocker Schiffsregisterbehörde die Löschung der Dampfer *im hiesigen Register, weil sich herausgestellt hat, daß die Schiffe nicht der Firma Carl Rahtkens hier, sondern dem Engländer Franz Rahtkens in Middlesborough gehören.*

Duncraig und Philipp Nelson

Während besonders in Hamburg und Bremen das Reedereigeschäft mehr und mehr allein vom Großkapital betrieben wurde, geschah es in Rostock fast ausschließlich noch nach »Großvaterbrauch«. Solange die Schiffahrt florierte und die Korrespondenzreeder bei einer guten oder auch nur ausreichenden Rentabilität der Segelschiffe hohe bis mittlere Dividenden an die Parteninhaber verteilten, beteiligte sich fast jeder einigermaßen bemittelte Küstenbewohner, ganz gleich ob Handwerker, Beamter, Landwirt, Akademiker, Fabrikant, Kaufmann, Rentier oder Künstler, als »Mitreeder« an einem oder auch mehreren Schiffen. Als aber die Segler, bedingt durch langanhaltende Krisen im Welthandel und durch ein Überangebot an Frachtraum, keine Gewinne mehr abwarfen oder sogar »in die Schuld fuhren«, erklärte sich aus diesen Bevölkerungsschichten, vor allem nach schlechten Erfahrungen, keiner mehr so schnell zum Zeichen neuer Parten bereit.

Gerade in diese Zeit fiel nun auch noch der Übergang vom kleinen Holz- zum großen Eisenschiff und vom Segler zum Dampfer, Unternehmen also, die einen weitaus höheren Kapitalaufwand als bisher erforderten. Die mecklenburgischen Kapitäne, einschließlich der geschäftsführenden, zum mittleren Kaufmannsstand gehörenden Korrespondenzreeder, mußten sich deshalb – wenn es überhaupt zur Anschaffung eines eisernen Schiffes kam – meistens mit dem Ankauf billigerer »Altbauten« begnügen. Aber selbst diese waren bei einer entsprechenden Klassifizierung immer noch konkurrenzfähiger als ein Holzschiff.

Die angeführten Gründe scheinen auch den erst 26jährigen Dändorfer Kapitän Fretwurst zum Ankauf eines eisernen Segelschiffes bewogen zu haben. Er hatte sich gerade im Jahr zuvor erst in Wustrow *der Prüfung zum Schiffer auf Große Fahrt unterzogen und dort die Befugnis erhalten, deutsche Kauffahrteischiffe jeder Größe in allen Meeren*

Peter Fretwurst – Kapitän der Duncraig

MISSIVE

Der Schiffs-Capitain Peter Fretwurst in Daendorf beabsichtigt den Ankauf eines gut classifizierten eisernen Schiffes im Preise von circa M. 60 000 frei in See und hat mich gebeten, die Correspondentschaft für das mit meiner Genehmigung anzukaufende Schiff demnächst zu übernehmen. Ich habe mich dazu unter den für Correspondentrheder und Schiffer hier üblichen Conditionen bereit erklärt und werde in demselben 7/60 Parten rheden. Capt. Fretwurst sucht nun auch noch anderweitige Betheiligung bei diesem Rhedereiunternehmen, und bitte ich solche nachstehend anmerken zu wollen.

Hochachtungsvoll!
Wilhelm Maack

Rostock, den 4. Juni 1887

zu fahren. Vielleicht kam der Entschluß auch von seinen Mitreedern, die in diesem Fall wohl schon vorher festgestanden hatten. Die Schnelligkeit, mit der das Geschäft abgewickelt wurde, läßt darauf schließen, daß die eingangs erwähnte »Missive« nicht so sehr der sonst üblichen Werbung von Teilhabern gedient hat, sondern mehr die Rückversicherung für eine bereits abgesprochene Beteiligung gewesen ist. Einmal erfolgte die Erledigung aller Formalitäten sowie die Indienststellung des Schiffes in relativ kurzer Zeit, zum anderen hatten für 278 von 360 Parten, also für rund $\frac{4}{5}$ des Gesamtwertes, 23 aus den Schifferdörfern Wustrow, Dierhagen und Dändorf sowie aus Ribnitz stammende Berufskollegen des Kapitäns Fretwurst »gezeichnet«. Die restlichen Parten teilten sich der Korrespondenzreeder Maack aus Rostock (66), der Kaufmann Jacobsen aus Ribnitz (4) sowie zwei Schifferwitwen aus Wustrow und Dändorf (je 6). Es war an sich nicht ungewöhnlich, daß sich die Kapitäne als sogenannte »Gefälligkeitsreeder« in fremden Schiffen beteiligten. In den »goldenen Zeiten« der Segelschiffahrt war es eine Form der Kapitalanlage nach dem Prinzip des verteilten Risikos. Bei schlechter Konjunktur aber mußte man es mehr als eine gegenseitige Unterstützung werten, denn gerade für die Bewohner der Boddendörfer war die Schiffahrt Haupterwerbszweig.

Bereits am 25. Juni 1887 wurden alle Mitreeder von Wilhelm Maack durch ein Rundschreiben informiert, daß, *durch Vermittlung der Herren Andersen, Becker & Co. in London, nunmehr vorgestern für Capt. Peter Fretwurst aus Daendorf die in London liegende, in Glasgow bisher zu Hause gehörige, 699 Reg. Tons große eiserne Bark* DUNCRAIG *zum Preise von 3000 Pf. Sterl. fest gekauft worden ist. Es ist nun unsere Absicht, das Schiff sobald wie möglich zu übernehmen, was nach erfolgter Zahlung des Kaufpreises ge-*

Bark Duncraig

schehen wird. Ein Theil der Ausrüstungs-Gebühr wird auch von dem zu empfangenen Frachtvorschuß gedeckt werden können, doch wird sich insofern ein Einschuß seitens der Herren Reeder von M. 60 000 vernothwendigen, und ersuche ich Sie dafür um geflissentliche Einzahlung dieses Betrages pro rata Ihrer gezeichneten Parte.

Laut Kaufbrief war das Schiff am 15. Juli bezahlt. Drei Tage später traf das Certificat über die Löschung des Seglers im Glasgower Register ein, und am 21. Juli beantragte Wilhelm Maack als Korrespondenzreeder bei der »Löblichen Schiffsregisterbehörde« in Rostock *gehorsamst, das bisher in Glasgow zu Hause gewesene, im Jahre 1870 in Dumbarton (Schottland) erbaute, jetzt zu London liegende eiserne Barkschiff Duncraig … nunmehr in das hiesige Schiffs-Register einzutragen und zu dem Zwecke einen Termin zur Registrierung geflissentlich bestimmen zu wollen.* Den Registerdaten entsprechend – 699 RT (Im Jahre 1897 in Ham-

Registrierung	1887
Schiffstyp	Bark
Name	Duncraig
Ex-Name	–
Unterscheidungssignal	MDNH
Bauweise	Eisen
Raumgehalt	687, 96 RT (699)
Abmessungen	55,56 × 9,12 × 5,70 in Metern
Werft	McMillan & Son, Dumbarton (Schottland)
Baujahr	1870
Alter beim Kauf	17 Jahre
Kaufpreis	60 000 Mark
Korrespondenzreeder	Wilhelm Maack
Kapitän	P. Fretwurst, Dändorf
Verbleib	1902 nach Norwegen verkauft

burg zu 687,96 RT vermessen) bei 55,56 × 9,12 × 5,70 in Metern – war auch diese eiserne, bereits 17 Jahre alte Bark kein großes Schiff. Doch für nur 60 000 Mark konnte man nicht mehr erwarten, und da die DUNCRAIG immerhin 15 Jahre unter der Rostocker Flagge fuhr, müßte sie eigentlich für ihre Reeder ein recht einträgliches Schiff gewesen sein.

Bereits am 26. August 1887, also nur rund sechs Wochen nach dem Erwerb, lief die Bark von London nach Brisbane aus. Auch ihre nächsten drei Reisen gingen von dort nach Australien. Als schneller Segler erwies sich die DUNCRAIG dabei nicht, benötigte sie im Schnitt doch für jede Fahrt rund vier Monate. Ab 1891 segelte sie dann zu den Häfen der südamerikanischen Ost- und Westküste, und vom Herbst 1892 bis zum Sommer 1894 machte sie erneut zwei Reisen nach Australien und Neuseeland. Am 6. Juli 1894 traf die Bark, von Adelaide und Geelong kommend, in Falmouth ein, versegelte nach Newcastle, lud dort Kohlen für die Firma H. Podeus in Rostock und erreichte am 9. August die Reede von Warnemünde. Nach siebenjährigem, ununterbrochenem Einsatz besuchte das Schiff damit erstmals seinen »neuen« Heimathafen. In Rostock wurde es gründlich überholt, um dann am 4. November erneut auf »Lange Fahrt« zu gehen. Auch in den nun folgenden Jahren gingen die Reisen – vielfach mit einem Abstecher nach Port Elizabeth, Lourenco Marques oder Mauritius – wieder vorwiegend nach Fremantle, Sydney, Adelaide und Hobart. Erst ab 1899 wurden wieder Häfen wie Buenos Aires, Rosario oder Miramichi angelaufen. Am 26. September des gleichen Jahres, das Schiff wurde gerade in Cardiff für Buenos Aires beladen, riß sich die DUNCRAIG durch eine plötzlich einfallende Bö von ihren Befestigungen los, trieb gegen den Flensburger Dampfer ADOLF und fiel nach dessen Seite hin um. Zum Glück bot das Deck des Dampfers den Rahen eine Stütze und bewahrte so die Bark vor dem vollständigen Kentern. Da der Unfall an beiden Schiffen keine besonderen Schäden verursacht hatte, konnte die DUNCRAIG bereits 14 Tage später wieder segeln.

1902 starb Wilhelm Maack, der Korrespondenzreeder der Bark. Bis zu ihrer Ankunft in England übernahm auf Reedereibeschluß Wilhelm Fretwurst aus Dändorf die Geschäfte, doch der Verkauf des Schiffes war schon beschlossene Sache. Im November 1902 bevollmächtigten die Mitreeder den mit seinem Schiff in London liegenden Kapitän Fretwurst, *dasselbe freihändig für einen Kaufpreis von 1500 Pfund mindestens zu verkaufen.* Ein norwegischer Interessent bot für den jetzt bereits 32 Jahre alten Segler am 10. Dezember dann sogar 2000 Pfund, und das bedeutete, daß die Rostocker Reedereigemeinschaft trotz des 15jährigen Einsatzes des Schiffes immer noch $^2/_3$ des ehemaligen Ankaufpreises zurückerstattet bekam.

Zufriedenstellend waren für damalige Verhältnisse auch die eingefahrenen Dividenden. Nach Abzug aller Unkosten – die erwähnte Reparatur 1894 in Rostock kostete z. B. 6000 Mark – kamen für die Mitreeder zwischen 1888 und 1901 insgesamt 117 780 Mark zur Verteilung. Kapitän Fretwurst hatte davon anteilmäßig etwa $^1/_5$ erhalten und außerdem noch in dem gesamten Zeitraum seine Heuer, die Kaplaken (prozentualer Anteil am Bruttogewinn) sowie andere Grafikationen und Prämien bezogen. Am 19. Oktober 1916 ertrank der Schiffer im Alter von 55 Jahren, kurioserweise nicht auf See, sondern beim Fischen auf dem Saaler Bodden.

Zwei Monate vor der DUNCRAIG war schon ein anderer Kaufkontrakt zustande gekommen. Am 24. April 1887 wurde der *in Sunderland liegenden erstklassigen, 550 RT großen eisernen Bark PHILIPP NELSON* das Flaggenattest zum Führen der deutschen Flagge erteilt. Die Käufer dieses 1864 bei T. Vernon & Son in Liverpool erbauten und damit bereits 23 Jahre alten Seglers waren Kapitän Daniel Niemann aus Wustrow und der Korrespondenzreeder Hel-

muth Mentz. Einzelheiten über die Besitzverhältnisse sind leider nicht bekannt, doch könnte es ebenfalls ein von den Bewohnern der Schifferdörfer auf dem Fischland und Umgebung »zusammengetragener Segler« gewesen sein. Die PHILIPP NELSON fuhr 14 Jahre für Rostocker Rechnung, dann wurde sie nach Pernau verkauft. Wie die DUNCRAIG gehörte sie damit ebenfalls zu den »glückhaften« Eisenschiffen, obwohl es Ende des Jahres 1891 beinahe so aussah, als wäre ihr Schicksal schon besiegelt.

Im Gegensatz zur DUNCRAIG segelte die PHILIPP NELSON fast ausschließlich um Kap Hoorn zu den Salpeterhäfen der südamerikanischen Westküste. Von England aus ging die Bark gleich über Paranagua nach Valparaiso und Coquimbo und von dort am 3. Januar 1888 mit »Falmouth for order« wieder ab. Einen Tag nach dem Verlassen des Hafens, auf 29° 36′ S und 71° 43′ W, sollte das Großsegel gesetzt werden.

Bark PHILIPP NELSON

Registrierung	1887
Schiffstyp	Bark
Name	PHILIPP NELSON
Ex-Name	–
Unterscheidungssignal	MDNB
Bauweise	Eisen
Raumgehalt	550 RT (494)
Abmessungen	50,71 × 7,92 × 5,40 in Metern
Werft	T. Vernon & Son, Liverpool (Engl.)
Baujahr	1864
Alter beim Kauf	23 Jahre
Kaufpreis	–
Korrespondenzreeder	Helmuth Mentz, Rostock
Kapitän	D. Niemann, Wustrow
Verbleib	1901 nach Norwegen verkauft

Daniel Niemann (links im Bild)
Kapitän der Philipp Nelson und der Frieda Mahn
(ab 1912)

Der Wind war mäßig, das Wetter gut. Mit den anderen Matrosen seiner Wache enterte auch der aus Dierhagen stammende 19jährige Friedrich Wilhelm Fehling in den Mast. Von dort aus sahen ihn dann der Schiffer Niemann und der Zweite Steuermann plötzlich in die See stürzen. Sie warfen dem im Wasser treibenden Verunglückten sofort Leinen und Rettungsringe zu, von denen er aber keines erfaßte, weil er vermutlich besinnungslos war. Daraufhin ließ der Schiffer die Bark sofort auf den anderen Bug legen und ein Boot mit vier Mann aussetzen. Eine halbe Stunde suchten diese die Unglücksstelle vergeblich ab. Wie der Matrose Beckmann, der neben Fehling auf der Rah gestanden hatte, dem Kapitän mitteilte, war dieser von dem eisernen Bügel des Schothorns an den Kopf getroffen und über Bord geschleudert worden. Da der Abgestürzte auch noch des Schwimmens unkundig war, wurde die Suche eingestellt und die Reise fortgesetzt.

Die zweite Reise machte die Philipp Nelson ebenfalls direkt zur Westküste. Auf der dritten lief sie mit ihrer Kohlenladung Rosario als Zwischenhafen an. Den Parana-Fluß aufgehend, geriet die Bark auf Grund und kam fest. Bei dem Versuch, sich freizuhieven, verlor sie einen Anker samt Kette. Erst nachdem ein Teil der Ladung geleichtert worden war, kam sie wieder frei. Die Besichtigung des Bodens durch Taucher ergab keine Schäden, und so konnte das Schiff gleich nach Einnahme neuer Fracht nach Iquique und Valparaiso weitersegeln.

Am 30. September 1891 verließ die Philipp Nelson Garsten in England mit einer nach Buenos Aires bestimmten 840 t schweren Kohlenladung. Anstelle des erkrankten Schiffers Niemann hatte Ernst Krenzien die Führung der Bark übernommen. Außer ihm und den beiden Steuerleuten befanden sich noch zehn Mann Besatzung an Bord. Am 2. Oktober wurde morgens 2.30 Uhr Tuskar-Rockfeuer im St. Georgs Kanal gepeilt, einen Tag später kam Bishop-Rock-Feuer in Sicht. Zu dieser Zeit wehte bereits eine starke Brise aus SW, und aus nordwestlicher Richtung lief eine hohe See auf, in welcher das Schiff schwer arbeitete. Am 4. Oktober nahmen Wind und See weiter zu. Daraufhin wurden alle leichten Segel festgemacht. Unter den Mars- und Untersegeln kämpfte die Bark gegen das Wetter an. Um Mitternacht mußten die Obermarssegel und wenige Stunden später auch noch die Fock weggenommen werden. Am Nachmittag steigerte sich der starke Wind zu einem wütenden Sturm mit orkanartigen Regenböen, begleitet von einer sehr hohen, durcheinanderlaufenden See. Nur noch unter Untermarssegeln lag die Bark über Steuerbordbug beigedreht am Wind. Erneut legte eine Bö das nach Lee gierende Schiff hart auf die Seite, aber anstatt sich wieder aufzurichten, holte es plötzlich ruckartig noch weiter über, so daß die Großluke mit ihrem Rand durch das Wasser zog. Die Ladung war übergegangen! Es bedurfte keines besonderen Befehls, um die Freiwache an Deck zu holen, denn die PHILIPP NELSON blieb in dieser gefährlichen Lage liegen und torkelte mehr unter als über dem Wasser durch die Seen. Dabei lief Wasser durch das Oberlicht der achtern liegenden Kajüte und drang von da aus in den Laderaum ein. So konnte man nicht weitersegeln, denn das sich dort sammelnde Wasser würde bald zusätzliche Schlagseite zur Folge haben und das Schiff zum Kentern bringen. Der Kapitän beschloß, die Bark vor den Wind zu legen und einen Nothafen anzulaufen. Der schwerfällig und fast manövrierunfähig gewordene Segler ließ sich aber nicht zum Halsen bewegen, selbst nicht mit backgebraßtem Fockmast und zusätzlich gesetztem Vorstengestagsegel. Im Gegenteil. Er krängte immer mehr, so daß die Nocken der Unterrahen fast das Wasser berührten. Da das Ruder keine Wirkung zeigte, mußte das Manöver auf andere Weise versucht werden. Um den Druck noch mehr auf das Vorschiff zu verstärken, befahl der Kapitän, den Großmast zu kappen. Unter der großen Gefahr, von den ständig übersteigenden Seen weggewaschen zu werden, schlug die Mannschaft auf der Luvseite alles stehende und laufende Gut weg, worauf der Mast splitternd stürzte. Im Fallen nahm er allerdings auch noch die Besanstenge mit, welche auf das Deck krachte und dabei die Vorderseite des Ruderhauses einschlug. In Minutenschnelle hatten die Seen dessen Inhalt sofort herausgewaschen. Doch die Bark richtete sich, vom Preß des Windes etwas befreit, ein wenig auf und fiel auch, dem nun verstärkten Druck der Vorsegel gehorchend, ab und ließ sich vor den Wind legen. Dieses Manöver brachte einige bange Minuten, als die mit ihrer starken Schlagseite für einige Zeit quer zur See liegende Bark, von den Brechern überrollt, zu kentern drohte. Aber es glückte. Der Kurs wurde auf Falmouth abgesetzt, und um die Fahrt zu beschleunigen und das Schiff steuerfähiger zu machen, wurden Fock und Vorobermarssegel gesetzt. Eine Arbeit, die bei den herrschenden Wetterverhältnissen und der gekrängten Lage des Schiffes den Männern das Letzte abverlangte.

Das Wetter besserte sich nur wenig. Weil die Bark sich in diesem havarierten Zustand nur schlecht auf Kurs halten ließ, wollte man versuchen, die Ladung wenigstens teilweise wieder nach Backbord zu trimmen. Derzeit war es noch nicht üblich, den Raum durch Längsschotten zu teilen, um so dem Übergehen der Ladung vorzubeugen. Der Erfolg war deshalb von vornherein in Frage gestellt, weil die Kohlen durch das Schlingern des Schiffes immer wieder in die alte Lage rutschten. Das Hauptproblem bestand vorerst darin, überhaupt an die Ladung heranzukommen, weil das Deck ständig überflutet war und die Luken nicht geöffnet werden konnten. Man entschloß sich schließlich, in dem in der Roof befindlichen Zimmermannslogis ein Loch in das Deck zu schlagen und dadurch in den Raum zu klettern. Das Trimmen der Kohlen in dem schrägen, dunklen und stickigen Raum, dessen Lage sich durch das Rollen des Schiffes ständig änderte, war eine Strafarbeit. Aber es ging ums Leben, und in solchen Fällen scheinen menschlichen Kräften kaum Grenzen gesetzt zu sein. Der Einsatz wurde schließlich auch belohnt. Am 7. Oktober abends ging die Bark in Falmouth vor Anker. Außer den bereits erwähnten Schäden waren noch die Vorbramstenge gesprungen, die Fock-, Vormars- und Vorbrambrassen zum Teil beschädigt oder ganz verloren. An Steuerbord fehlte ein großes Stück des Schanzkleides, sämtliche Wasserpforten waren zerstört und Püttingeisen weggebrochen. Die Gesamthavariekosten betrugen 21 000 Mark.

Ende November lief die PHILIPP NELSON erneut nach Buenos Aires aus, von dort ging sie weiter nach Iquique. Bis zum Verkauf im Jahre 1901 segelte sie wiederholt zur südamerikanischen Westküste, sie verkehrte aber auch ebensooft in Häfen wie Rio de Janeiro, San Franzisko, Newcastle (NSW) oder Mazatlan.

Die Bark PAQUITA – ein ehemaliger »P-Liner«

Die bekannte Hamburger Reederei Laeisz besaß 1880 zwar 17 Segelschiffe, davon aber nur zwei aus Eisen.

Auch die erfreulichen Reiseergebnisse der PROFESSOR (Bestzeit Kanal – Valparaiso in 84 Tagen) brachen das Eis noch nicht. Offensichtlich überwog die Skepsis noch für geraume Zeit. Es gab keinen plötzlichen, sondern einen gleitenden Übergang von hölzernen zu eisernen Laeisz-Segelschiffen, heißt es dazu bei Prager.

Als Wendepunkt könnte das Jahr 1881 angesehen werden. Zu diesem Zeitpunkt brachte die Reederei gleich drei eiserne Schiffe in ihren Besitz, alles in England gebaute Zweithandschiffe. Zu diesen gehörten die Barken PONCHO, PAQUITA und das Vollschiff PLUTO. Die beiden letztgenannten Schiffe haben für uns besondere Bedeutung, da sie später in den Bestand der Rostocker Flotte übergegangen sind.

Diesen drei Schiffen folgten 1882 der erste 1000tonner, das Vollschiff PAVIAN (ex TIVERTON, 1162 RT), welches ein Jahr darauf verschollen ist, und im gleichen Jahr ein Neubau (der zweite überhaupt) von Blohm & Voß, Hamburg, die Bark PARSIFAL (1051 RT).

Von jetzt an waren alle Schiffe Neubauten, die bei Blohm & Voß entstanden sind. Die einzige Ausnahme bildete die kleine, 1883 aus England übernommene Bark PUCH (474 RT). Bis 1886 waren es vier Schiffe, die PIRAT, die PESTALOZZI, die PAPOSO und die PLUS. Ab 1887 wurden nur noch Stahlbauten in Auftrag gegeben. Den ersten Schiffen dieser Art, den Barken PROMPT (1417 RT) und POTRIMPOS (1273 RT) folgten bis 1904 insgesamt 17 Segler, die größtenteils bei Blohm & Voß oder Tecklenborg in Geestemünde und nur in zwei Fällen in England

Registrierung	1888
Schiffstyp	Bark
Name	PAQUITA
Ex-Name	IRMA und MAGGIE LESLIE
Unterscheidungssignal	RGCV
Bauweise	Eisen
Raumgehalt	460 RT
Abmessungen	49,70 × 8,30 × 4,80 in Metern
Werft	A. Leslie & Co., Newcastle (Engl.)
Baujahr	1862
Alter beim Kauf	26 Jahre
Kaufpreis	–
Korrespondenzreeder	August Burchard, Rostock, Wilhelm Maack, Rostock (ab 1891)
Kapitän	E. Möller, Rostock C. Schöning, (ab 1896)
Verbleib	1897 nach Stralsund verkauft

gebaut worden sind. Zu dieser Zeit begann Laeisz den Grundstein für seine Salpeterflotte zu legen, die durch ihre schnellen und vor allem regelmäßigen Reisen um Kap Hoorn zur Westküste als »Flying-P-Liner« international Aufsehen erregten. Mit einer Regelmäßigkeit und Verläßlichkeit, wie man sie bisher nur von Dampfern kannte, versahen sie ihren Liniendienst von Hamburg und Antwerpen nach Chile und zurück.

Gerade in der Kap-Hoorn-Region, dieser »Wetterecke Nr. 1« von 50° Süd im Atlantik bis 50° Süd im Pazifik, dem »Prüfstein der Tiefwasserfahrt«, hatte das Eisenschiff gegenüber dem Holzschiff seine enormen konstruktiven Vorteile bewiesen. Hier zeigten sich die Grenzen hölzerner Rümpfe und Takelagen. Wenn diese Schiffe längst beigedreht einen Sturm abwettern mußten, dann knüppelten die anderen, allen voran die stählernen Viermaster, unter beiden Marssegeln und manchmal sogar noch mit allen Untersegeln gegenan, bis es der Seegang nicht mehr zuließ. Nur mit diesen Schwerwetterseglern, die aus Eisen bzw. Stahl bestanden, konnte man den Dampfern noch Konkurrenz machen, und wer gar in der Kap-Hoorn-Fahrt, der letzten Domäne des Segelschiffes, führend sein wollte, der mußte ganz einfach über solche Schiffe verfügen. Die Handelshäuser und Verfrachter gingen schnell dazu über, nur diesen Schiffen wertvolle oder empfindliche Ladungen anzuvertrauen, ja, sie bevorzugten sie auch bei anderen Gütern, indem sie ihnen die höchsten Frachtsätze zubilligten. Ein Umstand, der auch den mecklenburgischen Reedern und Kapitänen bekannt gewesen ist, dem aber nicht in gebührendem Umfang Rechnung getragen wurde, was sich dann im Laufe der Jahre sehr nachteilig auf die heimische Schiffahrt auswirkte.

Die PAQUITA (ex IRMA, ex MAGGIE LESLIE), ein kleines 460 t-Schiff, fuhr sieben Jahre unter der Flagge von »FL« nach Chile oder Mexico. Am 3. Juli 1888 wurde sie ausgemustert – 1862 bei Leslie & Co.

Blick auf das Hauptdeck der Bark SELENE

in Newcastle zu Wasser gegangen, war sie zu diesem Zeitpunkt schon 26 Jahre alt – und ging in den Besitz von August Burchard in Rostock einschließlich Mitreeder über. Unter der Führung von Kapitän Ewald Möller trat sie am 8. August ihre »erste Reise« von Hamburg nach Valparaiso an, wo sie nach guten 97 Tagen eintraf. Nach zwei weiteren Fahrten von dort nach Wilmington (USA) wurde sie, Mitte Mai 1890 in Stettin liegend, schon wieder zum Verkauf angeboten. Meistbietender war der Schiffbaumeister Möller aus Rostock, der die Bark für 56 500 Mark erstand. Die Korrespondenz übernahm jetzt Wilhelm Maack. In den nächsten drei Jahren fuhr die PAQUITA von Europa nach Rosario, Teneriffa, Mittelamerika, Neuseeland und Westindien. Danach nahm sie in Swansea

Die SELENE ladet gebündelte Bretter und Kanthölzer über hölzerne Gleitbahnen am Heck

Kohlen für Rostock ein. Den Sommer 1893 über lag das nun bereits 31 Jahre alte Schiff das erstemal in seinem Heimathafen, wo es einer gründlichen Reparatur unterzogen wurde. Am 24. September 1893 schleppte der Passagierdampfer PHOENIX die Bark wieder nach Warnemünde. Von dort ging sie in Ballast weiter nach Fredrikstadt, von wo aus sie eine Ladung Holz nach Kapstadt bringen sollte. Die nächsten Jahre machte die PAQUITA zwei Reisen zwischen Kapstadt und Australien, ging Ende 1894 von hier aus zur »Westküste«, traf am 23. Mai 1895, von Iquique kommend, in Barbados ein, um ihre Weltumseglung am 31. August in Bordeaux zu beenden. Im Frühjahr 1896 strandete die Bark, ausgehend von Rosario, auf dem Flußrevier und konnte nur mit beträchtlichen Kosten wieder abgebracht werden. Mitte Juni nach England zurückgekehrt, machte sie noch eine Reise von London nach Australien. Danach wurde das Schiff nach Stralsund verkauft. Für ihre neuen Eigner fuhr die PAQUITA ab 1897 noch weitere sechs Jahre, ehe sie, bereits im 41. Lebensjahr stehend, auf See, wrackgeschlagen, aufgegeben werden mußte.

Die letzte Fahrt der HULDA

Heute noch empfinde ich es mit Dankbarkeit, welch gute seemännische Schule ich gleich beim Eintritt in meinen Beruf durchlaufen durfte. Ich war eben fünfzehn geworden, als ich Mitte April 1894 in Hamburg für die Rostocker Bark HULDA musterte. Das 600 RT große Schiff lag in Liverpool, und dort liefen wir zu einer Reise aus, die uns über Buenos Aires – Rosario – Bergen – Göteborg – Delagoa Bay (Portug. Ostafrika) – Cassack (Westaustralien) – und dann ums Kap der Guten Hoffnung wieder zurück nach Liverpool führte. Im 2. Dienstjahr beförderte mich Kapt. Bruß zum Leichtmatrosen. Gute 24 Monate dauerte die ganze Reise. Und in diesen zwei Jahren wurde in harter Lehre aus dem Binnenlandsjungen ein Seemann. Sämtliche Takel-, Lade- und Löscharbeiten führten wir selbst aus. Den La Plata bis Rosario hinauf und zurück nach See wurde gesegelt, die Frischwassertanks vor Montevideo mit La-Plata-Wasser aufgefüllt. Die Disziplin war gut. Denn die Alten konnten was, und die Jungen lernten gern. Das Leben an Bord spielte sich so ab, wie Kameraden es schon geschildert haben. Es war nichts Außergewöhnliches an der HULDA und ihrer Besatzung. Auf allen Seglern wurde tüchtig gearbeitet. Aber wer sein Fach verstand, der genoß auch die Anerkennung seiner Vorgesetzten wie seiner Kameraden. Fast hätte ich meine Abrechnung nicht mehr selbst quittieren können. Wir waren Falmouth für Order angelaufen. Dort kam ich aus dem Großtopp von oben. In Höhe der Bramrah brach eine Webeleine unter mir, ich sauste in die Tiefe. Ich dachte mir, was wohl jeder dabei denken würde: Willem, jetzt ist Schluß! Wenige Meter über Deck verfingen sich meine Beine in einem von Want zu Want laufenden Leitdraht für die Gordings. Ein verletztes Bein und drei Tage lang völliger Verlust der Sprache waren die Folgen. Im Mai 1896 wurden wir abgemustert, in Liverpool.

Diese ehrenden Worte über die HULDA und ihre Schiffsführung schrieb Kapitän Wilhelm Drechsel 1941. Sie war der erste von vier eisernen Seglern, die 1889 für Rostocker Rechnung angekauft wurden. Ursprünglich in Liverpool beheimatet und

Registrierung	1889
Schiffstyp	Bark
Name	HULDA
Ex-Name	SAN LOUIS
Unterscheidungssignal	MDNS
Bauweise	Eisen
Raumgehalt	589,69 RT
Abmessungen	52,18 × 8,47 × 5,39 in Metern
Werft	T. Royden & Son, Liverpool (Engl.)
Baujahr	1864
Alter beim Kauf	25 Jahre
Kaufpreis	–
Korrespondenzreeder	Heinrich Bauer
Kapitän	E. Bruß, Ribnitz, E. Rickmann, Rostock (ab 1896)
Verbleib	1898 entmastet in Grimsby eingeschleppt, kondemniert und verkauft

Bremerhaven um 1900

auch gebaut, traf dieses 590 RT große und bereits 25 Jahre alte Schiff im März 1889 unter dem Namen SAN LOUIS mit einer Ladung Salpeter von Iquique kommend in Hamburg ein. Noch während es sich auf hoher See befand, hatten die englischen Reeder den Verkauf in die Wege geleitet, und so ging es bald nach seiner Ankunft in die Hände der Firma Heinrich Bauer in Rostock über. Auf den Namen HULDA umgetauft, segelte die Bark am 1. Juni unter der Führung des Schiffers Eduard Bruß aus Ribnitz nach Brisbane in Australien. New York – Algoa Bay – Mauritius – Melbourne – Boston – New York – Callao – Taltal – Iquique – Baltimore – New York – Brisbane – Sydney – Fidschi-Inseln – Liverpool waren die nächsten Stationen bis 1894. Hier in Liverpool ging dann der spätere Kapitän Drechsel als Schiffsjunge an Bord. Er vergaß zu berichten, daß Kapitän Bruß auf der am 1. Dezember 1895 in Cossack nach Europa angetretenen Heimfahrt verstorben ist und das Schiff danach vom Ersten Steuermann E. Voß geführt wurde. Nach der Ankunft in Liverpool übernahm dann Kapitän Richard Rickmann das Kommando, der auch die Parten seines Vorgängers kaufte und damit zu einem Drittel am Schiff beteiligt war.

Die Häfen von Spanien, der mittel- und südamerikanischen Ostküste sowie von Südafrika wurden in den nächsten beiden Jahren angelaufen. »Klasse« beim Englischen wie beim Germanischen Lloyd hatte die Bark zu diesem Zeitpunkt noch bis März 1899. Sie befand sich trotz ihres Alters in einem guten seetüchtigen Zustand, als sie am 27. Oktober 1898 in Ballast die Reede von Bremerhaven verließ, um nach Grangemouth zu versegeln. Der aus trockenem Sand bestehende Ballast war im

Raum bis auf 4 Fuß an die Zwischendecksbalken gestaut, und zwei parallel verlaufende, aus dicken Planken hergestellte Längsschotten sollten ein Übergehen desselben verhindern. Die Besatzung zählte, einschließlich des Schiffers und der beiden Steuerleute Heinrich Meyer aus Warnemünde und Friedrich Busecke aus Hagenow, 12 Köpfe. Außerdem war noch die Frau des Kapitäns an Bord.

Von Anfang an mußte die Bark gegen steifen westlichen Wind und hohe See kreuzen. Am 3. November befand man sich nach dem Mittagsbesteck auf 55° 48′ N und 0° 32′ O. Der Wind wurde sturmartig, und als er sich in den späten Abendstunden noch steigerte, mußten alle Segel bis auf das Großuntermarssegel festgemacht werden. So trieb die HULDA SSW anliegend frei von der englischen Küste nach OSO. Der Schiffer lag angezogen in der Kajüte, fand aber keine Ruhe, weil das Rollen der Bark immer stärker wurde. Er begab sich wieder an Deck. Jetzt wütete ein richtiger Orkan, und die See ging hohl und hoch. Immer wieder wurde das Schiff unter der Wucht des Sturmes und der See quergeschlagen, und oft schien es, als ob es kentern wollte. Die beiden am Ruder festgelaschten Männer hatten alle Mühe, den Kopf der HULDA immer wieder in die See zu halten. Beunruhigt begab sich Kapitän Rickmann in den Raum, um das Verhalten des Ballastes zu prüfen. Er fand ihn auch schon ein wenig verrutscht und ließ sofort »Alle Mann« an Deck rufen, um entsprechende Vorsichtsmaßnahmen zu treffen und den Sand wieder nach luvward zu trimmen. Dann eilte er in die Kajüte zu seiner Frau, aber kaum war er dort ange-

langt, als eine schwere Bö das Schiff platt auf die Seite warf, so daß die Unterrahen durch die See schleppten und das Wasser bis über die Großluke reichte.

Alle Versuche, die Bark vor den Wind zu bringen, machten Sturm und See zunichte. Man ließ nun die Schoten des Großuntermarssegels fliegen, löste die Fock und alle Klüver, wobei letztere sofort wegflogen. Die Fock allein schaffte es aber nicht, den Bug des weit überliegenden Schiffes zu drehen. Daraufhin wollte der Schiffer den Anker fallen lassen und damit die Bark direkt in den Wind legen, aber es konnte sich kein Mensch bei den überkommenden Brechern auf dem schrägen Deck halten, geschweige denn auf der Back arbeiten.

Mit peitschenähnlichem Knall zerbarst zu guter Letzt auch noch die Fock, und jetzt drohte das dem Ruder kaum noch gehorchende Schiff zu kentern. Jede anlaufende See drückte die Bark weiter nach Backbord über, weil die Längsschotten im Raum dem Druck des Sandes nachgegeben hatten und der Ballast immer weiter überging. Um das Schiff und die Besatzung zu retten, kam der Befehl zum Mastkappen. Im Fallen nahm der Großmast den Besanmast gleich mit, aber der erhoffte Erfolg trat dennoch nicht ein. Die Bark richtete sich nur wenig auf, und die Gefahr des Kenterns blieb nach wie vor bestehen, weil das Schiff trotz des stehengebliebenen Fockmastes nicht vor den Wind gehen wollte. Daraufhin ließ der Schiffer auch diesen kappen.

Die auf der Leeseite im Wasser treibenden Masten und Spieren stießen wild gegen die Bordwand, aber an ein Kappen der sie noch haltenden Wanten und Stage war im Augenblick nicht zu denken. Erst mußte der Ballast nach Steuerbord zurückgetrimmt werden, was die erschöpfte Mannschaft nur äußerst langsam bewerkstelligte. In diesem Zustand trieb die manövrierunfähige Bark bis morgens 7 Uhr in der tosenden See. Vergeblich waren die ganze Nacht über Notsignale abgeschossen worden. Erst bei Anbruch des Tages näherte sich der HULDA ein Schiff. Es war der Hamburger Schraubendampfer EMMA SAUBER, auf der Reise von dort nach Shields/on Tyne. Kapitän Grevenitz erklärte sich bereit, die Bark in den nächsten Hafen zu schleppen. Äußerst mühevoll und unter ständiger Kollisionsgefahr wurde die starke Schlepptrosse der HULDA mittels einer Wurfleinenverbindung an Bord des Dampfers gebracht, doch bei dem schweren Arbeiten der Schiffe brach diese schon, ehe die Bark überhaupt in Fahrt gekommen war. Bis Mittag blieb der Dampfer bei der HULDA liegen, dann signalisierte er, er müsse wegen Kohlenmangels weiterlaufen und ob er die Besatzung abbergen solle. Daraufhin wurde auf der Bark Schiffsrat gehalten. Kapitän Rickmann stellte es der erschöpften Mannschaft frei, von Bord zu gehen, weil der Barometerstand weiterhin niedrig blieb und durch die außenbords hängende Takelage ein Leckschlagen des Schiffes befürchtet werden mußte.

Der Zweite Steuermann und acht weitere Seeleute wünschten, abgeborgen zu werden, da sich ihrer Meinung nach die Bark nicht mehr lange über Wasser halten würde. Der Schiffer, dessen Frau, der Erste Steuermann und der Matrose Rohde wollten an Bord bleiben, weil inzwischen mehrere Fischereifahrzeuge in Sicht gekommen waren und sich dem Havaristen näherten. Der in Luv liegende Dampfer sandte auf ein Signal hin sein Steuerbordboot. Ehe aber die Insassen die ihnen von der HULDA zugeworfene Leine ergreifen konnten, wurde es von einer See erfaßt und unter den Bug der Bark geworfen, wo es der abgebrochene und herabhängende Klüverbaum unter Wasser drückte und leck stieß. Mit knapper Not gelangte das sinkende Fahrzeug wieder zu dem inzwischen in Lee der HULDA gelaufenen Dampfer, der seine Leute im letzten Augenblick mittels zugeworfener Leinen an Bord holen konnte.

Schiffer Rickmann ließ nun das eigene große Rettungsboot klarmachen. Aber dieses kenterte beim Aussetzen und wurde an der Bordwand Leck geschlagen. Das zweite

Die kleinen englischen Fischdampfer halfen in vielen Fällen den in Not geratenen Seeleuten

Boot hätte nur sehr schwer aus seinen Befestigungen gelöst werden können, und außerdem wollten sich die vier an Bord verbleibenden Personen nicht jede Möglichkeit zur Rettung nehmen. Kapitän Grevenitz manövrierte nun den Dampfer vorsichtig noch dichter an die Bark heran, um eine Leinenverbindung zwischen beiden Schiffen herzustellen. Das war bei den herrschenden Wetterverhältnissen eine Meisterleistung und mit der Gefahr eines Zusammenstoßes verbunden, der dann auch tatsächlich stattfand, aber zum Glück ohne ernsthafte Folgen blieb. Die Verbindung mit dem Wrack machte es der Dampferbesatzung möglich, die neun Schiffbrüchigen mittels Leinen durch das Wasser an Bord zu holen, wo man sie zerschunden und halb ertrunken an Deck zerrte.

Drei Fischereifahrzeuge hatten sich inzwischen der HULDA so weit genähert, daß Signale ausgetauscht werden konnten. Und als sich die Trawler bereit erklärten, bei dem Wrack zu bleiben und es bei Wetterbesserung einzuschleppen, setzte die EMMA SAUBER ihre Reise fort und landete die Besatzung der Bark am nächsten Tag in Newcastle. Am gleichen Tag wurde auch die HULDA von den beiden Fischdampfern IMBRICARIA und CYNTHIA in schlepp genommen und am 6. November in Grimsby eingebracht. Am 26. November erfolgte dort die Besichtigung des stark ramponierten Schiffes. Die Höhe der Reparaturkosten wurde auf 1888 Pfund (ca. 38 000 Mark) geschätzt, und die beiden Fischdampfer forderten zusammen einen Bergelohn von 600 Pfund. Die Reedereiversammlung stimmte gegen eine Reparatur, und so wurde die HULDA öffentlich meistbietend für 800 Pfund verkauft.

Das Rostocker Seeamt lobte in seinem Spruch vom 20. September 1899 das mutige Verhalten des Schiffers Rickmann und seiner beiden Leute, die mit ihm an Bord geblieben waren, um die Bark zu retten. Das gleiche galt für Kapitän Grevenitz, der unter schwierigen und für sein Schiff gefährlichen Umständen einen Teil der Mannschaft von der HULDA abgeborgen hatte. Besondere Anerkennung aber zollte man den drei Insassen des Rettungsbootes des Dampfers, die unter Einsatz ihres eigenen Lebens ein bei dem hohen Seegang äußerst gewagtes und gefährliches Rettungswerk versucht hatten.

Anfangs ein Dampfer – die Bark Elise Schultze

Die zunehmende Verwendung eiserner Segelschiffe für die große Fahrt gibt auch hiesigen Reedern Veranlassung, auf Anschaffung von Eisenschiffen Bedacht zu nehmen, hieß es in der »Rostocker Zeitung« im Zusammenhang mit der in Liverpool von der Firma Franz Schultze im September 1889 angekauften eisernen Bark Alexandra. Die 769 RT große Bark, die bei einem Tiefgang von 4,57 m 1250 t Schwergut laden konnte, hatte, auf Grund der vor dem Verkauf in England vorgenommenen Erneuerungen und Reparaturen, die »Erste Klasse« für noch eine Reihe von Jahren erhalten.

Die Initiatoren für diesen Kauf scheinen vorerst nur der Kapitän Fritz Witt aus Rostock, der ein Fünftel des Kaufpreises aufbrachte, und der Korrespondenzreeder gewesen zu sein, denn es wurden noch Mitreeder *für eine neuzubildende hiesige Reederei* gesucht. Als die Bark dann unter ihrem neuen Namen Elise Schultze am 25. Oktober 1889 mit der Nr. 761 in das Rostocker Schiffsregister eingetragen wurde, sahen dann die Eigentumsverhältnisse wie folgt aus:

1.	Kaufmann Franz Schultze, Rostock	22/100
2.	Schiffbaumeister J. Möller, Rostock	1/100
3.	Kaufmann Wilh. Krüger, Rostock	1/100
4.	Schiffer Heinrich Klöcking, Rostock	2/100
5.	Dr. F. F. Kühl, Rostock	54/100
6.	Schiffer Fritz Witt, Rostock	20/100
		100/100

Über die Hälfte des Schiffes und damit die Majorität in der Reedereiversammlung gehörte also Dr. Kühl, der bis 1878 Besitzer der Ratsapotheke am Markt in Rostock gewesen war und seitdem als Rentier in der St.-Georg-Straße wohnte.

Die nun unter dem Namen Elise Schultze fahrende Bark war ursprünglich bei der bekannten englischen Werft Laird Brothers in Birkenhead 1863 als Raddampfer vom Stapel gelaufen. Später erst wandelten ihn seine Eigner in einen Rahsegler um. Das war derzeit keine Seltenheit. Solange die Dampfer gleichzeitig auch noch zum Segeln eingerichtet waren und keine hohen Aufbauten besaßen, machte der Umbau kaum Schwierigkeiten. Von der Unterwasserschiffsform her ergaben sich keine die Segelfähigkeit beeinträchtigenden konstruktiven Nachteile. Viele Dampfer besaßen derzeit sogar eine außerordentliche Schärfe im Boden, und erst später, bei den reinen Maschinenschiffen, war man bestrebt, den Völligkeitsgrad möglichst maximal auszunutzen.

Für die Umrüstung eines Dampfers zum Segelschiff gab es in der Regel zwei Gründe. Eimmal wurde sie vorgenommen, wenn die Maschinenanlage veraltet und im Unterhalt unrentabel geworden war. Der Rumpf befand sich dann meistens noch in einem guten Zustand, genügte aber modernen Anforderungen nicht mehr und schloß deshalb den Einbau einer neuen Maschine aus. Das berühmteste Beispiel dafür ist die LANCING. Für die französische Compagnie Generale Transatlantique war sie Anfang November 1865 bei Robert Napier & Sons in Glasgow als Schraubenbark mit einer 1000-PS-Maschine in Dienst gestellt und hatte zu Ehren des Präsidenten der Gesellschaft den Namen PEREIRE erhalten. Nach ihrem 23jährigen Einsatz als transatlantischer Post- und Passagierdampfer tauchte sie im Herbst 1888 plötzlich als Viermaster unter britischer Flagge auf. Aus den 3150 BRT waren nach dem Umbau 2785 BRT geworden, dafür war aber, durch den Wegfall der Maschinen- und Bunkerräume, die Nettotonnage von 1735 auf 2546 RT gestiegen. Die LANCING soll 1890/91 auf der Reise von New York nach Melbourne beim Ablaufen der Ostlänge in den »roaring forties« angeblich über 72 Stunden einen Durchschnitt von 18 Knoten erzielt und in einem anderen Fall 76 Meilen in vier Stunden durchsegelt haben. 36 Jahre lief sie noch unter Segel, in englischem, norwegischem und kanadi-

Die BREMEN, ein ehemaliger Lloyddampfer, wurde 1857 zum Segelschiff umgerüstet

Porträt der Bremen vor der Umrüstung

schem Besitz. Die ganze Zeit über galt dieser Viermaster nicht nur als ein schnelles, sondern auch als ein glückliches Schiff. Es wurde erst 1924, im Alter von 59 Jahren, abgewrackt.

Als weitere Ursache für derartige Umrüstungen kamen über Jahre andauernde Krisen in Betracht, in denen die Frachtsätze so gedrückt waren, daß sich der Unterhalt eines Dampfers nicht mehr rentierte, das Segelschiff aber noch einen, wenn auch geringen, Gewinn abwarf. Kein Reeder konnte es sich auf die Dauer leisten, alle seine Dampfer aufzulegen, und so wurde manch einer zu einem reinen Segler umfunktioniert. Die meisten von ihnen sollen ausgesucht lange, schmale und scharfgebaute Schiffe gewesen sein. Sie brauchten oft eine Menge Ballast, um mit ihrer hohen Takelage überhaupt stehen zu können, segelten dafür aber hervorragend am Wind. Basil Lubbock berichtet über eine Reihe von »Converted Steamships«, die im Krisenjahr 1878 umgebaut worden waren, unter ihnen einige Schiffe so bekannter englischer Linien wie Cunard und P & O. Der Ex-Cunarder Cuba z. B. durchsegelte, als Viermaster getakelt, die Distanz London – Hobson Bay (Australien) in sehr guten 78 Tagen. Unter vielen anderen tat sich auch der ehemalige Dampfer Northam von P & O hervor. Er erreichte Melbourne sogar schon in 68 Tagen. *Das beste Etmal aus dem Logbuch waren 360 Meilen, und er erzielte durchschnittlich 205 Meilen pro Tag oder 8,5 Knoten. Das war eine prächtige Leistung.* In den USA gab es ebenfalls drei berühmte Schiffe, die als Dampfer begonnen hatten. Das waren die Three Brothers, die Ericsson und die May Flint. Auch zwei alte, in den 50er Jahren in England mit einem Sturmdeck gebaute Dampfer des Norddeutschen Lloyd gehörten dazu, die New York und die Bremen. Sie wurden als Dreimaster geriggt, obgleich für ihre Länge eine Viermasttakelung angebrachter gewesen wäre. Trotzdem aber segelten sie am Wind recht schnell.

Es soll aber auch einige recht kuriose Schiffe unter diesen »Converted Steam-

ships« gegeben haben, deren Anblick nach dem Umbau nicht gerade besonders ästhetisch wirkte. Die ELISE SCHULTZE jedenfalls gehörte nicht zu ihnen. Das Schiffsporträt von ihr zeigt einen Rumpf mit stark geschwungenem Klippersteven, fester Back und Poop und einem Deckshaus hinter dem Fockmast. Lediglich der Raum zwischen den Masten erscheint etwas zu groß, was aber nicht unbedingt störend wirkt. Auch die Schotteinteilung des Schiffskörpers weicht von der bei Seglern üblichen ab. Statt des Kollisionsschotts im Vorschiff waren im Laderaum zwei in jeder oberen Ecke mit einem Ventilationsloch versehene eiserne Querschotte angeordnet, die das Schiff unterteilten. Drei große Luken, vorn, mittschiffs und achtern, gewährleisteten den Zugang von Deck aus. Für den

Bark ELISE SCHULTZE

Registrierung	1889
Schiffstyp	Bark
Name	ELISE SCHULTZE
Ex-Name	ALEXANDRA
Unterscheidungssignal	MDNT
Bauweise	Eisen
Raumgehalt	768,65 RT
Abmessungen	67,95 × 8,40 × 4,80 in Metern
Werft	Laird Brothers, Birkenhead
Baujahr	1863
Alter beim Kauf	26 Jahre
Korrespondenzreeder	Franz Schultze
Kapitän	F. Witt, Rostock
Verbleib	1896 neuer Heimathafen Hamb.

hinteren Laderaum gab es zusätzlich eine kleine Luke auf dem Achterdeck. Das Schiff war in der üblichen Weise getakelt, mit doppelten Mars-, einfachen Bramsegeln und Royals. Die Untermasten und zwei der Rahen bestanden jeweils aus Eisen, das stehende Gut zum größten Teil aus Drahttauwerk.

Die ausschließlich in der Transatlantikfahrt zu den Häfen Nord- und Südamerikas eingesetzte ELISE SCHULTZE machte am Anfang auch gleich eine recht gute Reise. Sie verließ Barry (England) am 28. Oktober 1889 *mit einer aus Kohlen und Gütern bestehenden Ladung, um nach Rio de la Plata zu versegeln. Trotz zeitweilig sehr ungünstiger Winde gelang es dem Schiff, die Route bis Buenos Ayres in 60 Tagen zurückzulegen, womit sich die Leistungsfähigkeit des Fahrzeuges, welches aus einem eisernen Dampfer umgebaut, aufs Beste bekundet hat.*

Gleich die zweite Reise wäre beinahe die letzte geworden. In Cardiff hatte die Bark eine für Buenos Aires bestimmte Ladung Steinkohlen übernommen, die in üblicher Weise, aber ohne Längsschotten in allen drei Räumen gestaut worden war. Da zur Zeit gerade ein Hafenarbeiterstreik stattfand, wurde die Kohle direkt, ohne Zwischenlagerung, aus den Minen in das Schiff gebracht. Steinkohlen waren keine ungefährliche Fracht. Deshalb galt es, beim Laden wie auch auf der Fahrt selbst bestimmte Vorsichtsmaßnahmen zu beachten. Die Kohle sollte eigentlich immer möglichst trocken und abgelagert übernommen werden, und beim Umschlag war darauf zu achten, daß weder Grus noch Hohlräume in der Ladung entstanden. Dadurch konnte der Gefahr der Selbstentzündung und der Bildung explosiver Gase vorgebeugt werden, deren Wahrscheinlichkeit mit der Länge der Reise zunahm. An Bord der ELISE SCHULTZE nun waren weder bis auf den Schiffsboden reichende Röhren für Temperaturmessungen in den Räumen vorhanden, noch gab es wirksame Ventilatoren, durch die die Gase über Deck abgeleitet werden konnten. Genauso fehlte es an den von der See-Berufsgenossenschaft in den Unfallverhütungsvorschriften geforderten Sicherheitslampen, ohne die mit Steinkohlen beladene Schiffsräume nicht betreten werden durften, und eine direkt aus der See saugende Pumpe für eventuelle Löscharbeiten gab es ebenfalls nicht.

Am 25. September 1890 verließ die Bark mit 17 Personen an Bord den Hafen von Cardiff. Außer der 14köpfigen Besatzung befanden sich noch die Frau und die beiden Kinder des Kapitäns auf dem Schiff. Wenn das Wetter es erlaubte, wurden zur Lüftung der Räume sämtliche Luken Tag und Nacht offengehalten, und eine ausreichende Zahl von Schlagpützen stand für den Notfall an Deck bereit. Nach dem Mittagsbesteck lag die ELISE SCHULTZE am 10. Oktober auf 39° 10′ N und 23° 20′ W. Am Tage vorher waren die Luken wegen hoher See, die viel Wasser an Deck brachte, geschlossen worden. Jetzt wurde die Vorderluke wieder geöffnet, weil der Koch Hans Kunau aus Berlin und der amerikanische Matrose Charles Down Kartoffeln aus dem Vorraum holen sollten, die oben auf den Kohlen gelagert waren. Schiffer Witt, der auf dem Achterdeck auf und ab ging, sah plötzlich weißen Rauch vom Vorschiff aufsteigen. Im Glauben, daß er von der Kombüse käme, wollte er sich schon abwenden, als im Vorraum eine Detonation erfolgte. Brennend wurden die beiden sich unten aufhaltenden Männer aus der Luke an Deck geschleudert. Wenige Sekunden später flog die Groß- und dann auch die Achterluke in die Luft, und als anschließend im hinteren Raum noch eine gewaltige Explosion erfolgte, wurde auch die kleine Luke auf dem Quarterdeck aufgesprengt. Aus allen Räumen loderten die Flammen und setzten blitzschnell die unteren Segel einschließlich der Rahen in Brand. Ehe die Mannschaft überhaupt eingreifen konnte, standen die beiden Boote und das Deckshaus in Flammen. Jetzt wurden alle Hände für die Löscharbeiten gebraucht, und so konnte sich vorerst keiner um die beiden Verletzten kümmern.

Der Koch saß unweit der Vorderluke an Deck. Seine Kleidung war verbrannt und hing in Fetzen vom Körper. Die Haut war rauchgeschwärzt, die Haare fehlten, und ein Auge war ihm ausgeschlagen worden. Er fuchtelte mit den Armen umher, sprach aber kein Wort. So sah ihn Schiffer Witt, und er eilte zu ihm nach vorn. Da er noch glimmende Kleidungsreste am Leib trug, übergoß er ihn mit einer Pütz Wasser. Mehr konnte er für den Unglücklichen im Augenblick nicht tun, weil es jetzt um die Rettung des Schiffes und das Leben aller ging.

Schon nach einer guten Viertelstunde war der Brand aber eingedämmt. Als nun der Kapitän nach dem Koch sehen wollte, war dieser verschwunden. Auf seine Frage nach dessen Verbleib berichteten die Matrosen, er wäre, wohl von unerträglichen Schmerzen gepeinigt, einfach über Bord gesprungen. Sie hätten es bei der Brandbekämpfung vom Mast aus gesehen, in der panikartigen Stimmung sei ihm aber kein Tauende oder Rettungsring zugeworfen worden, und auch sonst sei kein Versuch zu seiner Rettung unternommen worden. Kurz vorher hatte der Koch noch den Matrosen Graap befragt, ob er glaube, daß er am Leben bleiben werde, was dieser verneinte.

Auch der Matrose Downs hatte schlimme Brandwunden davongetragen, war aber nicht ganz so schwer verletzt wie der Koch. Man schlug ihn in mit Öl getränkte Laken ein, die seine Schmerzen lindern sollten, und ließ ihm auch sonst alle nur mögliche Pflege zukommen. Am nächsten Tag verlor er die Besinnung, und am 13. Oktober verstarb er, ohne wieder das Bewußtsein erlangt zu haben, im Hospital von Sao Migùel auf den Azoren, wo die

Die Elise Schultze in Bristol

Bark am selben Tag zu Nothafen eingelaufen war. Hier wurde die ELISE SCHULTZE einer umfangreichen Reparatur unterzogen, die runde 16 000 Mark verschlang, weil sich, abgesehen von vielen anderen Schäden, auch noch das ganze Deck gehoben hatte.

Dieser Zwischenfall sollte nicht der einzige bleiben, wenn das Schiff selbst in den anderen Fällen auch viel glimpflicher davonkam. Im Juni 1893 erhielt es einen größeren Kollisionsschaden. Gerade als sie in Middlesborough aus dem Trockendock geschleppt und zu ihrem Liegeplatz gebracht werden sollte, schwoite der dort in der Nähe liegende englische Dampfer NEWENT herum und kollidierte mit der ELISE SCHULTZE. Der Schlepper warf sofort los, doch dadurch trieb jetzt die Bark auf den an der Nordseite des Flusses vertäut liegenden Dampfer GWENDOLINE zu, stieß auch noch mit diesem zusammen und fügte ihm und sich selbst dabei nicht unerhebliche Schäden zu.

Entsprechend einer Meldung des Deutschen Konsulats aus Rio Grande do Sul vom 12. Februar 1894 hatte die Bark wieder *auf der Reise von Cardiff hier eine Kollision gehabt, die den Untergang eines anderen, bisher unbekannten Schiffes zur Folge hatte.* Weitere Einzelheiten wurden über diesen Fall später aber nicht mehr erwähnt.

Im Jahr darauf konnte die ELISE SCHULTZE vor der brasilianischen Nordküste die Mannschaft der ebenfalls in Rostock beheimateten gescheiterten Schonerbark FLORA retten. In den frühen Morgenstunden des 15. November 1895 hatte die ELISE SCHULTZE die FLORA zum erstenmal gesichtet und war seitdem praktisch immer in ihrem Kielwasser gesegelt. Als die Schonerbark gegen 10 Uhr morgens unweit des Para-Flusses strandete, weil sie zu dicht unter Land gelaufen war, drehte die ELISE SCHULTZE bei, um notfalls Hilfe zu leisten. Da das Wasser im Raum der FLORA sehr schnell stieg, verließ die Mannschaft bald ihr Schiff und wurde wenig später von der ELISE SCHULTZE aufgenommen.

Ende des gleichen Jahres verstarb der Korrespondenzreeder Franz Schultze. Die Eigentumsverhältnisse am Schiff glichen aber nicht mehr denen beim Ankauf vor sechs Jahren. Schon 1893 hatte sich Franz Schultze von der Rostocker Maklerfirma Otto Wiggers 5 500 Mark geliehen und als Sicherheit dafür $^{7}/_{100}$ Parten in der ELISE SCHULTZE geboten. Weitere Anteile besaßen jetzt auch noch der Schiffbaumeister Ernst Burchard und der Heuerbaas Stahl aus Rostock (je $^{1}/_{100}$) sowie der Kaufmann Ramm ($^{4}/_{100}$) aus Liverpool. Hauptteilhaber aber war inzwischen der Kommerzienrat Ernst Winter, Rostock, geworden, der scheinbar die $^{54}/_{100}$ von Dr. Kühl übernommen hatte. Als dieser nun seine Parten im Januar 1896 an die Firma T. und F. Eimbcke in Hamburg verkaufte, mußte auch der Heimathafen »wegen Majorität« nach Hamburg verlegt werden. Die Tilgung des Schiffes im Rostocker Register erfolgte auf Reedereibeschluß am 5. März 1896.

Die Prophezeiung der Ahn-Frau

In manchen Nächten, wenn der Sturm um mein Haus am Meer heult, sehe ich oll Segelmacher wieder vor mir, in Ölzeug und Seestiefeln, den Südwester über dem verwitterten Gesicht. Trübe brennt die Lampe im Logis, ab und zu spricht einer im Halbschlaf, Segelmacher sitzt an der Back, den einen Arm um die Decksstütze geschlungen, im Munde den kurzen Kalkstummel. Unheimlich jault und stößt der Wind, nur unterbrochen von dem Donnern der überkommenden Brecher der gewaltigen Kap-Horn-Seen, unter deren Gewalt das schwer arbeitende Schiff in allen Verbänden ächzt und stöhnt. Sinnend sieht oll Segelmacher vor sich hin, in solchen Tagen ein wortkarger, ernster Mann: das Gespenst grausiger Stunden, die er einmal erlebt hat, steht ihm vor den Augen.

In einer solchen Stunde, in der Kap Horn wie unsinnig tobt, erzählt er mir, wie er einst als einer der wenigen aus einem Schiffsuntergang nahe Kap Horn gerettet wurde. Es war ein Zusammenstoß gewesen, eines dieser unfaßbaren Verhängnisse, das zwei Schiffe auf entgegengesetztem Kurs bei unsichtigem Wetter so nahe aneinanderführt, daß sie im großen Weltmeer zusammenrennen, obgleich meilenbreit und -weit sich das offene Fahrwasser dehnt …

Es ist Mitternacht auf der Heimreise und in der Kap-Horn-Region. Auf der Back döst Janmaat auf Ausguck und läßt nur unwillig, in viel zu langen Abständen, das Nebelhorn tönen, im Stillen überzeugt: »Hier dropt wi jo doch keen Schäpen.« Es ist ein Augenblick der Ruhe nach schwerem Wetter. Noch steht hoher Seegang, aber ein günstiger Wind treibt das Schiff. Ermüdung und eine gewisse Sorglosigkeit ist über alle gekommen: das Schwerste scheint überstanden zu sein. Auch der Zweite, der die Wache hat, läßt es hingehen. – See und Wind können dem Schiff auf diesem Kurs nichts anhaben, der Nebel mahnt zur Vorsicht, aber hier, im meilenbreiten Fahrwasser einem anderen Schiff vor den Bug zu laufen, – das ist wohl das Unwahrscheinlichste von allem.

Die Brise frischt auf, mehr Wind kommt in die vierkant gebraßten Rahen, mehr Fahrt macht das Schiff. Doch der Nebel bleibt gleich dick und schwer, naß tropft es von den Wanten und Stagen. Plötzlich fährt der Zweite auf, als der Rudersmann ihn anruft: »Stüermann, hebben Se wat hürt? Hett dor nich wat tut?« – Sie lauschen zu zweit in die Nacht hinaus. Der Wind pfeift in der Takelage, die Riggen knarren, die See rauscht und schäumt an der Bordwand – nichts sonst zu hören.

»Och wat, Jung…«, beruhigt der Steuermann. Der Nebel macht die Sinne überwach und hüllt sie doch zugleich seltsam ein, man kennt das … Aber da! – kommt es durch den Nebel von Backbordseite her dunkel angerauscht, bis ins Riesenhafte durch den alles täuschenden Nebel vergrößert. Nur schwach dringt das grüne Feuer der Steuerbordpositionslaterne durch den Nebel. Gleich darauf ein langer Ton: ein mit Steuerbord-Halsen beim Winde segelndes Schiff. Anbrassen und hart an den Wind gehen, hätte vielleicht noch das Schicksal abwenden oder mildern können. Statt dessen läßt der Zweite, im Schreck ratlos geworden, alles, wie es ist. »Stüermann, wat sall ick mit dat Ro'r (Ruder) maken?!« schreit ihm der Rudersmann noch erregt zu. Das ist das Letzte. Donnernd, krachend, prasselnd rennen die Schiffe mit voller Wucht der Fahrt aufeinander. Schwer trifft der Beidenwinder, ein Norweger, den anderen mittschiffs und reißt ihm die Seite auf.

Was nun folgt, ist mit Gedankenschnelle ge-

Bark HELEN SCOTT

schehen. Wie ein Stein sackt das gerammte, mit Salpeter beladene Schiff weg. Viele sind ertrunken, nur wenige konnte der Norweger bergen. Das war der Untergang der HELEN SCOTT. *Oll Segelmacher von der* ANNY *war einer der wenigen Geretteten gewesen und trug die Erinnerung an die grausigen Stunden sein Leben lang ... Er und ein Kamerad hatten sich von dem schnell sinkenden Schiff auf eine Hühnerhock retten können. Acht grauenvolle Stunden lang trieben sie so im eisigkalten Wasser, von der gewaltigen See hochgerissen und wieder in die Abgründe geschleudert, ohne zu wissen, ob all dieses Quälen Sinn und Zweck hatte, ob der Nebel sich lichten würde, ob überhaupt ein Schiff ihren unberechenbaren Weg kreuzen würde. Sie hatten ja nichts mehr als ihr Leben und das bißchen treibende Holz in der grausigen, erregten Wasserwüste, kein Wasser, kein Proviant – die Glieder wurden lahm und schwer. In der siebenten Stunde verließen den Kameraden die Kräfte, vielleicht auch der Mut. Ein letzter Blick, ein gequältes Wort, – er versank schattengleich, und der Segelmacher war allein. Unsinniges Alleinsein! – zu welchem Ende? In der achten Stunde wurde er, todeserschöpft, aufgefischt von dem Norweger, der das Unglück gehabt hatte, den anderen zu rammen und – edle Tat – noch diese vielen Stunden an der Unfallstelle kreuzte, der armen Kameraden gedenkend, um retten zu können, was das Schicksal zu retten übrig ließ. Wir aber können nun verstehen, warum unser lustiger Segelmacher so schweigsam wurde im Donnern von Kap Horn.*

Über die am 9. November 1895 erfolgte Kollision der HELEN SCOTT mit der norwegischen Bark OLIVIA in der Nähe von Kap Hoorn ist bisher viel Widersprüchliches geschrieben worden. Am bekanntesten dürfte wohl diese eben zitierte Schilderung von Ludwig Albrand in seinem Buch »Westward – ho« sein. Sie entspricht aber auch am wenigsten den Tatsachen.

Die im Jahre 1863 in Liverpool erbaute, bisher unter britischer Flagge fahrende Bark Helen Scott, von 1113 RT, hat durch den Übergang in das ausschließliche Eigentum der Herren Ernst Burchard und Carl Bohn in der Firma Ernst Burchard & Co. in Rostock, welche Rostock auch zum Heimathafen des Schiffes gewählt haben, das Recht zur Führung der deutschen Flagge erlangt. Unter dem 1. Oktober 1889 wurde ihr vom Kaiserlichen Consulat zu Cardiff das Flaggenattest erteilt.

Dieses neu angekaufte, etwa 1 700 t Schwergut tragende eiserne Schiff war derzeit das größte der Rostocker Flotte. Die alte Reederei hatte sich für den Kaufpreis von 7 550 Pfund Sterling verpflichtet, die Helen Scott vor der Übergabe entsprechend zu reparieren und »zeitgemäße Erneuerungen« ausführen zu lassen. Daraufhin erhielt sie beim Britischen Lloyd wieder die »Erste Klasse« auf zwölf Jahre.

Die Inhaber der Schiffbaufirma E. Burchard & Co., die sich wegen der immer geringer werdenden Aufträge im Holzschiffbau ab 1880 auch noch zusätzlich als Korrespondenzreeder betätigten, hatten den Ankauf vorfinanziert und erst danach um weitere Teilhaber geworben. Wie aus der Partenliste vom Dezember 1889 ersichtlich, besaßen allein zwölf Rostocker Kaufleute etwa ⅓ der Bark, und auch die restlichen Mitreeder kamen alle aus der Stadt.

Registrierung	1889
Schiffstyp	Bark
Name	Helen Scott
Unterscheidungssignal	MDNW
Bauweise	Eisen
Raumgehalt	1112,55 RT
Abmessungen	60,90 × 10,46 × 7,06 in Metern
Werft	Jones, Quiggin & Co., Liverpool (Engl.)
Baujahr	1863
Alter beim Kauf	26 Jahre
Kaufpreis	151 000 Mark
Korrespondenzreeder	E. Burchard & Co., Rostock
Kapitän	W. Albrand, Rostock, J. Martens, Rostock (ab 1891)
Verbleib	1895 nach Kollision bei Kap Hoorn gesunken

1.	Kaufmann Hermann Janentzky	9/100
2.	Kaufmann Gustav Kindler	1/100
3.	Kaufmann Fr. Buller	3/100
4.	Kaufmann Carl Kindler	1/100
5.	Kaufmann Adolph Clement	5/100
6.	Kaufmann P. C. Albrecht	3/100
7.	Kaufmann August Burchard	2/100
8.	Kaufmann Paul Küchenmeister	1/100
9.	Kaufmann Ludwig Hermes	3/100
10.	Kaufmann Franz Drahn	2/100
11.	Kaufmann Hermann Diederichs	1/100
12.	Kaufmann F. Alb. Pust	1/100
13.	Captain C. Wecker	3/100
14.	Postsekretär Paul Schmidt	2/100
15.	Postassistent Bruno Greuel	1/100
16.	Sparkassenbevollmächtigter Robert Heine	1/100
17.	Schiffbaumeister Carl Bohn	13/100
18.	Schiffbaumeister Ernst Burchard	12/100
19.	Captain W. Albrand	20/100

Die restlichen 16/100 Parten blieben im Besitz der Firma E. Burchard & Co.

Die Führung des Seglers wurde Kapitän Wilhelm Albrand übertragen, der zu einem Drittel daran beteiligt war und bisher als Schiffer auf der Bark Vier Brüder fuhr. Die Mannschaft, bestehend aus 16 Mann, hatte die Reederei bereits im September in Rostock angemustert und von dort nach Liverpool geschickt. Mit dem Kauf war gleichzeitig eine Ladung Bahnschienen und Kohlen von Cardiff nach Port Pirie in Australien übernommen worden, und auch weiterhin wurde die Bark unter ihrem alten Namen in der »Langen Fahrt« eingesetzt. Es war das erste eiserne Segelschiff, für welches Burchard & Co. die kaufmännische Leitung übernommen hatten, und die damit erzielten Gewinne waren im Vergleich zu den Holzseglern so groß, daß man sich zusammen mit Kapitän Albrand entschloß, in England mit der HENNY CLEMENT einen Neubau in Auftrag zu geben. Albrand verkaufte deshalb am 29. Oktober 1891 seine Anteile an der HELEN SCOTT an den Rostocker Kapitän J. Martens, der schon auf der VIER BRÜDER sein Nachfolger geworden war. Unter dessen Führung machte der Segler ab 3. November in den nächsten drei Jahren folgende Reisen: Hamburg – Sydney – London – Kapstadt – Talcahua – Cardiff – Punta Arenas – Taltal – Bordeaux – Cardiff. Dann kam die verhängnisvolle Reise, die vier Menschen das Leben und dem Zweiten Steuermann das Patent kosten sollte. Außer dem Spruch des Rostocker Seeamtes vom 5. Februar 1897 wurde für die Schilderung dieses Seeunfalls auch noch der Erlebnisbericht von Fritz Kruse, später Kapitän und Kommodore der Hamburg-Amerika-Linie, herangezogen, der damals die Fahrt der HELEN SCOTT als Matrose mitgemacht hatte und zum Zeitpunkt der Kollision am Ruder stand. Sein 40 Jahre danach in dem Buch »Kapitäne berichten« veröffentlichter Beitrag weicht im Gegensatz zu Albrand nur geringfügig von den in der Seeamtsverhandlung ermittelten Fakten ab. Für die nun folgende Geschichte dienten deshalb beide als Quellen.

Überhaupt ging alles merkwürdig zu auf dieser Reise, von Anfang an, schreibt Fritz Kruse, der zu Beginn des Jahres 1895 nach einer längeren Reise in Rostock abgemustert hatte und dann eine neue »Chance« als Matrose auf dem in England liegenden Segler HELEN SCOTT erhielt. *An Land wollte ich keine Zeit verlieren, um mein kleines Kapital für die bevorstehende Schulzeit zu schonen. An manchem Kameraden hatte ich's gesehen, wie das so ging. Auf der Heimreise gute Vorsätze, das auf der Reise Verdiente für die Steuermanns-Schulzeit auf die hohe Kante zu legen. Und nach dem Abmustern schmolz dann alles wieder weg wie Märzenschnee vor der Sonne. Es war schon richtiger, man ging so schnell wie möglich wieder in See, wenn man im Leben weiterkommen wollte.* Gleich am nächten Tag reiste er deshalb mit Seesack und Seekiste nach Cardiff, wo das Schiff lag, und meldete sich dort beim Ersten an Bord. Dort stellte sich heraus, daß sein Musterbuch durch ein Versehen der Musterungsbehörde nicht mit den anderen Papieren mitgegangen und so in Rostock zurückgeblieben war. Das war ein ganz ungewöhliches Vorkommnis, denn das Musterbuch diente als Arbeitsbuch und als Auslandspaß, und keiner ahnte damals, daß er auf diese Weise der einzige von der ganzen Besatzung sein würde, der sein Seefahrtsbuch überhaupt wieder zu Gesicht bekommen sollte.

Auf einem Tiefwassersegler gab es vor einer langen Reise stets viel Arbeit. Neben der Ladung kam der Proviant an Bord. Unzählige Säcke Mehl, Reis, Bohnen und Erbsen, dazu Kartoffeln und einiges Frischgemüse, in Fässern abgefülltes gepökeltes Fleisch und hunderterlei mehr. Dutzende Rollen von Segeltuch, Tauwerksbündel aller Art, Fässer mit Teer und Farbe, Petroleum, Fett und andere Ausrüstungsgegenstände verschwanden unter Deck. Ganz zuletzt kam das Wasserboot längsseits und füllte die Frischwassertanks auf. So verging die Zeit im Hafen recht schnell, und ehe man sich's versah, war alles im Bauch des Schiffes verstaut. *Was für Ladung? Ganz natürliche Frage für den, der Cardiff nicht kennt. Wer jedoch einmal diese ewig unter zentimeterdicker schwarzer Staubschicht vergrabene Gegend erblickt hat, dem ist klar, daß es hier nur Kohlen geben kann.*

Dann war es soweit. Die Luken wurden verschalkt, die Segel wieder untergeschlagen, und am 22. März, einem *eklig kalten und windigen Nachmittag,* kam ein kleiner Hafenschlepper angeschaufelt, nahm die Schlepptrosse über und bugsierte die HELEN SCOTT durch etliche Klappbrücken und Schleusen aus dem River Taff hinaus in die Severn. Schon beim Setzen der ersten

Segel fing es heftig an zu wehen, und in der Luft lag so ein eigenartiges Pfeifen, das die geübten Sinne des Segelschiffsmannes schon im voraus einiges erwarten ließ. Die Bramsegel wurden also gar nicht erst losgemacht. Die hereinbrechende Nacht sah die Bark im Bristol-Kanal im Schutze der Devonshire-Küste vor Anker. Zwei Stunden später fiel der zweite Anker, so stürmte es inzwischen aus Südwest. Dazu begann der Wind nach Mitternacht zu drehen. Jeden Augenblick konnte der bekannte »Ausschießer« kommen, dieses plötzliche Umspringen des Windes nach West oder gar Nordwest. Meist erreicht er in unseren Breiten damit erst seine volle Stärke.

Die HELEN SCOTT stampfte furchtbar. Um das harte Einrucken des Schiffes in die Ketten zu mildern, wurden schwere Taljen auf die Ankerketten gesetzt und um den Fockmast belegt, damit sich der enorme Druck auf das Spill etwas milderte. Dann gegen 4 Uhr morgens, geschah es. Rabenschwarz kam es aus Nordwest angeflogen. Ganz plötzlich stand eine hohe, steile See auf dem Ankerplatz. Die Bark stampfte jetzt noch ärger, und jedesmal, wenn der Bug von der See hochgeschleudert wurde, rissen die Ketten am Spill, so daß das Vorschiff wie *eine riesige Blechtrommel dröhnte.* Eiligst wurde alle noch vorhandene Kette ausgesteckt, damit das Schiff die Seen besser abreiten konnte. Doch es half alles nichts. Mit gewaltigem Krachen brach erst die eine, keine halbe Minute später die zweite Kette. Unter einem *Feuerwerk blit-*

Arbeiten am Gangspill auf dem Hauptdeck

zender Funken rasselte das Ende wie ein eiserner Satan zur Klüse hinaus. Haltlos trieb die HELEN SCOTT vor dem wütenden Sturm auf die Küste zu. Hagelschauer prasselten hernieder, und die Kommandos waren im Heulen der Böen kaum zu hören. Aber sie waren auch fast nicht nötig. Jeder an Bord wußte, was es bedeutete, wenn ein großer Segler in einem so engen Gewässer wie dem Bristol-Kanal bei auflandigem Wind die Anker verliert. Die Männer sprangen wie die Wiesel, und bald waren auch ein paar kleine Segel gesetzt, wenn auch zwei der Stagsegel sofort aus den Lieken flogen. Aber das Schiff ließ sich wenigstens steuern. Trotzdem war es zweifelhaft, ob es sich gegen diesen Sturm aus der Enge freikreuzen konnte. Zum Glück kamen der HELEN SCOTT zwei Schlepper zu Hilfe, und kaum waren die Trossen fest, als es noch heftiger zu stürmen begann. Der Versuch, das Schiff wieder in Cardiff einzuschleppen, mußte aufgegeben werden, weil die Einfahrt für die Windrichtung zu ungünstig lag. Statt dessen bugsierten die Schlepper die Bark mit großer Mühe nach der 10 sm nördlicher gelegenen Hafenstadt Newport. Die Reise fing also gleich gut an: einen Tag nach der Ausreise bereits im Nothafen, zwei Anker nebst Ketten verloren und Schäden in der Takelage.

Am Abend saßen alle im Logis zusammen. Das Thema der Unterhaltung waren diesmal nicht gewisse blond- oder schwarzgelockte Damen der »Sandküste«. Das Gespräch drehte sich um die vergangene Sturmnacht und die Havarie. Und da nun erzählte der »Doktor«, wie der Koch auf Segelschiffen genannt wurde, seine Frau habe ihn vor dem Anmustern gebeten, auf keinen Fall mit der HELEN SCOTT mitzugehen. *Die Reise würde kein gutes Ende nehmen. Weiter erzählte der Koch, er fahre nun schon 20 Jahre auf Seglern, aber noch nie habe seine Frau eine ähnliche Äußerung getan oder vor einer Reise Unruhe oder gar Angst gezeigt. Wir jungen Dachse lachten alle herzlich darüber und meinten, die »Ahnfrau« habe ja auch ganz richtig geahnt. Die Reise sei ja wirklich schiefgegangen. Nun aber hätten wir unser Teil Pech weg, und der Rest der Reise würde sicherlich besonders glatt verlaufen. Doch unser »Doktor« machte dazu kein überzeugtes Gesicht.*

Die Reparatur zog sich in die Länge, so daß wir auf unsere Briefe noch einmal Antwort von daheim erhielten. Eigenartig ist nun, daß des Kochs Frau in ihrem Briefe ihren Mann noch einmal aufs inständigste anflehte, die Reise mit der HELEN SCOTT doch ja nicht anzutreten. Die enge Gemeinschaft des Lebens auf einem Segler kennt keine Geheimnisse, auch keine privater Art. So wurde der Brief der Frau zum Gegenstand eingehender Erörterung. Einige von uns lachten darüber, und andere zogen bedenkliche Gesichter. Aber ernst war's denen auch nicht. Denn ganz entgegen den Darstellungen see- und sachfremder Schriftsteller neigen die Seeleute dank ihrer ganz aufs Praktische gerichteten Erziehung weniger als Angehörige irgend eines anderen Berufes zu Aberglauben und »Spökenkiekerei« ...

Einige Tage darauf erzählte der Nachtwachsmann dem Koch, die Ratten hätten allesamt das Schiff verlassen. Höchstwahrscheinlich wollte er den »Doktor«, der sich über den Brief seiner Frau doch Gedanken zu machen schien, nur anulken. Das glaubten wir alle, trotzdem der Mann beteuerte, er habe im Mondlicht die Viecher mit seinen beiden gesunden Augen allesamt über die Seite wandern sehen – in geschlossener Prozession. Nun, wenn er recht hatte, dann wird einem solchen Verhalten der Tiere jedenfalls ein sehr natürlicher Grund innewohnen. Wir kennen ihn nur nicht. Ich will hier auch gar keine Erörterungen über zoo-psychologische Phänomene einleiten. Alles auf der Welt, auch das scheinbar Unerklärliche, hat simple, natürliche Ursachen. Erwähnen will ich nur die sonderbare Tatsache, daß niemand von uns während dieser ganzen Reise mehr eine Ratte auf der HELEN SCOTT gesehen hat. Ich stelle hier nur das Faktum fest, ohne eine Erklärung suchen zu wollen.

Am 12. April wurde die HELEN SCOTT zum zweitenmal für ihre Reise nach Coquimbo aus dem Hafen geschleppt. Und es schien wirklich so, als wenn alles Unglück für diese Fahrt schon absolviert worden sei. Der Nordatlantik zeigte sich von seiner besten Seite. Seidig blauer Frühlingshimmel, flau und mild wehte es aus Norden und Nordwesten. Und auch der Nordost-Passat weiter südlich blies nicht mit der gewohnten Frische. So kam es, daß die »Linie« erst nach 34 Tagen passiert wurde. Da es an diesem Tag viel Arbeit gab, wurde dem Moses »der Staub der nördlichen Halbkugel« ohne großes Zeremoniell mit ein paar Pützen Äquatorialwasser abgespült. In den Mallungen dann die programmgemäße Quälerei an den Brassen bei 35°C und rauschendem Regen. Doch auch das ging vorbei. Bald lag die Bark im blau-goldenen Südost-Passat mit Backbord-Halsen und vollem Zeug auf die Küste von Brasilien zu. Doch die Schönwetterzeit verging. Die alten Passatsegel wurden gegen die stärkste Garnitur ausgewechselt, die das Schiff besaß. Kap Hoorn warf seinen Schatten voraus.

Am 4. Juli aber kam erst noch so etwas wie eine Generalprobe. In der Gegend der La-Plata-Mündung zog ein Pampero über die Bark hinweg, und zum erstenmal auf der Reise wurden die Marssegel gerefft. Danach ging es mit frischer Brise weiter nach Süden. Da das Schiff in den südlichen Winter segelte, wurde es von Tag zu Tag kühler. Im Morgengrauen des 26. Juni sichtete man die wild zerklüftete Küste von Staaten-Island und einen Tag später *spähten alle Mann mit großen Augen zu einem Felszacken, von dem der Erste gesagt hatte, dies sei Kap Hoorn.* Man bekam es selten so klar in Sicht, und so starrten die Männer ehrfürchtig, aber auch etwas mißtrauisch zu diesem »südlichsten aller Wächter« hinüber. Es waren genug Leute an Bord, die das Kap schon von einer ganz anderen, weniger liebenswürdigen Seite kennengelernt hatten. Mit achterlicher Brise lief die HELEN SCOTT gemächlich mit etwa 6 Knoten Fahrt an diesem berüchtigsten aller Kaps

In den Fußpferden stehend, arbeiten die Männer auf der Rah

vorüber. Gott sei Dank – diesmal war es nicht so schlimm. Aber man hatte sich zu früh gefreut. Schon am nächsten Morgen wehte ein solcher »Kuhsturm«, daß die Mannschaft stundenlang zu arbeiten hatte, bis die Obermarssegel geborgen und die Fock gerefft war. Dazu eine grimmige Kälte, die die Nähe des ewigen Eises förmlich spüren ließ. Vier Tage stürmte es mit unverminderter Kraft. Vor jedem Manöver mußten die Blöcke der Brassen erst aufgetaut werden. Wenn dann die Männer in die laufenden Enden einfielen, prasselten ihnen lange Eislatten auf die Köpfe, die vorher das Tauwerk wie gläserne Futterale umhüllt hatten. Alles an Bord atmete auf, als sich die Bark weit genug nach Westen vorgearbeitet hatte und nach Norden abhalten konnte. Die Luft wurde mit jedem Tag wieder milder, und am 12. Juli zeigte sich an Steuerbord voraus ein zarter, blauer Schatten: die Westküste war in Sicht. Am folgenden Morgen war der Rauch aus den Schornsteinen der Kupferwerke in Coquimbo zu sehen, doch da der Wind sehr flau war, und das Schiff nur mit drei Knoten Fahrt lief, dauerte es noch zwei Tage, bis der Anker, nach einer Reise von 93 Tagen, geworfen werden konnte.

Wer glaubte nach einer solchen »Spazierfahrt« noch ernsthaft an die Prophezeiung der »Ahn-Frau«?

Die Kohlen löschte die Mannschaft selbst. Die dunklen Ringe um Augen und Nase, die Janmaat spaßhaft als »Chanconettenaugen« bezeichnete, gingen erst nach Wochen weg. Aber trotz der unangenehmen Arbeit war jeder an Bord guter Dinge. In Ballast ging es dann weiter nach Norden zur Salpeterküste. Die Heimladung wurde in Taltal eingenommen. Sack um Sack wurde mit der Handwinde, der sogenannten »Knochenmühle«, in den Raum gehievt. Wochenlang dauerte so etwas, und es wurde Oktober, bis der letzte Sack in der Luke verschwand. Am 11. Oktober 1895 verließ die HELEN SCOTT die Bucht von Taltal mit »Falmouth for order«. Die Kühnsten unter der Besatzung prophezeiten schon ein Weihnachten in Europa, vielleicht sogar zu Hause. Doch es sollte sich wieder ein Sprichwort der alten Fahrensleute »glänzend bewähren«: Wer zu früh rechnet, muß doppelt rechnen!

Bis zum Kap Hoorn hatte die Bark eine mäßig gute Reise. Der Südsommer stand vor der Tür, und darum war es lange nicht so kalt wie auf der Hinfahrt. Wenn auch die »Berufs-Optimisten« an Bord die Hoffnung auf ein Weihnachten an Land aufgegeben hatten, so war doch bei diesem guten Wetter alles in bester Stimmung. Der 9. November war ein besonders milder Tag. Die HELEN SCOTT hatte Kap Hoorn bereits passiert und stand abends etwa auf 56° S und 64° W. Der bis dahin aus Westen wehende Wind war nördlicher geworden und gegen Abend sogar etwas abgeflaut. Kurz vor Dunkelwerden wurden noch einmal alle Fallen und Brassen »gestritscht«, d. h. nachgespannt. Bis 21 Uhr herrschte helle Dämmerung, und erst um diese Zeit setzte der Zimmermann, der bisher am Ruder gestanden hatte, die beiden Seitenlaternen aus. Eine Stunde später bewölkte sich der Himmel, so daß Mond und Sterne nicht zu sehen waren, doch die Luft blieb feuersichtig, und Himmel und Wasser konnten stets unterschieden werden. Eine mäßig hohe, lange Dünung ließ die HELEN SCOTT auf ihrem Heimweg mit nur etwa 2 Knoten Fahrt bedächtig stampfen. *Herzzerbrechend hätten wir losgelacht, wenn uns damals an Deck der HELEN SCOTT jemand von »drohender Gefahr« gesprochen hätte. In dieser friedlichen Stunde hätten wir weniger denn je an die Gefährlichkeit der Seefahrt geglaubt – und doch sollten zehn* (?!) *von uns die hereinbrechende Nacht nicht überleben.*

Um 20 Uhr hatte der Zweite Steuermann Albrand die Wache zusammen mit den

Die Gordings und Geitaue werden überholt

Matrosen Kruse, Martens und Rhode sowie dem Zimmermann Albrecht und dem Jungen Graetzsch übernommen. Der Schiffer Martens war eine halbe Stunde später nach unten gegangen, mit dem Befehl, man solle ihn wecken, falls die Bark niedriger als Ost anliegen müsse oder sonst etwas Besonderes passieren würde. Die Wache, bis auf den Ausguck und den Rudergänger, stand an Deck bei der Kombüse. Der Koch hatte noch Vorbereitungen für den nächsten Tag zu treffen und hielt dabei einen »Klöhnschnack«. Um 22 Uhr sollte der Matrose Martens, der Sohn des Kapitäns, den Ausguck und der Matrose Kruse den Mann am Ruder ablösen. Bevor letzterer an »die Regierung« ging, wollte er nach geheiligtem Brauch erst noch eine Pfeife rauchen *In einer Anwandlung von Lebemannstum* holte er seine Sonntagspfeife aus dem Logis und setzte sie in der Kombüse mit einem an der Petroleumlampe entzündeten Span in Brand. *Und nun muß ich eine neue Merkwürdigkeit dieser Reise berichten. Unser Gespräch drehte sich nämlich um Schiffszusammenstöße, und zwar erörterten wir die Kollision zwischen dem Lloyd-Dampfer* Elbe *und dem englischen Kohlendampfer* Crathie. *Nur wenige Wochen vor unserem Auslaufen hatte sich dieses Unglück zugetragen. Fast 350 Opfer hatte es gekostet und naturgemäß großes Aufsehen erregt.* Man stritt sich über die Ursache, konnte aber zu keiner einheitlichen Meinung kommen. Wenige Minuten vor »Vier Glasen« klopfte Matrose Kruse seine schöne Meerschaumpfeife aus, ein Prachtstück mit langem dünnen Rohr und sein ganzer Stolz. Er wollte sie erst noch schnell ins Logis bringen, entschied sich dann aber zu einer Muck voll Kaffee. So steckte er sie sich in die Tasche. Es sollte das einzige bleiben, was er von seinen Habseligkeiten retten konnte.

Dann schlug es vom Ruder her »Vier Glasen«. Die große Glocke auf der Back antwortete, und der Ausguck sang sein »Lampen brennen!«. Als Kruse das Ruder übernahm, lag die Bark mit Backbord-Halsen NO ½ O am Wind. Dieser flaute noch mehr ab, so daß die oberen Segel killten und der Steuermann den Befehl gab, mehr voll zu halten. Dann war es wieder still. Nur das eintönige Summen der Nachtbrise in den Riggen und das leise Plätschern des Wassers waren zu hören. Etwa zehn Minuten später sah Kruse 3 Strich in Lee voraus ein Feuer und rief es dem gerade an Backbordseite nach vorn gehenden Steuermann zu. Gleichzeitig hatte auch der Matrose Martens auf dem Ausguck das Licht wahrgenommen und sang mit lauter Stimme: »Feuer in Lee!« Der Steuermann sah nun ebenfalls nach dem Feuer, peilte dasselbe an Steuerbord ungefähr über Hinterkante der Fockwant voraus, betrachtete es kurz mit dem Nachtglas und rief dem Mann am Ruder zu, er solle nach Steuerbord abfallen. Kruse aber hielt dieses Kommando für falsch, weil er grünes Licht gesichtet hatte und die Helen Scott dann dem Entgegenkommer mit dem neuen Kurs ihr rotes Licht zeigen und dessen Kurs schneiden würde. Erst auf eine nochmalige Anfrage kam er deshalb dem Befehl nach. Langsam fiel die Bark nach dem Steuerkompaß bis etwa gegen Ost ab. Der Sprung des Schiffes, die Back, die Vorsegel und ihre Schoten sowie der Bugspriet und Klüverbaum mit ihrem Geschirr verdeckten das grüne Licht des anderen Seglers für einige Zeit, dann wanderte es bis etwa 1 Strich nach Backbord aus. Die Leute an Bord wurden unruhig. Grün an Rot! Hoffentlich ging das gut!

Gerade war das Licht auf der Luvseite erschienen, als plötzlich und scheinbar in Aufregung von Steuermann Albrand das Kommando »Hart Backbord!«, also zum Wiederanluven, kam. Mit aller Kraft warf sich der Matrose Kruse in die Speichen. Das Rad wirbelte herum. Viel zu langsam drehte das schwerbeladene Schiff, denn das Licht war vorne schon verdammt hell geworden. Endlich tauchte es wieder in Lee auf. Aber was war das? Jetzt war ja Grün und Rot zu sehen. Das andere war also nach dem Abfallen der Helen Scott sicherheitshalber höher an den Wind gegangen, um ihr aus dem Weg zu gehen, hielt aber jetzt, nach der erneuten Kursänderung, direkt auf sie zu!

An Deck begann daraufhin ein Rufen und Rennen. Albrand ließ die Leute der Freiwache wecken und den Schiffer an Deck rufen. Dieser sah sofort auf den Kompaß, der NO ½ O anlag, und bemerkte dann leewärts, nur noch 120–150 m entfernt, ein Segelschiff fast rechtwinklig auf die Bark zukommen. Riesenhaft und drohend tauchte die Takelage des hoch am Wind liegenden Schiffes aus der Dunkelheit auf, und an seinem Fockmast waren schon die lose schlagenden Segel zu erkennen. Sein Ruf: »Halt ab! Halt ab!« blieb ohne Wirkung. Kaum eine Minute später traf der fremde Segler die HELEN SCOTT mit dem Vordersteven kurz hinter der Mitte an Steuerbordseite. In demselben Augenblick übertönte grelles Knirschen und dröhnendes Poltern alles andere – dann ein metallisches Knacken. Das Schiff zuckte förmlich zusammen. Der Kollisionsgegner prallte zurück, blieb einen winzigen Augenblick frei liegen und schlug dann noch einmal zu. Dabei wurde durch das Vorgeschirr des Fremden der Großmast der HELEN SCOTT wegrasiert. Mit splitterndem Krachen und Getöse brach dieser zusammen und riß im Fallen noch die Vor- und Besanstenge mit. Prasselnd fiel alles auf das Mitteldeck. Einige Rahen bohrten sich wie Speere durch die Decksplanken und blieben aufrecht stehen. Alle Boote wurden dabei zerschlagen, verletzt aber zum Glück keiner.

Plötzlich trat Stille ein. Nun erst hörte man das stetige Rauschen und Brausen des durch das riesige Leck eindringenden Wassers. Jeder an Bord wußte, die HELEN SCOTT war zu Tode getroffen. Die Männer rannten auf das Mitteldeck und kletterten durch das Gewirr der zerfetzten Takelage hinüber auf die Back des Fremden. Die Hälfte der Männer, darunter der Steuermann Albrand, schafften es, dann trieb der andere Segler ab. Schiffer Martens rief den Rest der Besatzung nach achtern. Es waren der Erste Steuermann Rathloff, der Segelmacher Redepennig, der Koch Schwenk, sein Sohn, der Matrose Martens, der Matrose Rohde, der Jungmann Eichbaum und der Junge Graetzsch. Er befahl ihnen, Korkwesten anzulegen. Dann standen sie achtern an der Reling und warteten. Keiner wagte den Sprung vom schnell sinkenden Schiff ins Wasser. Erst kurz bevor die Bark wegsackte, sprangen dann doch noch der Matrose Martens und der Jungmann Eichbaum über Bord. Die übrigen gingen ca. 15–20 Minuten nach dem Zusammenstoß mit dem Schiff im brodelnden Sog unter.

Die anderen Männer der HELEN SCOTT waren über den stark ramponierten Bug des Fremden auf dessen Hauptdeck geklettert. Dort war man gerade damit beschäftigt, ein Boot klarzumachen. Die Leute sprachen eine nordische Sprache. Es blieb keine Zeit, sich über Namen und Nationalität zu orientieren. Fieberhaft wurde daran gearbeitet, das Boot auszusetzen, keine leichte Arbeit auf einem Segelschiff, bei denen sie noch nicht in Davits hingen. Die Geretteten griffen sofort mit zu. Hierbei bedurfte es keiner besonderen Kommandos. Jeder verstand sein Handwerk, aber trotzdem vergingen kostbare Minuten. Schon hörte man die ersten Hilferufe durch die Nacht. Endlich ging das Boot zu Wasser. Albrand und Kruse stiegen ebenfalls mit ein und beteiligten sich an der Suche nach ihren Kameraden. Das war bei der Dunkelheit keine einfache Sache. Als erster wurde der Schiffsjunge aus dem Wasser gezogen. Er hielt sich an dem einen Ende einer Leiter fest und an dem anderen hing – ein Schwein! Trotz des Ernstes der Situation konnte man sich ein Lachen nicht verbeißen. Einer packte den Jungen im Nacken und zog ihn mit Schwung ins Boot. Dabei erhielt die Leiter einen Stoß, das Borstenvieh bekam einen Schreck, ließ die Leiter fahren und verschwand mit gellendem Quieken in der Dunkelheit. Dann ertönten wieder laute Schmerzensschreie durch die Nacht. Von einem sinkenden Schiff lösen sich stets lose Holzgegenstände ab und schießen mit großer Gewalt nach oben. Schon mancher gute Schwimmer ist dadurch tödlich verletzt worden. Einer nach dem anderen konnte aufgefischt werden. Der Matrose Rohde, der Steuermann Rathloff und der Schiffer Martens waren bewußtlos. Martens blutete stark aus einer Kopfwunde, aber er hatte sich mit eisernem Griff an ein Stück Spiere geklammert, so daß man ihm die Arme mit Gewalt lösen mußte. Immer wieder zählte man angstvoll die Überlebenden. Zuletzt fehlten noch drei: der alte Segelmacher, der Jungmann Eichbaum und – der Koch Schwenk! Die Prophezeiung der Ahnfrau hatte sich erfüllt. Man suchte bis Mitternacht, dann kehrte das Boot zum Schiff zurück. Nun bemühte man sich um die drei Bewußtlosen. Während der Schiffer und der Matrose Rohde bald wieder zu sich kamen, blieben die über drei Stunden an dem Ersten Steuermann vorgenommenen Wiederbelebungsversuche ohne Erfolg. Seine Leiche wurde am 11. November nach Seemannsbrauch dem Meer übergeben.

Jetzt erfuhr man auch, daß es sich um die norwegische eiserne Bark OLIVIA aus Christiansund handelte, die mit Kohlen nach Valparaiso bestimmt war. Wohl oder übel mußte also die Besatzung der HELEN

Kollision der in Ballast segelnden DITTON mit der tief abgeladenen PORT CRAWFORD

Scott zur Westküste zurück. Die Norweger halfen den Schiffbrüchigen mit dem Nötigsten aus. Keiner besaß mehr, als er auf dem Leib trug, die Freiwache sogar nur ihr Unterzeug. Da es nicht so viele Schlafstellen an Bord gab, schlief man zum Teil in der Segellast oder umschichtig in den Kojen derer, die gerade an Deck Wache hatten. Die Geretteten beteiligten sich dafür natürlich an allen anfallenden Arbeiten, und so wurden die Segelmanöver nach »man of war fashion«, nach Kriegsschiffsmanier, mit ungewöhnlicher Schnelligkeit ausgeführt.

Von den norwegischen Seeleuten erfuhren die Deutschen, daß die Olivia zur fraglichen Zeit mit einer Fahrt von 3–4 Knoten SW zu W gesteuert hatte, als die Helen Scott in Sicht kam. Zuerst habe man das grüne Licht derselben drei Strich an Steuerbord voraus gesichtet, bald darauf sei die rote Laterne ungefähr in derselben Richtung erschienen. Daraufhin habe der wachhabende Erste Steuermann sofort »Hart Steuerbord!« kommandiert, und so hatte das Ruder bis zuletzt gelegen. Die Olivia hatte auch sofort angeluvt, bis nach 1–2 Strich die Segel backschlugen. Nun aber erschien plötzlich über Backbord in Lee das grüne Licht. An ein Gegenkommando war nicht zu denken, da die Olivia bereits im Wind lag. Vom Legen des Ruders bis zur Kollision waren sechs bis sieben Minuten, vom Sichten der Lichter insgesamt zehn Minuten vergangen.

Auf der am 5. Februar 1897 in Rostock abgehaltenen Seeamtsverhandlung wurde allein dem Steuermann Albrand die Schuld an dem Zusammenstoß zugesprochen. Zwar hatte dieser behauptet, bei Insichtkommen der Olivia deren beide Lichter gesehen zu haben, und als das mit Backbord-Halsen segelnde Schiff sei die Helen Scott ausweichpflichtig gewesen. Erst als er das rote Licht von dem fremden Segler verschwinden sah, hätte er wieder angeluvt, um einer drohenden Kollision zu entgehen. Diese Behauptung widerspricht aber den Aussagen der eigenen Besatzung, die nur ein grünes Feuer gesichtet hatte, und den Angaben der Olivia, die die Helen Scott 3 Strich über Steuerbord voraus sah und somit ihr rotes Licht gar nicht gezeigt haben kann. Albrand gab nun an, ihm wäre einige Tage zuvor ein Rostteilchen ins Auge geflogen, wodurch er oft doppelt gesehen hätte. Der Gutachter bestätigte zwar die Möglichkeit einer solchen Täuschung, aber nicht die eines verschiedenfarbigen Doppeltsehens. Demnach sei also das Kommando zum Abfallen falsch gewesen, denn beide Schiffe hätten bei Beibehaltung ihres Kurses ungehindert passieren können. Selbst wenn der Zweite Steuermann den einmal gegebenen Befehl nicht wiederrufen hätte, wäre nach dem Anluven der Olivia alles klar gegangen. Aus welchem Grund er sein Schiff später wieder anluven ließ, ist in der Verhandlung nicht restlos geklärt worden. Das Seeamt vermutete, daß er durch Kruses Nachfrage verunsichert worden sei und seinen Fehler habe wieder gutmachen wollen. In der Begründung seines Spruches stellte es schließlich fest, *daß es ihm an der erforderlichen Umsicht und Geistesgegenwart fehle.* Er hätte genügend Zeit gehabt, die Lage beider Schiffe zu erfassen und wie der Matrose Kruse das richtige Kommando zu finden. Statt dessen habe er gleich zweimal, ohne durch eine unvermutet hereinbrechende Gefahr erschreckt zu werden, in Verkennung der Sachlage, falsche Befehle gegeben und zusätzlich noch versäumt, den Schiffer rechtzeitig zu wecken. Trotz des lobenswerten Einsatzes, den er danach im Boot des Norwegers bei der Rettung seiner Leute gezeigt hatte, entzog das Seeamt dem Steuermann Albrand die Befugnis zur Ausübung des Steuermannsgewerbes, auch weil man eine Aneignung der ihm fehlenden Eigenschaften selbst späterhin für ausgeschlossen hielt.

Laut Kruse hatte sich beim Zweiten Steuermann später eine Farbenblindheit herausgestellt. Davon erwähnte aber das medizinische Gutachten der Seeamtsverhandlung nichts.

Im Atlantik gesunken

Fünf eiserne Segler wurden 1889 angekauft, als letztes das bereits 24 Jahre alte und 963 RT große Vollschiff DUKE OF ATHOLE. Der Korrespondenzreeder Heinrich Bauer hatte es in England von der bekannten Londoner Reederei Devitt & Moore für 6 250 Pfund Sterling erworben. Das 1865 bei Denny Rankin in Dumbarton zu Wasser gegangene, etwa 1 500 t Schwergut ladende Schiff war 58,45 m lang und 9,46 m breit, hatte eine Raumtiefe von 6,41 m und besaß trotz seines Alters immer noch eine gute »Klasse«. Außer Heinrich Bauer (47/100) und dem Kapitän W. Topp (26/100) waren diesmal, neben dem Kaufmann Otto Cziersky aus Liverpool (»Deutscher Unterthan aus Woldegk«) mit 10/100, auch noch sechs Hamburger Makler und Kaufleute mit zusammen 14/100 als Reeder beteiligt.

Für Rostocker Rechnung fuhr das zur Bark umgetakelte Schiff unter dem Namen CARLA BAUER gut sieben Jahre vorwiegend zu den chilenischen Salpeterhäfen, aber auch nach Brasilien, Argentinien, Westindien, Hinterindien und Australien. Ihre erste Reise nach Adelaide machte sie unter dem Kommando des Rostocker Kapitäns W. Topp, der im Oktober 1890 von Wilhelm Otto aus Stralsund abgelöst wurde. Letzterer hatte davor die 1886 angekaufte hölzerne Bark MIZPAH (540 RT) geführt, die schon nach drei Jahren wieder nach Norwegen veräußert worden war.

Bis zum 12. Juli 1895 segelte die CARLA BAUER ohne bemerkenswerte Vorkommnisse. Dann aber kam es Schlag auf Schlag. Zu diesem Zeitpunkt befand sie sich mit einer gemischten Ladung auf der Reise von Hamburg nach Santos. Bei gutem Wetter und westlichen Winden kreuzte sie an diesem Tag im Englischen Kanal zwischen der Insel Wight und der französischen Küste. Abends gegen 10.30 Uhr erfolgte ein Zusammenstoß mit der auf gleichem Kurs vor ihr segelnden und in Liverpool beheimateten Bark CHARLOTTE. Im Tau des Schleppers CHALLENGE wurde die CARLA

Registrierung	1889
Schiffstyp	Bark
Name	CARLA BAUER
Ex-Name	DUKE OF ATHOLE
Unterscheidungssignal	MDNV
Bauweise	Eisen
Raumgehalt	954 RT
Abmessungen	58,45 × 9,46 × 6,41 in Metern
Werft	Denny Rankin, Dumbarton (Schottland)
Baujahr	1865
Alter beim Kauf	24 Jahre
Kaufpreis	125 000 Mark
Korrespondenzreeder	Heinrich Bauer, Rostock
Kapitän	W. Topp, Rostock, W. Otto, Stralsund (ab 1890)
Verbleib	1897 im Atlantik gesunken

Die Bark Carla Bauer vor der letzten Ausfahrt

Bauer am 13. Juli mit einem Loch an der Steuerbordseite, zersplittertem Klüverbaum, fehlender Großbramrah und sonstigen größeren Schäden in Portsmouth eingeschleppt. Obwohl das Leck gleich notdürftig abgedichtet und Leute an die Pumpen beordert worden waren, hatte die Bark bei ihrer Ankunft 5 Fuß Wasser im Raum und die hauptsächlich aus Zement bestehende Ladung war größtenteils verdorben. Die Gesamthavariekosten beliefen sich auf rund 42 000 Mark. Auf Einzelheiten, die zum Unfall führten, soll hier verzichtet werden. Die Aussagen der beiden Kapitäne waren zu widersprüchlich. So hatte z. B. die Carla Bauer nach ihrer Verklarung die Backbordseite der Charlotte gerammt, während diese ihre Beschädigungen an Steuerbord angab. Während das Admiralitätsgericht in London allein der Führung des Rostocker Schiffes die Schuld zumaß und sie zu 1 600 Pfund Schadenersatz verurteilte, hatte sich nach Ansicht des Rostocker Seeamtes *nicht ermitteln lassen, welchen der beiden Schiffsführer die Schuld am Unfall trifft.* Vielleicht verzichtete man bewußt auf eine genaue Klärung der Sachlage, denn in der gleichen Sitzung wurde auch der Anfang 1897 erfolgte Verlust der Bark verhandelt.

Am 20. September 1895 hatte die Carla Bauer Portsmouth wieder verlassen und kam am 20. November in Santos an. Von dort versegelte sie im Januar 1896 nach Punta Arenas in der Magellan-Straße, von wo sie nach mehreren Zwischenstationen am 20. August mit einer aus 200 t Ballast und 1480 t Zedern- und Mahagonibalken bestehenden Ladung nach Falmouth abging. Am 29. Oktober stand das Schiff abends 11.45 Uhr auf 47° S und 58° W. Mit geringer Fahrt segelte es beim Winde, der sturmartig aus NO wehte. Die See war hoch und brechend, die Nacht sehr dunkel, und es regnete in Strömen. Da der Sturm weiter zunahm, ließ der wachhabende Erste Steuermann Bendix aus Althagen Segel bergen. Dazu wurden alle Mann nach oben beordert, unter ihnen der Schiffsjunge Fritz Smit aus Wisby, ein 18 Jahre alter, kräftiger und gewandter Bursche, der bereits seine zweite Reise machte. Er stand auf der Leeseite der Vorobermarsrah zwischen dem Segelmacher und einem Matrosen. Als man das zu bergende Segel beinahe fest hatte und nur noch mit den Zeisingen beschlagen wollte, schlug plötzlich die Luvseite desselben, vom Sturm gepeitscht, nach oben und schleuderte den Jungen an dem Segelmacher vorbei über Bord. An Deck hatte den Vorfall keiner beobachtet, aber auf den Ruf »Mann über Bord!« eilte der Steuermann sofort zur Reling. Er sah den Abgestürzten treiben, der sich an der im Wasser schleppenden Großschot festhielt. Hand über Hand holte der

Getreideumschlag von Schiff zu Schiff

Die Viermastbark LOCH TORRIDOR *der englischen »Loch-Line«*

Die Bark DUC D'AUMALE *sinkend*

Erste die Leine ein, aber bevor er den Verunglückten fassen konnte, ließ dieser los und sackte achteraus. Ein ihm sofort zugeworfenes Ende ergriff er nicht, weil eine gerade überbrechende schwere See ihn unter das Schiff und gegen den Rumpf schleuderte. Danach wurde nichts wieder von dem Jungen gesehen. Weitere Rettungsversuche unterblieben bei dem hohen Seegang. Ein Boot auszusetzen, war bei dem Wetter unmöglich und hätte nur das Leben anderer gefährdet. Außerdem war man der festen Überzeugung, daß sich der mit Seestiefeln und Ölzeug bekleidete Junge nicht so lange hätte über Wasser halten können. Da sich die üblichen Sicherheitsvorrichtungen auf der Rah, wie Hand-, Fuß- und Rückenpferde, zur Zeit des Unfalls in einem guten Zustand befunden hatten, wurde als Todesursache *ein unglücklicher Zufall* angegeben. Das Seeamt war wie die Schiffsführung der Ansicht, daß sich das Unglück *bei einer notwendigen Berufsarbeit* zugetragen hatte, *zu deren Ausführung der achtzehnjährige, kräftige und bereits seine zweite Reise machende Schiffsjunge wohl fähig gewesen sei.*

Am 10. Dezember 1896 überquerte die CARLA BAUER den Äquator, und in flauen nördlichen Winden lavierte sie sich bis zum 1. Januar 1897 etwa bis in die Höhe von Pico Fayal. Dann frischte der Wind wieder auf. Gegen Abend des 12. Januar bemerkte die Besatzung, daß sich die Bark schwerfälliger bewegte und auch nicht mehr so gerade segelte wie gewöhnlich. Man glaubte zuerst, die Ladung sei verrutscht, fand aber, nach Peilung der Pumpen, Wasser im Sod. Nach der Kollision mit der CHARLOTTE war die Außenhaut im Bodenbereich der Bark gründlich überprüft worden, und sie hatte auch seitdem verhältnismäßig dichtgehalten. Sofort wurden die Pumpen bemannt, aber sie waren, vermutlich vom Ballast, verstopft und ließen sich auch nicht wieder klarmachen. Die Leckstelle konnte nicht gefunden werden, und so stieg das Wasser bis zum nächsten Morgen unaufhörlich. Am Vormittag des 13. Januar kam die in Glasgow beheimatete LOCH VENNACHAR in Sicht. Da der Wind sturmartig aus NO wehte, die See hoch lief und das Wasser im Schiff bereits eine Höhe von 7 Fuß erreicht hatte und weiter stieg, befürchtete Kapitän Otto ein baldiges Kentern der CARLA BAUER, welche bereits eine Schräglage von 20°–25° hatte. Es wurde Schiffsrat abgehalten und beschlossen, sich auf den fremden Segler abzubergen. Auf das gesetzte Notsignal hin hielt der Engländer auf die Bark zu. Unter großen Schwierigkeiten setzten die Rostocker auf der Position 48° 7′ N und 10° 37′ W ein Boot aus, und weil es an der Bordwand zu zerschellen drohte, mußte die 15köpfige Besatzung, ohne ihre persönliche Habe retten zu können, in aller Eile übersteigen. Aus dem gleichen Grund sollen auch die Schiffspapiere an Bord der CARLA BAUER zurückgeblieben sein.

Die Bark hatte sich inzwischen noch mehr auf die Seite gelegt und schien zu sinken. Nach der Übernahme der Schiffbrüchigen auf die LOCH VENNACHAR dunkelte es rasch, so daß der genaue Zeitpunkt des Untergangs nicht bestimmt werden konnte. Im unklaren blieb auch die Ursache für das plötzliche Leckwerden des Schiffes. Der Behauptung des Schiffers Otto, es rühre von der Schwefelsäure her, die ihm auf der Reise von Hamburg nach Santos im Raum ausgelaufen war, konnte sich das Seeamt jedoch nur mit Vorbehalt anschließen, weil der Boden mit einer dicken Zementschicht belegt gewesen war.

Wieder Pech für Schiffer Otto

Das Jahr 1890 brachte vier Neuzugänge bei den Eisenseglern. Der erste Ankauf erfolgte im März, erneut durch die Firma Heinrich Bauer. Für 4700 Pfund (ca. 94000 Mark) erwarb sie in Liverpool die zu 706 RT vermessene, 1865 in Wallsend (Northumberland) erbaute Bark MIRELLA. Nach Abschluß der vom Verkäufer zugesicherten Reparaturen und Erneuerung der Klassifikation erhielt sie am 9. Mai in Liverpool das Flaggenattest mit dem Heimathafen Rostock. Kapitän des Schiffes wurde Bernhard Schwarz aus Rostock, der bisher die hölzerne Bark SONORA geführt hatte. Unter seinem Kommando war die MIRELLA bis Ende Juli 1897 vorrangig in der Salpeterfahrt eingesetzt, sie machte aber auch Reisen nach Australien, zu den Fidschi-Inseln, nach Brasilien und Westindien. Im August des Jahres mußte sie, in Hamburg liegend, wegen einer Havarieschuld von 15000 Mark versteigert werden. Mit einem »Bot« von 23000 Mark, also einem Viertel des ursprünglichen Kaufpreises, erwarb sie Heinrich Bauer zum zweitenmal. Allerdings fielen noch Reparaturkosten von weiteren 9000 Mark an.

Gleichzeitig übernahm der durch den Verlust der CARLA BAUER stellungslos gewordene Kapitän Wilhelm Otto das Kommando der MIRELLA. Ende Oktober 1897 ging er mit ihr von Hamburg nach Rio de Janeiro ab und kam dort am 15. Dezember an. In Rio herrschte derzeit gerade das Gelbe Fieber, und so erkrankten auch an Bord auf der Weiterfahrt nach Buenos Aires vier Mann der Besatzung. Das Schiff wurde deshalb bei seiner Ankunft sofort in Quarantäne gelegt und desinfiziert. Die Kranken wurden ins Hospital geschafft. Weitere Fälle traten nicht auf, und das Schiff durfte bald nach Colastine auslaufen.

Nach dieser Reise mußten in Hamburg bei der nun bereits 33 Jahre alten MIRELLA weitere Reparaturen in Höhe von 4000 Mark vorgenommen werden, wobei einige Platten am Heck ausgewechselt und ein Teil der Reling erneuert worden ist. Anfang Oktober des gleichen Jahres versegelte sie dann über Delagoa Bay (Südost-

Bernhard Schwarz – Kapitän der MIRELLA (bis 1896)

Die Bark MIRELLA *zusammen mit dem englischen Kreuzer* ARETHUSA *im Hafen von Suva (Fidschi-Inseln)*

Mecklenburgische Nachrichten.

*** Rostock,** 31. Mai.

Der „D. Reichsanz." meldet: Die im Jahre 1865 zu Wallsend (Northumberland) aus Eisen erbaute, bisher unter britischer Flagge gefahrene Bark „M i r e l l a" von 705,84 britischen Registertons Raumgehalt hat durch den Uebergang in das ausschließliche Eigenthum des deutschen Reichsangehörigen H e i n r i c h B a u e r zu Rostock das Recht zur Führung der deutschen Flagge erlangt Dem Schiffe, für welches der Eigenthümer R o s t o c k zum Heimathshafen gewählt hat, ist von dem Kaiserlichen Consulat zu Liverpool unter dem 9. Mai d. J. ein F l a g g e n a t t e s t ertheilt worden. (Wie seiner Zeit unter Schiffsnachrichten gemeldet, ist die „Mirella" unter Führung des Capitän Schwarz bereits am 14. d. M. unter deutscher Flagge von Liverpool nach Valparaiso in See gegangen)

Anzeige über den Kauf

afrika) nach Australien. Mit einer nach Guayaquil bestimmten Kohlenladung von 1087 t verließ sie Newcastle (NSW) am 14. Juni 1899. Von der Westküste aus wollte sie mit einer Salpeterladung für Europa ihre Weltumseglung beenden. Doch es sollte anders kommen.

Nach einer schweren Reise über den Stillen Ozean ankerte die Mirella am 1. September im Golf von Guayaquil östlich der Insel Puna. Am nächsten Tag kam der Zwangslotse an Bord, welcher das Schiff in die Nähe des Leuchtturms der Insel brachte, wo die entsprechenden Zoll- und Sanitätsformalitäten vorgenommen werden mußten. Am 4. September segelte die Bark gegen Mittag unter Lotsenkommando bei westlichem Wind, Stärke 2–3, stromaufwärts nach Guayaquil. Schiffer Otto, der den Fähigkeiten des kein Wort Englisch sprechenden Lotsen nicht allzuviel Vertrauen schenkte, warf persönlich in regelmäßigen Abständen das Lot. Am Nachmittag verringerte sich die Wassertiefe plötzlich von 4–5 Faden auf 20 Fuß. Doch der Lotse winkte nur mit der Hand ab. Gerade wollte sich der Schiffer beruhigt abwenden, als die Bark auf einer nicht gekennzeichneten und im trüben Wasser nicht wahrnehmbaren Sandbank festkam. Obwohl gerade die Flut einsetzte, blieben alle Versuche, das Schiff durch Segel- oder Ankermanöver wieder flott zu bekommen, erfolglos. Da die beiden großen Boote auf der letzten Reise beschädigt worden waren, konnte der große Anker nicht ausgebracht werden, der zusätzlich verhindern sollte, daß die Bark mit jeder Flut noch höher auf die Untiefe geschoben wurde. Immer wieder ließ der Schiffer um die Bark herum loten, dann wurde es zur Gewißheit: Auf der einen Seite wurde der Sand durch die Flut zwar weggewaschen, aber auf der anderen lagerte sich rasch neuer an. Zum Glück ergaben Peilungen: kein Wasser im Raum. Da die Flut bei zunehmendem Mond mit jedem Tag höher stieg, gab Kapitän Otto die Hoffnung nicht auf. Bis zum nächsten Tag wurden angestrengte Versuche unternommen, das Schiff aus eigener Kraft freizukommen. Der Warpanker mit 12 Faden Kette wurde ausgefahren und die Segel so gebraßt, daß der Wind die Bark von der Bank drücken konnte. Bei jedem stärker einfallenden Windstoß warf sich die Mannschaft mit aller Kraft in die Spaken des Spills. Die Kette stand zum Brechen steif, doch die Mirella rührte sich keinen Zentimeter. Der weiche Sand- und Schlammgrund hatte sie förmlich festgesogen.

Registrierung	1890
Schiffstyp	Bark
Name	Mirella
Unterscheidungssignal	MDPF
Bauweise	Eisen
Raumgehalt	705,85 RT
Abmessungen	54,49 × 9,08 × 5,97 in Metern
Werft	Schlesinger, Davis & Co., Wallsend/o Tyne
Baujahr	1865
Alter beim Kauf	25 Jahre
Kaufpreis	94 000 Mark
Korrespondenzreeder	Heinrich Bauer, Rostock
Kapitän	B. Schwarz, Rostock, W. Otto, Stralsund (ab 1897)
Verbleib	1899 im Guayas (Ekuador) vor Guayaquil gestrandet

Am 6. September schließlich fuhr der Kapitän mit einem Boot zur Stadt hinauf, um Hilfe zu holen. Abends kehrte er in Ermangelung eines großen Schleppers mit dem Marinedampfer Cotopaxis zurück, der vom Chef der Admiralität persönlich befehligt wurde. Zusätzlich waren noch ein kleiner Schlepper und zwei Leichter zum Löschen der Ladung bestellt. Den Schiffer Otto begleiteten zwei Sachverständige, der Kapitän eines im Hafen liegenden Schiffes und der Vertreter der Hamburger Versiche-

rungsgesellschaft, bei der die Bark eingetragen war.

Mit der Flut des folgenden Morgens kam der Dampfer längsseits. Durch ungeschicktes Manövrieren fuhr er dabei an Steuerbordseite gegen den Kranbalken, so daß dieser krachend zersplitterte. Fast eine Stunde lang versuchte die Cotopaxis – von den Segeln der Bark unterstützt –, das Schiff abzuschleppen. Ohne Erfolg. Nach Eintritt der Ebbe wurde der Wasserstand um den Rumpf herum erneut gemessen, und er hatte sich durch weitere Sandablagerungen, erheblich verringert.

Am Nachmittag kam endlich der Schlepper Hercules mit den beiden Leichtern. Bevor nun die Ladung teilweise gelöscht wurde, ließ Kapitän Otto den Schlepper den großen Anker mit 90 Faden Kette ausfahren. Mit der Abendflut sollte dann der Dampfer wieder längsseits festmachen und seine Abschleppversuche wiederholen. Mit ziemlich gemischten Gefühlen sah Schiffer Otto dem neuen Versuch des Dampfers entgegen, dessen Befehlshaber von Haus aus kein Seemann war, sondern – obwohl Chef der Admiralität – dem Kaufmannsstand angehörte und zusätzlich auch noch dem Trunke ergeben zu sein schien. Aber der Kranbalken war ja schon weg, und mehr als ein paar Rüsten oder den Klüverbaum würde der Dampfer wohl nicht beschädigen können. Sicherheitshalber aber ließ der Schiffer außenbords große Fender anbringen, um eventuelle Stöße damit abzufangen. Der Dampfer hielt nun aber mit Volldampf direkt auf die Mirella zu. Kapitän Otto schrie dem lässig auf der Brücke stehenden Kommandanten zu, er solle sein Schiff aufstoppen. Als dieser sich dazu bequemte, war es zu spät. Der Dampfer rammte die Bark mittschiffs an Steuerbordseite, ein senkrechtes Loch unterhalb der Wasserlinie von mehr als 5 Fuß Länge hinterlassend. Den Kommandanten schien das alles in keiner Weise zu beunruhigen, denn auf die Vorwürfe von Schiffer Otto rief er diesem zu, ob der Stoß auch kräftig genug gewesen sei, sonst wolle er es noch einmal versuchen. Da der Kapitän den »Chef der Admiralität des Staates Ekuador« später zu den verschiedensten Anlässen betrunken gesehen hatte, glaubte er daraus schließen zu können, daß dieser zum Zeitpunkt der Ramming auch unter Alkoholeinfluß gestanden hatte. In dem von den Behörden nach Deutschland geschickten Seeprotest berichtete man allerdings, die COTOPAXIS sei infolge eines Wasserstrudels gegen die Bark gedrückt worden.

Mit dem Fallen der Flut konnte das Leck notdürftig abgedichtet, das Wasser herausgepumpt und die Ladung weiter in die Leichter gelöscht werden. Am Morgen des 8. September wurde der Backbordanker in Richtung des tiefen Wassers verlegt und mit Einsetzen des Hochwassers gehievt. Auch der Damper schleppte zwei Stunden, ohne aber die Bark freizubekommen. Der Schlammkragen um das Schiff hatte sich so erhöht, daß auf der Backbordseite bei Ebbe nur noch zwei Fuß Wasser gemessen wurden. Die Sachverständigen stiegen daraufhin auf den Schlepper HERCULES über, der weitere Leichter und Hilfsmannschaften holen sollte. Am nächsten Tag, als ein weiterer Teil der Ladung gelöscht worden war, gelang es endlich, mit der Abendflut die Bark auf flottes Wasser zu hieven. Am Sonntag, dem 10. September, schleppte dann die COTOPAXIS die MIRELLA stromaufwärts, und erst in den späten Abendstunden des darauffolgenden Tages konnte sie vor der Stadt Guayaquil vor Anker gehen.

Hier erhob Schiffer Otto beim Handelsrichter sofort Seeprotest und legte auch später auf dem deutschen Konsulat, zusammen mit der Besatzung, eine eidliche Verklarung ab. Da es in Guayaquil keine Dockungsmöglichkeiten gab und die notwendigen Reparaturen nur in Callao (Peru) hätten ausgeführt werden können, wurde die Bark kondemniert und für 650 Pfund an die Regierung von Ekuador verkauft.

Kein Geschäft mit den Schotten

Die Bark LADY OCTAVIA war mit ihren 36 Lenzen eine schon recht bejahrte Dame. Im gleichen Jahr wie der bei A. Tischbein vom Stapel gelaufene eiserne Klipper DER ORIENTALE gebaut, waren ihre Reeder vermutlich froh, für dieses technisch überalterte Schiff noch einen Käufer gefunden zu haben. Zu ihrer Zeit gehörte die LADY OCTAVIA zweifellos zu den größten eisernen Neubauten. Auch war Charles Taylor & Son damals eine sehr bekannte englische Eisenschiffbaufirma. Auf ihrer Werft in Warrington (County Lancaster), mit dem Namen »Bank Quay Foundry«, *stand wegen einer Biegung des River Mersey eine freie Strecke von 200–300 m zur Verfügung,* und so liefen dort, nach MacGregor, bis Mitte der 50er Jahre eine ganze Reihe von sehr großen Segelschiffen aus Eisen vom Stapel. Darunter vier Vollschiffe, die TAYLEUR von 1750 t (1853), die STARLED FOWN von 1165 t (1855), die SARAH PALMER von 1325 t (1855), und auch die LADY OCTAVIA war dort 1854 ursprünglich als Vollschiff zu Wasser gegangen.

St. Pauli, Landungsbrücken, um 1880

Im Juni des Jahres 1890 entschloß sich Carl Burchard, Inhaber der Firma August Burchard, zusammen mit dem Schiffer Wilhelm Rickmann aus Rostock, die alte, z. Zt. im Hamburger Hafen liegende Bark für 5 000 Pfund (ca. 100 000 Mark) zu erwerben. Wilhelm Rickmann hatte vorher die ebenfalls schon 37 Jahre alte hölzerne Bark JOHANN FRIEDRICH geführt, welche gerade nach Schweden verkauft worden war. Die Kosten für dieses Schiff wurden in erster Linie von 18 Rostocker Kaufleuten (35/100) in Parten zu je 1 000 Mark zusammengetragen. Die Korrespondenzfirma besaß diesmal 34, der Schiffer 18 Parten. Weiterhin waren die Schiffbaumeister Ernst Burchard und Carl Bohn mit je drei Parten sowie der Hof-Schlosser Küchen-

Registrierung	1890
Schiffstyp	Bark
Name	FORTUNA
Ex-Name	LADY OCTAVIA
Unterscheidungssignal	MDPK
Bauweise	Eisen
Raumgehalt	1125,72 RT
Abmessungen	63,29 × 11,10 × 6,84 in Metern
Werft	Charles Taylor & Co., Warrington
Baujahr	1854
Alter beim Kauf	36 Jahre
Kaufpreis	100 000 Mark
Korrespondenzreeder	August Burchard, Rostock
Kapitän	W. Rickmann, Rostock
Verbleib	1893 in Hamburg verkauft

meister, die Schiffer P. Voltmer und A. Schmidt, der Klempner H. Willers, der Major a. D. von Klein, der Segelmacher A. Pust und eine Frau Elise Bärwolf mit je einer Parte beteiligt. Die Vermessung der Bark wurde in Hamburg vorgenommen und sie besaß bei Abmessungen von L × B × T = 63,29 × 11,10 × 6,84 in Metern einen Raumgehalt von 1 126 RT. *Das Schiff wird unter dem Namen FORTUNA in Fahrt gesetzt,* teilte der Korrespondenzreeder den Teilhabern mit, doch dazu sollte es trotz des Glück verheißenden Namens nicht kommen. Bedingung wie bei fast allen diesen Käufen war, daß das Schiff neu klassifiziert werden mußte, wozu sich der Verkäufer auch verpflichtet hatte. Die Hamburger Experten bestätigten die entsprechende Klasse, worauf der Kaufpreis an die Reederei überwiesen und die FORTUNA für eine Reise mit Stückgütern nach Australien in Ladung gelegt wurde. Als das Schiff schon fast beladen war, erschien plötzlich ein Bevollmächtigter des englischen Lloyd's, ließ wieder löschen und forderte nach erfolgter Besichtigung eine Reparatur in Höhe von 30 000 Mark. Andernfalls würde dem Schiff sofort die Klasse entzogen werden.

Verständlicherweise wollten die geprellten Rostocker mit dem Hinweis auf die im Kaufvertrag enthaltene Klausel den Kauf sofort rückgängig machen. Darin hatten sie sich aber bei den geschäftstüchtigen Schotten gründlich verrechnet. Diese weigerten sich einfach, das erhaltene Geld wieder zurückzuzahlen, und harrten der Dinge, die da kommen sollten. Die Rostocker Korrespondenzfirma nahm sich daraufhin einen in solchen Angelegenheiten bewanderten Rechtsanwalt zum Beistand und verklagte die schottische Reederei auf Zurücknahme des Schiffes und Rückzahlung des Kaufpreises. Der umfangreiche und sich über fast drei Jahre hinziehende Prozeß ging in Edinburgh erst über zwei Instanzen, ehe es zum Vergleich kam. Von der ersten Instanz waren die Verkäufer zwar schon dazu verurteilt worden, den Kauf wieder rückgängig zu machen. Diese ließen sich aber keineswegs einschüchtern und wendeten sich an das nächst höhere Gericht. Auch hier wurde gegen sie entschieden. Trotzdem drohten sie den Rostockern mit einer neuen Verhandlung vor dem Admiralitätsgerichtshof in London, wenn sie sich nicht zu einem Vergleich bereit erklärten. Gut zweieinhalb Jahre waren inzwischen vergangen. Die Rostocker Reederei, finanziell am Ende, scheute einen weiteren nervenaufreibenden Prozeß, und so erklärte sie sich zu einem Kompromiß bereit. Die Schotten zahlten 4 500 Pfund Sterling (90 000 Mark) auf das erhaltene Kaufgeld zurück, wobei die FORTUNA im Besitz ihrer neuen Eigner verblieb.

Das war auf den ersten Blick eine günstige Abmachung. Da aber die streitenden Parteien die Prozeßkosten selbst zu tragen hatten, waren der schwierigen und umständlichen Beweisführung wegen allein dafür 35 000 Mark verausgabt worden, und das die ganze Zeit über still auf der Elbe liegende und immer noch klassenlose Schiff hatte inzwischen bedeutend an Wert verloren. Auf der am 1. Dezember 1892 abgehaltenen Reedereiversammlung bot nun der Korrespondenzreeder Burchard den Parteninhabern an, die verbliebenen 55 000 Mark zu verteilen und das Schiff zu verkaufen, oder aber die Bark zu reparieren und in Fahrt zu setzen. Nach langer Debatte kam es schließlich zur Abstimmung, und dabei entschieden sich die Inhaber von 63 Parten für den Verkauf der FORTUNA in öffentlicher Auktion für mindestens 20 000 Mark. Trotz des Protestes seitens Kapitäns Rickmann gegen diesen Reedereibeschluß versteigerte der Hamburger Makler Robert M. Sloman die Bark am 5. Januar 1893 *im 19. Bot an den Meistbietenden Carl Georg Philipp Levers* für 25 000 Mark. Ohne den Gewinnausfall, die Hafengebühren u. ä. der zurückliegenden zweieinhalb Jahre zu berücksichtigen, waren der Reederei durch diesen Fehlkauf rein rechnerisch 20 000 Mark verlorengegangen.

Berühmter Wollklipper unter Rostocker Flagge

Ohne daß von ihr überhaupt Notiz genommen wurde, ging die Ben Voirlich in die Rostocker Flotte ein. Und doch hatte gerade sie ein so bewegtes und erfolgreiches Leben hinter sich, wie wohl kein anderes bislang in Rostock registriertes Segelschiff.

Allein die Zeit, in die es »hineingeboren« wurde, war interessant genug. Der 1869 eröffnete Suezkanal hatte für die Segelschiffahrt recht nachteilige Folgen. Die Verkürzung des Seewegs nach Asien um rund 3 500 sm durch diesen nur für Dampfer benutzbaren Schiffahrtsweg bereitete den glorreichen Teeklippern ein jähes Ende. Doch die Kanalgebühren waren ziemlich hoch, und die noch auf häufige Bunkerstationen angewiesenen kleinen Dampfer mußten dort oft erhebliche Wartezeiten in Kauf nehmen. Anfangs profitierten deshalb nur die mit staatlichen Subventionen gestützten Post- und Passagierdampferlinien und ähnliche, mit hochwertigen Gütern beladene Schnelldampfer davon.

Wenn sich deshalb z. B. in England in den folgenden vier Jahren die Seglertonnage um 623 756 BRT verringerte, während sie bei den Dampfern um 856 339 BRT stieg, war das aber noch lange nicht das Ende der Segelschiffahrt. Viele Reeder nahmen die Herausforderung an, und so entstanden gerade in den 70er Jahren *in England wie bei den europäischen Seevölkern eine Fülle der schönsten Segelschiffe aus Eisen, die in ihrer Art den früheren Klippern gleichwertig waren, sie an Seetüchtigkeit, Dauerhaftigkeit und Ladefähigkeit aber bei weitem übertrafen* (Höver). Die wirklich große Zeit des Eisenseglers begann eigentlich erst jetzt, und es gibt viele Experten, die die in diesen Jahren entstandenen Schiffe zu den besten zählen, die je gebaut worden sind. Vom Äußeren her unterschieden sich diese Klipper von ihren aus Holz oder nach der Kompositbauweise geschaffenen Schwestern. Sie hatten jetzt eine hohe, halbrunde Poop, eine feste Back und ein hohes Schanzkleid. Auch besaßen sie keine Leesegel mehr, dafür aber breite, doppelte Mars- und Bramrahen und darüber mindestens Royals, wenn nicht sogar Skysegel am Groß- und Vortopp. Als Folge des durch den Suezkanal noch deutlicher gewordenen Konkurrenzkampfes zwischen Dampfern und Seglern kam es zu immer größeren Segelschiffsneubauten. War bis 1870 ein Fahrzeug von 1 000 t schon groß zu nennen, so sollten jetzt selbst 2 000tonner bald keine Ausnahme mehr sein. Damit wurde vor allem wirtschaftlichen Gesichtspunkten entsprochen, nahmen doch im Verhältnis zu den vergrößerten Frachträumen die Bau- und Betriebskosten ab.

Neben der Salpeterfahrt von Chile, der Jutefahrt von der Bai von Bengalen, dem Weizenhandel mit San Franzisko und der Reisfahrt von Rangoon, Maulmain, Akyab und Bassein blieb auch der Wollhandel mit Australien vom Suezkanal fast unbeeinflußt. Viele der ehemaligen Teeklipper, z. B. die Thermopylae und die Cutty Sark, wichen deshalb in dieses Fahrtgebiet aus. Viele der meist englischen Auswanderer hatten sich in Australien als Viehzüchter niedergelassen. Die Kolonie versorgte das Mutterland mit Wolle, Häuten, Talg und später auch mit Getreide. Für diese Produkte hatte sich im Laufe der Jahre ein spezieller Schiffstyp mittlerer Größe herausgebildet. Die übergroßen Auswandererschiffe amerikanischen Ursprungs erwiesen sich nach dem Run auf das australische Gold als unrentabel, und die Kompositschiffe wurden nach und nach von den Eisenklippern verdrängt, die den enormen Beanspruchungen auf dieser Route besser widerstanden.

Der Weg um das Kap der Guten Hoffnung war mit rund 13 200 sm von Lizard nach Melbourne nur um knapp 2 000 Meilen länger als durch den Suezkanal. Besonders die südlich des Kaps gelegenen vierziger Breiten mit ihren »braven Westwinden« boten diesen Segelschiffen ideale Möglichkeiten zum Ablaufen der Ostlänge auf dem Großen Kreis. Diese »roaring forties« wurden dann auch für den Heimweg um das Kap Hoorn benutzt, so daß die meisten Australienfahrten mit einer Weltumsegelung endeten. Hier in den »Brüllenden Vierzigern« wurden jene legendären Etmale der Wollklipper erzielt, die Durchschnittsgeschwindigkeiten von 18 Knoten und mehr ergaben. Brauchte ein Dampfer damals von Europa durch den Suezkanal bis Australien 55–60 Tage, gab es dagegen eine ganze Reihe von Klippern, die auf dem Hinweg um das Kap der Guten Hoffnung wie auch zurück um das Kap Hoorn regelmäßig nur Zeiten zwischen 70 und 80 Tagen benötigten.

Die großen Leistungen dieser Klipper waren nicht zuletzt durch die Leistungen ihrer Besatzungen und die Fähigkeiten ihrer Kapitäne bedingt, die ihren ganzen Stolz und

Die Ross-Shire lenzt in der Region der „Brüllenden Vierziger“

ihr Können daran setzten, in möglichst kurzer Zeit und noch vor den großen Auktionen in London ihre Fracht zu landen. Hinzu kam, daß, im Gegensatz zu den Teeklippern, die schnellsten Schiffe zuletzt beladen wurden, damit auch diese Wolle noch rechtzeitig herankam und gute Preise brachte. Es war also eine Auszeichnung, diese, natürlich auch gut bezahlten Schlußfrachten zu bekommen, und die Kapitäne setzten darum alles daran, schnelle und regelmäßige Reisen zu absolvieren. Die Hauptwollauktionen fanden von Januar bis März in London statt, und die erste davon bereits, wenn eine entsprechende Anzahl Schiffe den Englischen Kanal erreicht hatte. Um auf dieser ehrenvollen Liste am Eröffnungstag zu erscheinen, hielten alle Kapitäne gleich eingangs des Kanals scharfen Ausguck nach schnell segelnden Fischer-Smacks und Lotsenkuttern, die gegen gute Bezahlung die Nachricht von ihrer Ankunft zur Küste weiterleiteten.

Die ganze Angelegenheit hatte also keinen rein sportlichen Charakter, sondern einen ökonomischen Hintergrund. Waren die Schiffe noch vor der Auktion im Ansegeln, konnte die Wolle direkt aus dem Laderaum versteigert werden. Verfehlte aber ein Kapitän die Auktion, mußte das Schiff gelöscht und die Wolle bis zum nächsten Termin im Speicher eingelagert werden, wodurch dem Verfrachter nicht unerhebliche Zusatzkosten entstanden, ganz abgesehen von der Gefahr, daß der Hauptbedarf schon gedeckt war und die Wollpreise bereits im Fallen begriffen sein konnten.

Basil Lubbock kürt in »Colonial Clippers« die Firma Barclay, Curle & Co. in Glasgow zu der Werft, die die perfektesten Eisenschiffe gebaut hat, die jemals die Meere befuhren, und zu ihnen zählt er, *last*

Wollspeicher im Hafen von London

but not least, die beiden berühmten »Bens«, wie die Schwesternschiffe Ben Voirlich und Ben Cruachan genannt wurden. Fast fünf Seiten widmet er den beiden, für die Reederei Watson Brothers abgelaufenen Wollklippern, wovon der Inhalt gekürzt wiedergegeben werden soll.

Beide Schiffe liefen 1873 von den Helgen, in der Tonnage nur um ganze 6 RT differierend. Schon wegen der Konkurrenz untereinander wurden sie von ihren Kapitänen härter als manches andere Schiff »geknüppelt«, so daß auf ihnen der Aufenthalt für Passagiere nicht besonders angenehm gewesen sein soll. Obwohl die beiden Schiffe nicht ganz so schnell wie einige andere Wollklipper waren, erreichten sie durch straffe Führung Leistungen in der Australienfahrt, *die fast immer gut unter drei Ziffern' lagen.* Wie weit diese Rekordmanie ging, ist daraus zu ersehen, daß die Ben Cruachan 1877 den Kanallotsen bis Madeira an Bord behielt, nur weil sie äußerst günstigen Wind hatte und kein Lotsenschoner in Sicht war.

Ausgehend, nahmen die beiden Segler wie üblich Stückgüter und im Saloon der II. Klasse und im Zwischendeck Auswanderer mit. Die Ben Cruachan verließ auf ihrer Jungfernfahrt den Clyde am 5. Oktober 1873 unter Kapitän Bully Martin. Nach 26 Tagen schnitt sie die »Linie«, und am 21. November hatte sie die Länge von Kapstadt erreicht. Nach sehr guten 67 Tagen ankerte sie in der Hobson Bay, und da die Ben Voirlich auf ihrer am 3. Januar 1874 begonnenen ersten Reise zwei Tage länger benötigte, ging der Kampf erst richtig los.

Und er sollte sich auch lohnen, denn auf der nächsten Fahrt ließ die Ben Voirlich bis auf eine Ausnahme alle anderen Schiffe weit hinter sich. Sie verließ Gravesend am 9. November 1874, passierte Plymouth am 11., wurde in der Mündung des Kanals noch bis zum 12. aufgehalten. Der Äquator wurde auf 31° 20′ W am 1. Dezember überquert, die Linie vom Kap der Guten Hoffnung am 24. geschnitten. Zu diesem Zeitpunkt stand sie auf 45° S und

Registrierung	1890
Schiffstyp	Vollschiff (später Bark)
Name	Ben Voirlich
Ex-Name	–
Unterscheidungssignal	MDPH
Bauweise	Eisen
Raumgehalt	1 474 RT
Abmessungen	76,80 × 10,90 × 6,70 in Metern
Werft	Barclay Curle & Co., Glasgow (Schottland)
Baujahr	1873
Alter beim Kauf	17 Jahre
Kaufpreis	216 000 Mark
Korrespondenzreeder	E. Burchard & Co., Rostock
Kapitän	O. Ahlers, Rostock, A. Schwebke, Dierhagen (ab 1901)
Verbleib	1902 nach Italien verkauft

schon mitten in den »Brüllenden Vierzigern«, die sie auf 46°30′ S mit Ostkurs vor dem Wind ablief. Das Hauptdeck war dabei niemals frei von Wasser, so daß das Halbdeck und das Mittschiffshaus zuletzt von der aufgesogenen Nässe völlig aufgequollen waren. Auf dieser Reise hatte die Ben Voirlich einen »hard-cast« als Steuermann, einen kahlköpfigen Burschen mit großem, roten Bart, der ein ausgezeichneter Seemann war, aber *keine Gnade für die Jungen kannte.* Sein gewöhnlicher Gruß an einen ängstlich blickenden Anwärter auf der ersten Reise war: *Haben deine Eltern dich zur See geschickt, um die Beerdigungskosten zu sparen, oder was?*

Das beste Etmal des Vollschiffes in diesen Breiten betrug 352 sm, und in einer Woche wurden um die 2 000 sm zurückgelegt. Die Ben Voirlich erreichte Port Phillip am 14. Januar 1875, nach nur »64 Tagen aus« von Plymouth. Bei der Ankunft erhob Kapitän McPetri Anspruch darauf, den Re-

Die Ben Voirlich als Vollschiff

Reisen der Ben Voirlich in den Jahren 1874–1884
London–Melbourne–London

Jahr	Hinfahrt (in Tagen)	Rückfahrt (in Tagen)
1874	69 (4. Platz)	108
1875	64 (2. Platz)	93
1876	–	–
1877	83	98
1878	87	101
1879	87	109
1880	67 (1. Platz)	106 (v. Sydney)
1881	74 (6. Platz)	94
1882	70 (2. Platz)	124 (v. Geelong)
1883	87	92
1884	88	91 (v. Geelong)

kord der THERMOPYLAE gebrochen zu haben. Nach deren Ankunft etwa drei Wochen später und in ebenfalls 64 Tagen von Lizard, entstand »ein schöner Streit« zwischen beiden Kapitänen, der schließlich zugunsten der THERMOPYLAE ausfiel. Obwohl die BEN VOIRLICH noch viele gute Reisen machte, erreichte sie diese Zeit nie wieder.

Auf der Heimfahrt im Jahre 1878 unter Kapitän Ovenstone legte sich die BEN VOIRLICH am 18. November westlich von Kap Hoorn quer zur See und ging beinahe verloren. Von achtern lief plötzlich eine hohe und schwere See auf, und der Mann am Ruder ließ aus nackter Angst das Rad fahren. Das Schiff schlug quer, und eine riesige Sturzsee brach über das Achterdeck hinweg, donnerte in das Versaufloch vor der Poop, räumte die Kajüte aus und nahm neun Mann mit über Bord. Eine Stunde lang lag das Schiff, völlig aus der Kontrolle geraten, quer zu den Seen. Die unteren Rahen schleiften beständig durch das Wasser, und zwei Mann, die gerade mit Arbeiten auf der Leeseite der Vorrah beschäftigt gewesen waren, wurden heruntergewaschen. Einer von ihnen bekam noch die Reling zu fassen, hing dort mit dem Kopf nach unten, vor dem weiteren Abrutschen bewahrte ihn nur die Kette der Fockschot. Die eigene Gefahr nicht achtend, kämpfte sich ein Schiffsjunge zu ihm durch, um ihm zu helfen. Im nächsten Moment aber kam erneut eine riesige Sturzsee über, und während der Junge binnenbords gegen eine Winde gespült wurde, kam der Mann nicht wieder zum Vorschein. Als der alte Segelmacher das sah, eilte er in einer gegenläufigen See zu dem mutigen Jungen hin, ergriff ihn, klammerte sich an der Winsch fest und brachte ihn dann auf das Hochdeck.

Das »brave Schiff« kämpfte tapfer, brachte dreimal die Rahen an den Wind und wurde jedesmal erneut auf die Seite gelegt. Das gesamte Schanzkleid und die Oberdeckreling wurden von den überkommenden Seen zerschlagen und weggespült, zusammen mit allem Beweglichen an Deck. Nach einer Stunde gelang es endlich, den Klipper aufzurichten, er fiel ab und lief vor dem Wind, als sei nichts geschehen.

1885, auf der Ausreise nach Melbourne, ereignete sich, diesmal unter Kapitän Bully Martin, südlich vom Kap der Guten Hoffnung ein ähnlich dramatischer Vorfall. Am 6. August, um 8 Uhr morgens, traf das Schiff eine schwere Bö aus WNW und riß die Fock in Fetzen. Zwei Stunden später tobte ein Hurrikan und jagte den Klipper unter Vor- und Großmarssegeln vor sich her. Kurz darauf stieg eine gewaltige See von achtern über das Heck und fegte die beiden Rudergänger und Kapitän Martin, der bei ihnen stand, weg. Der Schiffer und einer der Männer, er hieß Scott, wurden gegen das Hühnerhaus geschleudert, welches am Ende der Poop gelascht war. Das geschah mit solcher Gewalt, daß alles in Stücke ging, aber sie wurden dadurch wenigstens vor dem Überbordgehen bewahrt. Sobald sie sich wieder gefaßt hatten, blickten sie nach achtern und sahen, daß das Ruderrad in zwei Teile zerbrochen war und nur noch durch den äußeren Messingring zusammengehalten wurde. Scott hielt nun das verklemmte Ruderrad, um das Schiff vor dem Querschlagen zu bewahren, während Kapitän Martin die zersplitterten Teile entfernte. Der andere Rudergänger hatte sich in den Kreuzmast gerettet und dort festgelascht. Die BEN VOIRLICH konnte schließlich nur noch vom Achterdeck und von der Back aus bedient werden, nachdem es der Besatzung gelungen war, die Brassen dorthin zu leiten. Die ganze Nacht über räumte die wild tobende See das Schiff ab. Sowohl der Peil- als auch der Steuerkompaß gingen über Bord, und das Rettungsboot an Backbordseite wurde in den Halterungen zerschlagen. Das obere Schanzkleid, die Treppen zur Poop, die Notwasserfässer und Handspaken verschwanden spurlos. Bei Anbruch des Tages gelang es endlich, das Steuerrad zu laschen und zu reparieren. Danach wurden die Passagiere

Das Ruderrad der NORTHERN MONARCH, von der See zerschmettert

der II. Klasse vom Mittschiffshaus zum Achterdeck gebracht. Kapitän Martin mußte befürchten, daß das Haus eingedrückt und wegen der fehlenden Schanzkleider mit weggewaschen werden würde, was aber zum Glück nicht geschah. Trotz umfangreicher Beschädigungen wetterte die BEN VOIRLICH den Sturm erfolgreich ab und warf vier Wochen später in der Hobsons Bay Anker.

Die berühmten »Bens« blieben bis 1885 im Melbourne-Handel tätig. 1886 gingen beide Schiffe nach Sydney, die BEN CRUACHAN in 90 Tagen, ihr Schwesternschiff benötigte vier Tage mehr. Im Jahr darauf nahmen sie endgültig Abschied vom Wollhandel und fuhren in der Weizenfahrt nach San Franzisko. Dabei führte sich die BEN VOIRLICH mit einer sehr guten Westpassage von 124 Tagen gleich gut ein. Während die BEN CRUACHAN später ihre Tage unter mexikanischer Flagge als CARMELA beendete, wurde die BEN VOIRLICH 1891 an die Deutschen verkauft und dann in eine Bark umgewandelt.

Soweit Basil Lubbock. Man müßte noch

Die Ben Voirlich, *als Bark 1900 in Neuseeland*

hinzufügen, daß die Ben Voirlich schon am 7. Juni 1890 in die Hände der Rostokker Firma E. Burchard & Co. überging. Der Kaufvertrag über 10 800 Pfund Sterling (ca. 216 000 Mark) ist von dem Schiffseigner Henry James Watson aus Glasgow sogar schon am 30. Mai unterzeichnet worden. Außerdem wird der Segler in den zeitgenössischen Schiffslisten von Wiggers und im Register von Rahden weiterhin stets als Vollschiff geführt. Das gleiche belegt auch das von Werner Timm veröffentlichte Schiffsporträt, allerdings jetzt mit verkürzter Takelage, d. h. nur einfachen Bramsegeln und darüber ein Royal. Eine um 1900 in Wellington (Neuseeland) entstandene Photographie weist die Ben Voirlich dagegen als Bark aus.

Der Korrespondenzreeder betrieb den Ankauf auch diesmal wieder erst auf eigene Rechnung, um dann nach weiteren Mitreedern zu suchen. Die hohe Anschaffungssumme für dieses, bei Abmessungen von 76,80 × 10,90 × 6,70 in Metern mit 1 474 RT, bisher größte Schiff der Rostokker Flotte erforderte naturgemäß eine ziemlich große Anzahl von Teilhabern. Deshalb finden wir in der Eigentumsliste vom 9. Juli 1890 neben den wie üblich vorwiegend aus Rostock stammenden Mitreedern, die z. T. auch schon an anderen Schiffen beteiligt waren, auch noch eine ganze Reihe »von außerhalb«. Der Wert des seefertig ausgerüsteten Schiffes lag bei 240 000 Mark, und diese Summe wurde wie üblich in 240 Parten von je 1000 Mark geteilt. Als Mitreeder für die BEN VOIRLICH schrieben sich ein:

1. Aldolph Clement, Kaufmann Rostock — 10 Parten
2. Gustav Scharlau, Kaufmann Rostock — 5 Parten
3. Helene Burchard, Rentier Doberan — 2 Parten
4. Ludwig Hermes, Kaufmann Rostock — 10 Parten
5. Dr. Paul Behm, Rechtsanwalt Rostock — 5 Parten
6. Emil Beckmann, Kaufmann Rostock — 2 Parten
7. August Burchard, Kaufmann Rostock — 2 Parten
8. C. Wecker, Kapitän Rostock — 4 Parten
9. Andreas Schmidt, Kapitän Rostock — 2 Parten
10. Carl Kindler, Kaufmann Rostock — 2 Parten
11. Gustav Kindler, Kaufmann Rostock — 2 Parten
12. P. C. Albrecht, Kaufmann Rostock — 2 Parten
13. Paul Evert, Kaufmann Rostock — 2 Parten
14. Eduard Burchard, Kaufmann Rostock — 3 Parten
15. B. zu Nedden, Kaufmann Rostock — 1 Parte
16. H. R. Küchenmeister, Hof-Schlosser Rostock — 4 Parten
17. Dr. Fr. Scheel Teterow — 1 Parte
18. Paul Küchenmeister, Kaufmann Rostock — 1 Parte
19. Paul Kerfack, Goldschmied Rostock — 1 Parte
20. R. Koch, Gutsinspektor Sildemow — 2 Parten
21. W. Albrand, Kapitän Rostock — 10 Parten
22. R. Blancke, Kapitän Rostock — 2 Parten
23. Elise von Runckel Berlin — 2 Parten
24. Fräulein Dorette Burchard Rostock — 5 Parten
25. Marie Ahlers, Witwe Rostock — 12 Parten
26. Fräulein Lina Ahlers Rostock — 6 Parten
27. Fräulein Marie Ahlers Rostock — 3 Parten
28. Ludwig Ahlers, Maschinist Rostock — 3 Parten
29. F. W. Dahlstroem, Kaufmann Hamburg — 25 Parten
30. Carl Bohn, Schiffbaumeister Rostock — 10 Parten
31. Elise Bärwolff, Litogr. Kunstanst. Greifswald — 1 Parte
32. Heinrich Bauer, Kaufmann Rostock — 2 Parten
33. H. Götz, Kapitän Rostock — 2 Parten
34. Dr. jur. Scharlau Güstrow — 3 Parten
35. Ernst Burchard, Schiffbaumeister Rostock — 21 Parten
36. E. Burchard & Co., Schiffbaufirma Rostock — 30 Parten
37. Otto Ahlers, Kapitän Rostock — 40 Parten

Der in Rostock-Gehlsdorf wohnhaft gewesene Kapitän Otto Ahlers, bisher Führer der 1886 angekauften hölzernen Bark BUENOS AYRES, besaß in der BEN VOIRLICH einen größeren Anteil als die korrespondenzführende Firma E. Burchard & Co. Auch er machte mit dem Segler eine Reihe z. T. sehr guter, aber nicht überdurchschnittlicher Reisen (siehe Tabelle). Besonders erwähnenswert wäre vielleicht die Fahrt von Astoria (Nordkalifornien) nach Queenstown in 123 Tagen im Jahre 1897. Vier Jahre zuvor hatte das Schiff eine

Die Reede von Iquique (Chile) 1904
Bark Max in den Kalmen

Pier in einem australischen Hafen. Im Vordergrund die Bark Moliere

Reisen der BEN VOIRLICH in den Jahren 1890–1900

1890	Fleetwood (Engl.)	– Valparaiso	86 Tage
1891	Iquique	– Prawle Point (Kanal)	126 Tage
	North Shields	– Iquique	105 Tage
1892	Pisagua	– Falmouth	96 Tage
	Helsingör	– Port Augusta (S.A.)	112 Tage
1893	Port Broughton (Austr.)	– Falmouth	117 Tage
	Cardiff	– Montevideo	56 Tage
1894	Montevideo	– Talcahuano	41 Tage
	Conception	– Falmouth	92 Tage
	Cardiff	– Rio de Janeiro	?
1895	Rio de Janeiro	– Talcahuano	46 Tage
	Talcahuano	– Falmouth	100
	Cardiff	– Montevideo	62
1896	Montevideo	– Newcastle (NSW)	72 Tage
	Newcastle (NSW)	– Valparaiso	?
1897	Tocopilla	– Hamburg	123 Tage
	Hamburg	– Santa Rosalia	?
1898	Santa Rosalia	– Astoria (Nordkalif.)	44 Tage
	Astoria	– Queenstown	123 Tage
1899	Hamburg	– Mollendo (Peru)	134 Tage
	Caleta Buena (Chile)	– Prawle Point (Kanal)	105 Tage
1900	Dungeneß (v. Hamburg)	– Lyttleton (Neuseeland)	93 Tage

Rundreise von Cardiff mit Kohlen nach Montevideo und von dort über die »Westküste« mit Weizen sowie einer von hier nach Cardiff bestimmten Salpeterladung in knapp neun Monaten zurückgelegt. Danach konnten an die Reeder trotz schlechter Frachtraten und nach Abzug aller Unkosten immerhin noch 18 000 Mark verteilt werden. Den Teilabschnitt vom La Plata um das Kap Hoorn nach Talcahuano durchsegelte es dabei in guten 41 Tagen.

Trotz einiger Havarien blieb die BEN VOIRLICH auch weiter ein »glückhaftes« Schiff. Beim Versegeln von Calais nach Cardiff geriet sie 1893 ohne eigenes Verschulden mit dem britischen Dampfer PRAIRIE KING in Kollision, wobei sie *Schaden an einigen Spanten und Platten erlitt*. Erst im Herbst 1898 gab es für das Schiff wieder eine gefährliche Situation, diesmal direkt »vor der Haustür«, im sogenannten Nassen Dreieck der Nordsee. Es kam von Kalifornien und wollte nach Hamburg. Es befand sich schon fast unter Helgoland, als ein mächtiger Südweststurm einsetzte und es völlig nach Norden vertrieb. Das Wetter war so schwer, daß die Leereling stets unter Wasser lag und das Kentern des Schiffes befürchtet werden mußte. Vier Tage kam die Besatzung nicht aus den Kleidern, nach zehn Tagen lief man in Bergen mit Schäden an Segeln und Takelage zu Nothafen ein. Von dort aus brachte ein holländischer Schlepper die BEN VOIRLICH nach

Mannschaftsbild 1893 auf der Ben Voirlich aufgenommen

Hamburg, aber erst, nachdem sie noch am 31. Oktober, »sturmeshalber«, bei Lerwick (Shetland-Inseln) geankert hatte. Bei ihrer nächsten Heimfahrt von der amerikanischen Westküste erwischte es sie eingangs des Englischen Kanals noch einmal schwer. Mit Verlust der Vor- und Großbramstenge kam sie Anfang 1900 in Hamburg ein und mußte bei Blohm & Voß repariert werden. Und auf der Fahrt von hier nach Lyttleton (Neuseeland) im gleichen Jahr lief sie in Christchurch mit schweren Decksschäden, verlorenen Booten und zerschlagenem Schanzkleid ein und hatte sogar ein Teil der Ladung werfen müssen.

1902 wurde die Ben Voirlich, in Hamburg liegend, an die Reederei J. Guandolfo & P. Rossalini and other in Italien für 5750 Mark (?) verkauft, ein Preis, der selbst für das inzwischen 29 Jahre alte Schiff kaum glaubhaft scheint, vermutlich aber in Pfund Sterling gezahlt worden ist. Wie sehr die Briten auch noch nach dem Verkauf das Schicksal dieses Seglers verfolgten, beweisen die folgenden, bei Basil Lubbock entnommenen Zeilen: *1903 verkauften die Deutschen die Ben Voirlich an die Italiener, die sie in Cognati umtauften. Im Winter 1908 wurde sie an der Horn in eine Kollision mit einem Eisberg verwickelt und erlitt schweren Schaden, aber es gelang ihr, den Hafen zu erreichen. Später konnte man sie in Leith sehen, wo sie als Unterkunft für Besatzungen aufgebrachter deutscher Schiffe diente.*

Mastenwald im Hamburger Hafen

Eine Irrfahrt durchs Eis

Infolge des Todes des geschäftsführenden Eigners wird das gut bekannte Schiff ENNERDALE *von der »Dale-Line« bei seiner Ankunft verkauft. Das prächtige Eisenschiff* ENNERDALE*, 1442 tons register, gebaut unter spezieller Aufsicht und der teilweisen Inspektion ihres letzten Eigners für seinen eigenen Gebrauch bei Messrs. W. H. Potter & Sons in Liverpool 1874 und geklaßt 100 A 1 bei Lloyds, letzte Spezialinspektion Nr. 3 im Mai 1889, hat eiserne Untermasten, Bugspriet und Unter- wie Marsrahen, kann befördern 1820 Tonnen, stehen mit nur 100 Tonnen Ballast und ist vollständig ausgerüstet. Dieses prächtige Schiff ist extra fest konstruiert und besitzt immer noch den höchsten Stand seiner Leistungsfähigkeit. Es ist jetzt in bester Ordnung und ist berühmt für seine Zuverlässigkeit und Schnelligkeit, so wie auch für seine Ablieferung der Ladung ohne Schäden. Dimensionen: 226,4 Fuß Länge, 36,3 Fuß Breite, 21,8 Fuß Tiefe. Zur Zeit auf der Reise von Portland (Oregon) nach Liverpool, wo es Mitte März fällig wäre.*

Diese von der Maklerfirma C. W. Kellrock & Co. aufgegebene Anzeige erregte das Interesse des Rostocker Korrespondenzreeders H. Janentzky, der das noch in See befindliche Schiff schließlich auch *unbesehen*, aber *glückliche Ankunft und übliche Docksclausel vorbehalten*, von dem Testamentsvollstrecker der bisherigen Firma J. D. Newton kaufte. Trotz eines Alters von 16 Jahren mußten dafür umgerechnet 220 000 Mark bezahlt werden, aber es galt als bekannt, daß *alle Schiffe des verstorbenen Herrn Newton sehr gut ausgerüstet und gehalten, also nicht zum Verkauf ausgefahren* waren. Die Vermessung des Vollschiffes in Deutschland ergab bei Hauptabmessungen von 68,23 × 11,06 × 6,68 in Metern einen Raumgehalt von 1233 RT.

Für dieses Schiff bilde ich eine Reederei unter meiner Korrespondentschaft und unter der Führung des Kapitäns R. Buller, der sich als bisheriger Schiffer der Bark MOZART *so bewährt hat, daß ich denselben in jeder Weise als einen Schiffer, wie er sein muß, schildern kann.* Auf diese Weise warb Janentzky um

Registrierung	1890
Schiffstyp	Vollschiff (später Bark)
Name	ENNERDALE
Ex-Name	–
Unterscheidungssignal	MDPR
Bauweise	Eisen
Raumgehalt	1233,33 RT
Abmessungen	68,23 × 11,06 × 6,68 in Metern
Werft	W. H. Potter & Son, Liverpool (Engl.)
Baujahr	1874
Alter beim Kauf	16 Jahre
Kaufpreis	220 000 Mark
Korrespondenzreeder	Hermann Janentzky, Rostock
Kapitän	R. Buller, Rostock
Verbleib	1901 nach Norwegen verkauft

Vollschiff ENNERDALE

weitere Interessenten für den Segler, der am 23. Mai 1890 sein Flaggenattest erhalten hatte. Da der Gesamtwert »seeklar« auf 250 000 Mark gesetzt wurde, war *1/250 die kleinste unteilbare Parte von 1000 Mark.* Zu den geworbenen 33 Mitreedern gehörten einmal mehr die beiden Schiffbaumeister Ernst Burchard und Carl Bohn (16/250) sowie die Kaufleute Küchenmeister, Buller, Grampp, Burchard, Dr. Witte, Hermes, Clement, Diedrich und Bauer. Auch der Hof-Schlosser Küchenmeister, der Postsekretär Schmidt und der Postassistent Greuel waren ebenso wieder dabei wie der Segelmacher Hansen und die Schiffsmakler Haack, Rostock, und Dahlström, Hamburg. Weiterhin beteiligten sich diesmal neben anderen Geschäftsleuten ein Bierbrauer aus Neumünster, ein Kaufmann aus Liverpool, ein Apotheker aus Teterow sowie ein Staatsanwalt und ein Zahnarzt aus Rostock.

Es gab an sich nicht viele Vollschiffe in der Rostocker Flotte, und noch weniger solche, die dann nicht doch irgendwann zu einer Bark umgetakelt wurden. Auch die ENNERDALE wurde später zu einer Bark umgetakelt. Gleich ihre erste Fahrt trat sie am 5. Juni 1890 nach der südamerikanischen Westküste an, von wo sie eine Ladung Salpeter für Hamburg holte. Die nächste Reise wurde eine Weltumseglung, denn von Hamburg ging sie über New York nach Sydney und von dort mit einer Ladung Wolle in 104 Tagen nach London. Auch bei ihrer dritten Ausfahrt von Europa umrundete sie die Erde. Doch diese Reise fing gleich nicht gut an. Am 15. Juli 1892, gegen 5 Uhr morgens, verließ die ENNERDALE London im Schlepptau des Dampfers DORUNDA. Gegen 10.30 Uhr abends wurde Beachy Head erreicht, wo der Schlepper loswerfen sollte. Der Erste Steuermann hatte die Wache, und die Leute arbeiteten in der Takelage, um die Mars- und Bramsegel zu setzen. Das Wetter war ruhig und die See glatt. Mit dem Losmachen des Großuntermarssegels war der Matrose Plötz beschäftigt, und als der Bauch des Segels fiel, stürzte er plötzlich ohne ersichtlichen Grund auf das Deck nieder und zertrümmerte sich dabei an der Großluke den Kopf. Es konnte nicht festgestellt werden, ob ihn das Segel mitgerissen, ob er unvorsichtig gewesen oder das Gleichgewicht verloren hatte. Möglicherweise trug auch eine Beinverletzung an dem Unfall mit Schuld, die er sich im Jahr davor durch einen Sturz in den Laderaum des Rostokker Dampfers MATHILDE JOOST zugezogen, von der er aber bei seiner Anmusterung in London nichts erwähnt hatte. Das Schiff war schon zu weit von der Küste entfernt, um wieder umzukehren, und so wurde die Leiche auf ein Brett gebunden, in Segeltuch verpackt und dem Schlepper übergeben, der sich allerdings erst dazu bereiterklärte, als man ihm eine Vergütung von 5 Pfund bot. Ein Unglück gleich zu Beginn einer Reise wurde von der Besatzung meist als kein gutes Omen angesehen. Aber alles verlief glatt. Erst als sich die ENNERDALE wieder auf der Heimreise befand, geriet sie in eine bedrohliche Situation. Doch lassen wir einen Augenzeugen berichten.

Am 3. Februar 1893 hatten wir Melbourne verlassen, um mit einer Ladung Weizen die Heimreise nach Falmouth anzutreten. Bis Kap

Blick von der Fockrah der PRIWALL *bei Teufelsbrück (Niederelbe)*

Horn, welches bereits am 3. März passiert wurde, verlief die Reise ohne Zwischenfälle. Wir hatten steife bis stürmische Winde aus NNW und hohe See. Nun folgten mäßige nördliche Winde und trübes, zeitweise nebliges Wetter bis zum 9. März, wo wir uns auf 51° Süd-Breite und 49° West-Länge befanden. Um 10 Uhr vormittags kam ein großer Eisberg in Sicht, und unmittelbar darauf sahen wir zu beiden Seiten und voraus zahllose Eisberge und mehrere Eisfelder auftauchen, letztere mochten wohl 3–4 Seemeilen lang und erstere 100 Fuß hoch sein. Um die Fahrtgeschwindigkeit des Schiffes zu mindern, wurden nun mehrere Segel festgemacht und dann versucht, einen Ausweg zu finden. Hierbei kamen wir mitunter in nächste Nähe der Eiskolosse, bald mußten wir diesem, bald jenem ausweichen, und das Schwierigste war noch, den vielen umhertreibenden, mehr oder weniger großen Eisstücken aus dem Wege zu gehen.

Um 12 Uhr mittags war ein weiteres Vordringen unmöglich. Eisberge und -felder standen dicht beieinander, nur in NW war eine größere Lücke, von dorther wehte aber der Wind. Nun wurde das Schiff gewendet. Wir segelten zwischen dem Eis denselben Weg zurück und steuerten dann bei dem Winde westlich. Bei Einbuch der Dunkelheit gewahrten wir ein Barkschiff, das, eben wohl noch rechtzeitig einen Eisberg in Sicht bekommen und durch unseren sonderbaren Kurs aufmerksam gemacht, ebenfalls wendete und sich in unserer Nähe hielt. Um Mitternacht, nachdem der Wind westlicher gegangen war, nahm die Ennerdale den nördlichen Kurs wieder auf. Bald sahen wir wieder Eis in der Nähe, jedoch nur vereinzelt, bis zum Mittag passierten wir ca. 20 Eisberge, alle östlich von uns. Dann wurde das Eis jedoch häufiger, der Wind ging nördlicher und frischte auf. Beim Passieren in Lee der großen Eismassen hatten wir sehr starke Fallwinde, sonst aber klares, heiteres Wetter den ganzen Tag. Gegen Abend gestaltete sich unsere Lage kritischer. Das Barometer fiel schnell, der Wind nahm fortwährend an Stärke zu, gleichzeitig wurde das Eis immer dichter, es schien, als ob sich vor uns ein Eisberg an den anderen reihte. An ein weiteres Vordringen war nicht zu denken. Bei der jetzt hereinbrechenden Dunkelheit war der Rückweg ebenfalls abgeschnitten, und da wir uns gerade auf einer etwas größeren freien Stelle befanden, wurde beschlossen, alle Segel bis auf die Untermarssegel festzumachen und das Schiff auf gut Glück treiben zu lassen. Das am vorhergehenden Abend angetroffene Schiff hatte sich den ganzen Tag über in Sichtweite von uns gehalten, und um ihm dies auch während der Nacht zu ermöglichen, zeigte die Ennerdale ein weißes Licht von der Gaffel. In unserer gegenwärtigen gefahrvollen Lage war die Nähe eines Leidensgenossen immerhin ein etwas beruhigendes Gefühl, denn falls dem einen Schiff ein Unglück zustieß, war ja noch die, wenn auch schwache Möglichkeit vorhanden, daß vom anderen Schiff Rettung kommen konnte.

Unser größter Trost aber war, daß um 22 Uhr der Mond aufgehen mußte. Bis dahin schlich die Zeit nur langsam vorwärts. Von den drohenden Eisriesen um uns herum war bei der undurchdringlichen Finsterniß nichts zu erspähen. Der Sturm heulte und pfiff seine schaurigen Lieder in der Takelage – es waren unheimliche Stunden. Gottlob! Um 23 Uhr brach der Mond siegreich durch die Wolken! Nun konnte man doch wieder die Gefahr sehen und durch rechtzeitiges Manövrieren das Schiff vor Kollisionen bewahren. Bei Tagesanbruch wurde dann nach einem Ausweg durch die im Norden liegende Eiswand gesucht. Es fand sich eine etwa 300 Fuß breite Lücke, und hier galt es nun hindurchzusegeln. Je mehr wir uns aber der Stelle näherten, um so gefahrvoller erschien das Unternehmen. Dieselbe war mit Treibeis bedeckt und außerdem der Wind ziemlich nördlich und sehr böig. Dennoch kamen wir unbeschädigt hindurch und ebenso glücklich auch unsere Gefährtin, die Bark, die direkt hinter uns hersegelte und die die norwegische Nationalflagge zeigte. Als wir die Eiswand, die sich Ost-West erstreckte und deren Enden nicht abzusehen waren, glücklich hinter uns hatten – es war am 11. März morgens 6 Uhr, wir befanden uns auf 49 1/2° Süd und 47 1/2° West –, wurde das Eis bedeutend seltener. Mittags sahen wir westlich von uns nur noch drei Berge, abends passierten wir den letzten.

Was nun die Eisberge selber anbetrifft, so waren sie von den verschiedensten Größen bis zu 100 m Höhe und zeigten oft die wunderbarsten Gestaltungen. Viele der größeren waren oben ganz flach, hatten die Form eines Rechtecks mit senkrechten Seiten und scharfen Kanten und sahen in der Ferne aus wie große Kästen. Sie waren mit ca. 15–20 Fuß hohem Schnee bedeckt, zeigten in der Wasserlinie und unter derselben Löcher, wordurch sich manche schon stark auf die Seite neigten. Andere Eismassen hatten eine dachförmige Gestalt oder waren platt und nur mit einer oder auch mehreren Spitzen versehen. Ein anderer machte den Eindruck einer Festung mit Zinnen und Türmen, und ein großer Eisklotz hatte ungefähr die Form eines Hauses, das vorne mit einer Giebelwand versehen ist. Eine ganz in unserer Nähe passierende Eismasse von der Größe unseres Schiffes bot einen merkwürdigen Anblick. Sie hatte die Form einer Mulde, war ganz mit Wasser angefüllt und schaukelte beständig hin und her, wobei sie von Zeit zu zeit einen Teil ihres Inhalts hoch in die Luft emporspritzte, um gleich darauf an der anderen Seite wieder vollzuschöpfen. Alle kleineren Eisberge waren ohne Schnee und hatten meist abgerundete Formen. Das Wasser spritzte und

Die ENNERDALE, 1893 zusammen mit einer norwegischen Bark im Eis unweit von Kap Hoorn

spülte an ihnen herauf wie an Klippen, während sie sich in fortwährend schaukelnder Bewegung befanden und dabei ein Gekrache und Getöse verursachten, als ob sie beständig auseinanderbersten wollten, während die ganz großen Eismassen wenig Bewegung zeigten.

Bereits auf der Reise nach Melbourne hatten wir im Indischen Ozean einen einzelnen großen Eisberg angetroffen. Während dieser aber schon stark verwittert aussah, die eine Wand desselben war völlig schwarz, zeigten sämtliche Eisberge im Südatlantik eine blendend weiße Farbe, nur die kleineren, schneelosen waren etwas dunkler. Die See war während der ganzen Zeit trotz der bisweilen stürmischen Winde in Folge der dichten Eismassen sehr wenig bewegt. Auffällige Änderungen der Temperatur des Wassers und der Luft wurden nicht wahrgenommen. Auch waren auffallend wenig Vögel vorhanden, während sie doch sonst in großen Massen in der Nähe des Eises angetroffen werden. Dagegen bemerkten wir sehr viele Delphinscharen. Sobald wir aus der Eisnähe heraus waren, gestatteten uns frische westliche Winde, unseren nördlichen Kurs wieder aufzunehmen, welcher uns in wenigen Tagen einem warmen, milden Klima zuführte, das uns schnell die Eisgefahren des südatlantischen Ozeans vergessen ließ. Am 22. Mai trafen wir wohlbehalten in Falmouth ein.

Soweit der nüchterne, sich auf Tatsachen beschränkende Bericht eines befahrenen Mannes, der aber trotzdem zwischen den Zeilen die ausgestandenen Sorgen, Nöte und Gefahren erkennen läßt. Ein in Privathand befindliches, aber im Rahden abgebildetes Kapitänsbild veranschaulicht dieses Ereignis. Es zeigt die ENNERDALE zusammen mit der norwegischen Bark, umgeben von Treibeis und beim Passieren von zwei riesigen Eisbergen.

Am 23. Juli 1893 versegelte die ENNERDALE von Sunderland mit einer Ladung Kohlen nach Rio und kam dort nach 48 Tagen an. Hier herrschte gerade ein Bürgerkrieg, der mehrfache Bombardements der Stadt mit sich brachte, welche zwar dem Schiff keine direkten Beschädigungen zufügten, die Umschlagarbeiten aber erheblich verzögerten. Darauf ging es in Ballast nach Südaustralien und von dort mit Weizen nach Cardiff. Diese ca. elf Monate dauernde Reise rund um die Erde brachte trotz der schlechten Frachtraten und der einen Ballastfahrt immerhin noch einen Reingewinn von 14000 Mark.

In den Jahren 1894–97 machte die ENNERDALE noch drei weitere Reisen von Europa mit Zwischenhäfen zur »Westküste«. Auf der letzten Heimreise kam sie dann, mit Salpeter von Tocopilla nach Hamburg bestimmt, am 29. und 30. November 1897 kurz vor der Elbmündung in einen schweren Orkan, der auf See viele Verluste und an Land gewaltige Verwüstungen und Hochwasserschäden verursachte. Der Dampfer OLGA, auf der Reise von Riga nach London, fand die ENNERDALE am 1. Dezember morgens 7 Uhr, in schwer haveriertem Zustand und die Notflagge zeigend, bei den Heaks. Neben sonstigen Schäden waren das Vorgeschirr zerstört, die Vorbram- und Großbramstenge gebrochen und beide Anker nebst Ketten verloren. Die OLGA schleppte sie bis zur Hafenmündung von Ymuiden, wo sie der Schlepper TITAN übernahm. Hier nur notdürftig repariert und wieder mit Ankern und Ketten versehen, wollte die ENNERDALE sich nach Hamburg schleppen lassen, als sie von den Hafenbehörden in Beschlag genommen wurde, weil der Dampfer ein Bergungsgeld von 8000 Pfund forderte. Erst als die Reederei 4000 Pfund Garantie bot, durfte der Segler den Hafen am 15. Dezember, im Tau des Schleppdampfers ALBATROS, wieder verlassen. In Hamburg übernahm die Werft von H. C. Stülcken die Reparaturen, auch konnte hier schließlich eine »gütliche Einigung« mit der Reederei der OLGA über 1500 Pfund getroffen werden.

Danach machte die ENNERDALE – der Wert einer Parte wurde zu diesem Zeitpunkt nur noch mit rund 400 Mark taxiert – noch zwei große Weltreisen für Rostocker Rechnung. Von April 1898 bis August 1899 erzielte sie auf der Route Hamburg – Australien – »Westküste« –

Schwer havariert wurde die inzwischen zur Bark umgetakelte ENNERDALE 1897 in Ymuiden eingeschleppt

Cardiff eine Dividende von 30 000 Mark. Die letzte Fahrt ab Oktober 1899 von England über Südafrika, Australien und Chile endete in Hamburg. Dort wurde sie auch 1901, aus Caleta Buena kommend, für 5500 Pfund nach Norwegen verkauft. Abzüglich einer 2%igen Verkaufsprovision kamen für die Reederei nach einem elfjährigen Einsatz des Schiffes schließlich noch 107 800 Mark zur Verteilung.

Verschollen bei Kap Hoorn

Das Jahr 1891 brachte mit sechs Neuzugängen den absolut größten Zuwachs an Eisenseglern für die Rostocker Flotte, allerdings gehören zwei davon zu den bereits abgehandelten Neubauten, die FRIEDA MAHN und die MARTHA BOCKHAHN. Über die vier Altbauten gibt es nicht viel mehr zu berichten, als dem Register zu entnehmen ist. Es waren drei kleinere Barken zwischen 500 und 700 RT und ein größeres Vollschiff von 1133 RT. Die Bark EMMA BAUER (ex BEN MORE) kam aus Glasgow (Flaggenattest am 9. Februar 1891) und wurde vom Schiffer H. Niemann aus Dändorf übernommen, der bisher die Brigg ADOLPH MICHELS geführt hatte. Unter der Korrespondenz von Heinrich Bauer segelte sie vorwiegend nach Südafrika, Mauritius, Australien und Hinterindien, aber auch zu den Häfen der nord- und südamerikanischen Ostküste. Am 7. Dezember 1899 brachte sie der Dampfer KANT im Schlepptau bei schwerem Wetter von Lübeck bis auf die Reede von Warnemünde, von wo aus sie der Rostocker Passagierdampfer FÜRST BLÜCHER »an die Stadt« bugsierte. Dort machte das Schiff erst an der Schnickmannbrüche fest, kam dann aber in die sogenannte »Lage« auf der Warnow. Der Schiffshändler Paul Grampp hatte die EMMA BAUER ersteigert und legte sie dort bis zu ihrem Weiterverkauf nach Schweden auf.

Die Bark TAHITI war zwar auch ein in England gebautes Schiff, segelte aber zuletzt unter französischer Flagge, und die ebenfalls dort abgelaufene Bark WESER (705 RT), mit ihren 32 Jahren nach der FORTUNA der älteste Bau, war zuletzt in Brake beheimatet. Die WESER wurde am 3. November 1891 durch Kapitän C. Bülow aus Müritz *von den Herren Tobias & Co. aus Brake* für 61 500 Mark gekauft und besaß trotz ihres Alters immer noch »Klasse«. Voll ausgerüstet, kostete die Bark 68 000 Mark, die in 100 Parten gegliedert, unter 13 Mitreedern verteilt wurden. Mit 45 Parten gehörte Kapitän Bülow fast die Hälfte des Schiffes. Der Korrespondenzreeder Rudolph Josephy aus Ribnitz übernahm mit 25 Parten ein Viertel des Gesamtwertes, und neben sechs Kapitänen aus Wustrow (9/100), dem Rostocker Reifer Mentz (2/100), den Maklerfirmen Bolten aus Hamburg (5/100) und Millers Nachf. aus Grangemouth (3/100) sowie dem Schiffshändler William & Day (10/100) zeichnete auch noch der »Schulze aus Müritz« einen Anteil.

Registrierung	1891
Schiffstyp	Bark
Name	EMMA BAUER
Ex-Name	BEN MORE
Unterscheidungssignal	MDPQ
Bauweise	Eisen
Raumgehalt	536 RT
Abmessungen	49,87 × 8,43 × 5,17 in Metern
Werft	Iliff & Mounsey, Sunderland
Baujahr	1868
Alter beim Kauf	23 Jahre
Kaufpreis	82 000 Mark
Korrespondenzreeder	Heinrich Bauer, Rostock, Paul Grampp, Rostock (ab 1899)
Kapitän	H. Niemann, Dändorf
Verbleib	1900 nach Schweden verkauft

Bark Weser

Registrierung	1891
Schiffstyp	Bark
Name	Weser
Ex-Name	Summer Cloud
Unterscheidungssignal	NFSK
Bauweise	Eisen
Raumgehalt	705 RT
Abmessungen	50,43 × 9,61 × 5,70 in Metern
Werft	Pile, Spence & Co., Westhartlepool (Engl.)
Baujahr	1859
Alter beim Kauf	32 Jahre
Kaufpreis	61 500 Mark
Korrespondenzreeder	Rudolph Josephy, Ribnitz, Helmut Mentz, Rostock (ab1896)
Kapitän	C. Bülow, Müritz
Verbleib	1900 nach Hamburg verkauft

Die Weser wurde auf der Fahrt von San Juan del Sur (Nicaragua) nach Korsika am 8. März 1900 *mit Ruderverlust durch den deutschen Dampfer Teutonia in Fayal (Azoren) eingeschleppt* und die aus Zedernholz bestehende Ladung *wegen einer Bergelohnforderung von 3000 Pfund für 180 Meilen in 74 Stunden mit Beschlag belegt.* Obwohl es außer dem Ruder keine Beschädigungen gab, mußte das Schiff löschen. Die Gesamthavariekosten müssen sehr hoch gewesen sein, denn nach ihrer Ankunft in Bremen, am 10. November, wurde die Bark von der Reederei nicht wieder in Fahrt gesetzt und nach Hamburg verkauft.

Kapitän Friedrich Opitz bekam mit der eisernen Bark Tahiti (ex Röslin Castle), 1863 in Glasgow erbaut, sein drittes Kommando über einen Rostocker Segler. 1882 hatte er den Schiffer Bülow auf der 1855 bei Wilken in Ribnitz abgelaufenen hölzernen Brigg Gallilei abgelöst. Nach deren Verlust 1886 – das 31 Jahre alte Schiff *war nach tagelangem schwerem Arbeiten in hoher See schwer leck und in fast allen Teilen stark begeben,* in St. Nazaire eingelaufen und kondemniert worden – hatte er das Kompositschiff GUINEVERE bis 1890 übernommen. Am 6. Juli 1891 erwarb er zusammen mit dem Korrespondenzreeder Franz Schultze in Liverpool die 650-t-Bark TAHITI, welches 980 t Schwergut laden konnte. Und dies sollte das letzte Kommando des Schiffers Opitz werden. Nach der Erteilung des Flaggenattestes am 21. August 1891 wurde der Segler in Liverpool mit Kohlen für Santos beladen.

Registrierung	1891
Schiffstyp	Bark
Name	TAHITI
Ex-Name	RÖSLIN CASTLE
Unterscheidungssignal	MDPT
Bauweise	Eisen
Raumgehalt	650 RT
Abmessungen	56,05 × 8,87 × 5,70 in Metern
Werft	Emanuel & Co., Glasgow (Schottland)
Baujahr	1863
Alter beim Kauf	28 Jahre
Kaufpreis	–
Korrespondenzreeder	Franz Schultze, Rostock, E. Burchard & Co., Rostock (ab 1895), Hermann Janentzky, Rostock (ab 1896)
Kapitän	F. Opitz, Rostock, (1891) R. Zeplin, Wustrow (1893) G. Gläwke, Rostock (?) (ab 1893), A. Schwebke, Dierhagen (ab 1895)
Verbleib	1897 nach Pernau verkauft

Dort wütete damals das Gelbe Fieber. Ende Oktober 1891 traf die TAHITI, von Liverpool kommend, ein, und schon Mitte November verstarb Kapitän Opitz an der Seuche. Rund 15 Monate wurde die Bark hier *durch verzögerte Entlöschung der Kohlenladung* aufgehalten, und als sie dann Anfang des Jahres 1893 endlich frachtsuchend nach Westindien versegelte, ereilte den neuen Kapitän, R. Zeplien aus Wustrow, das gleiche Schicksal kurz nach Verlassen des Hafens. *Er ist der 7. Todesfall unter mecklenburgischen Schiffsführern in Brasilien,* hieß es dazu in der Meldung. Bis zu ihrem Verkauf im Jahre 1897 lief die TAHITI unter den Kapitänen Gläwke (ab 1893) und Schwebcke (ab 1895) neben den Häfen der amerikanischen Ostküste und Westindiens noch Neuseeland, Südafrika und Südamerika an.

Das Vollschiff PLUTO war wieder ein ehemaliger »P-Liner«, das zweite Schiff, das eine Rostocker Reederei von der Hamburger Firma Laeisz kaufte. Das 1862 bei der bekannten Werft Jones Quigging & Co. in Liverpool unter dem Namen AMINTA vom Stapel gelaufene Schiff wurde von dem Korrespondenzreeder Wilhelm Maack über die Schiffsmaklerfirma August Bolten in Hamburg für 130 000 Mark bezogen. Ein ziemlich hoher Preis für ein fast 30 Jahre altes Schiff, aber die Laeisz-Segler waren alle gut gehalten, und die Klasse I 3/3 L 1.1. beim »Bureau Veritas« wurde auf weitere vier Jahre garantiert. Laeisz, der Mitte der 80er Jahre auf Stahlschiffe umzurüsten begann, musterte jetzt alle alten Eisenschiffe rigoros aus. Gerade in der von dieser Reederei vorrangig betriebenen Kap-Hoorn-Fahrt hatte es sich herausgestellt, daß den relativ kleinen Eisenschiffen in der Belastbarkeit Grenzen gesetzt waren. *Auch das Eisenschiff war noch ein unzulängliches Gebilde, es war noch nicht die endgültige Waffe im Kampf gegen Kap Horn,* schrieb Prager.

Die PLUTO machte ihre erste Reise unter Rostocker Flagge über Australien nach der »Westküste« und von dort zurück nach

Das Vollschiff PLUTO unter der Flagge von »FL«, Hamburg

Europa. Die zweite sollte dann auch schon ihre letzte sein. Auf der Fahrt von Blyth (England) mit 1700 t Kohlen nach Iquique ist sie im Jahre 1892 mit Mann und Maus verschollen. Am 16. Juli 1892 hatte sie England verlassen, und sie sollte im August, schon jenseits des Äquators, noch zwei Rostocker Schiffen treffen. Zuerst traf sie die Bark FRITZ, Kapitän Andreis, die sich auf der Reise von Frederikstadt nach der Tafelbay befand, und dann die Bark HELEN SCOTT, Kapitän Martens, die mit Wolle und Talg von Sydney nach London segelte. Der Journalauszug der HELEN SCOTT lautete dazu: *Signalisierten am 22. August 1892 auf 8° 38' Süd und 25° 34' West mit dem Rostocker Vollschiff PLUTO, Unterscheidungssignal RGBC, sollen selbiges reportieren.* Große Freude damals natürlich auf beiden Schiffen. Wie oft traf man schon auf dieser langen Route ein Schiff, und

Registrierung	1891
Schiffstyp	Vollschiff
Name	PLUTO
Ex-Name	AMINTA
Unterscheidungssignal	RGBC
Bauweise	Eisen
Raumgehalt	1133 RT
Abmessungen	65,20 × 10,70 × 7,00 in Metern
Werft	Jones, Quiggin & Co., Liverpool (Engl.)
Baujahr	1861
Alter beim Kauf	30 Jahre
Kaufpreis	130 000 Mark
Korrespondenzreeder	Wilhelm Maack, Rostock
Kapitän	R. Niemann, Rostock
Verbleib	1892/93 verschollen

... kleinen Freitagsmarkt ver- ... sehr schleppend

56—58 ℳ, Sauen 40—52 ℳ pr. 100 ℔. Tendenz des Kälberhandels: mittelmäßig. An Markt gebracht waren 820 Stück. Un- ... 50—75 ℳ

Rostocker Zeitung.

Nr. 565. Erscheint täglich Morgens und Abends; jedoch fällt an Sonn- und Festtagen die Abendausgabe, am Tage darauf die Morgenausgabe fort. Das Abonnement beträgt pro Quartal 3 ℳ 75 ₰, bei den resp. Deutschen Postämtern 4 ℳ 70 ₰. Einzelne Exemplare in der Expedition 10 ₰.

182. Jahrgang. Sonnabend, 3. December. 1892.

Preise der Inserate für Mecklenburg: 1—2 Petitzeilen 25 ₰, für größere Inserate die Petitzeile oder deren Raum 10 ₰, fürs Ausland 15 ₰. Reclamen unmittelbar hinter den polit. Nachr. à Zeile 30 ₰. Expedition: Hopfenmarkt Nr. 33.

... und flau. Es waren viele gute ... am Markt. Zum Schluß wurden die notirten Preise nicht erreicht, auch bleibt Ueberstand. I. 57—62, ausgesuchte Waare darüber, II. 50—56, III. 40—49 ₰ pr. Pfund Fleischgewicht. Hammel, sämmtlich Ueberständer von Montag, blieben, wie stets am kleinen Markt, ohne Nachfrage.

Schiffs-Nachrichten.

Pluto. Hamburg, 1 Dec. In betheiligten Kreisen werden seit einigen Tagen bezüglich dieses am 17. Juli d. J. von Blyth mit Kohlen nach Iquique f. O. gesegelten Schiffes Befürchtungen laut, daß demselben ein Unfall zugestoßen sei, auch soll bereits ein hoher Procentsatz als Rückversicherung für denselben geboten sein. Wir sind der Ansicht, daß diese Befürchtungen bis jetzt noch nicht begründet sind und zwar aus folgenden Gründen: Der Pluto wurde zuletzt am 22. August auf 8° 33′ S. 25° 34′ W. durch das Rostocker Schiff Helen Scott angesprochen, wo das Schiff noch intact war, hat dasselbe aber etwa beim Cap Horn Stengen verloren, welche nicht alle genügend ersetzt werden konnten, so ist ein Zeitraum von reichlich 3 Monaten von 8° S. 25° W. bis Iquique um das Cap Horn herum noch nicht so übermäßig lange. Das Schiff sollte nach Mittheilung des Rheders, Herrn W. Maack in Rostock, von Iquique nach Caleta Buena zur Entlöschung weiter beordert werden, von wo es keine Telegraphenverbindung mit Europa giebt, während das Ordre-Haus in Iquique vielleicht unterlassen hat, von letzterem Hafen zu telegraphiren. Die Kohlenladung war unter specieller Aufsicht von Assecuranzvertretern eingenommen und ist zu hoffen, daß irgend ein unvorhergesehener Fall die Reise des Schiffes verzögert hat, daß dasselbe aber noch ankommt. (B. H.)

Angekommene u. abgegangene Schiffe.

Warnemünde, 3. Dec — von
Freya (Post-D), Bang — Gjedser
nach
Kaiser Wilhelm (Post-D), Schöning — Gjedser

Wismar, 3. Dec — von
Marietta (D), Rayorich — Riga

... den Markt gebracht ... verkauft blieben — Stück. Preise 50— ... pro 100 ℔.

Schiffs-Nachrichten.

* **Königsberg,** 30. Dec. (**Tel. Dep. d. „Rostocker Ztg.“**) Seit dem 27. d. ist kein Dampfer in den Hafen eingekommen; die Schifffahrt ist geschlossen.

* **Rostock,** 30. Dec. Die Meldung, daß das Schiff G. N. Wilcox, Sinnig, in Liverpool eingetroffen sei, wird auf einer Verwechselung mit einem gleichnamigen Schiff beruhen. Die hiesige Bark dieses Namens ist erst am 17. d. M. von Solina Cruz in Hamburg eingetroffen, konnte also nicht wohl am 26. in Liverpool sein. Auch ist ihr Abgang von Hamburg nicht gemeldet.

London, 28. Dec. Auf das mehrmals erwähnte fünfmastige Stahlschiff **Maria Rickmers,** welches auf der Reise von Saigon nach Bremen am 24. Juli die Sundastraße passirte, sind Rückversicherungen zu 90 pCt. geschlossen worden. Ferner wurden Rückversicherungen geschlossen: zu 85 pCt. auf das Schiff **Pluto,** am 17. Juli von Blyth nach Iquique abgegangen.

Angekommene u. abgegangene Schiffe.

Warnemünde, 30 Dec — von
Dr. Friedrich Witte (D), Ohlerich — Malmö
Dr. Arthur Bartz (D), Ahrens — Kopenhagen
König Christian (Post-D), Jantzen — Gjedser
Freya (Post-D), Bang
nach
H. von Witt (D), Wegner — Greenock m Zucker
Freya (Post-D), Bang — Gjedser
König Christian (Post-D), Jantzen

Cuxhaven, 29 Dec. — von
Russia (D), Schmidt — Newyork

Gent, 30. Dec. (pr. T.) — nach
Hans Krohn (D), Kötter — Sunderland

Marseille, 23. Dec. — nach
Hinrich (D), Schrader — London

Gravesend, 30. Dec (pr. T.) — nach
Carmen (D), Laß — Lübeck

Goole, 23. Dec. — von
Norma (D), Petersen — Gent

Das Vollschiff PLUTO *unter der Korrespondenz von Wilhelm Maack, Rostock*

dann auch noch eins aus dem heimatlichen Rostock. Lachen, Rufen und Winken von Bord zu Bord. Keiner ahnte damals auf der HELEN SCOTT, daß sie die letzten waren, die das Vollschiff und seine Besatzung gesehen hatten. Seitdem fehlt von ihm jede Nachricht.

Am 1. Dezember wurden die ersten Zweifel laut. *In beteiligten Kreisen hegt man seit einigen Tagen bezüglich des am 17. Juli von Blyth mit Kohlen nach Iquique f. o. gesegelten Schiffes* PLUTO *Befürchtungen, daß dieses einem Unfall zum Opfer gefallen sei.* Die »Rostocker Zeitung« aber beruhigte und nährte die Hoffnung, es könnte ein unvorhergesehenes Ereignis die Reise des Schiffes verzögert haben. Hatte es z. B. bei Kap Hoorn Stengen verloren, die nicht alle ersetzt werden konnten, so war ein Zeitraum von reichlich drei Monaten vom Zusammentreffen mit der HELEN SCOTT bis zur Ankunft in Iquique nicht so übermäßig groß. Doch dann wurde es langsam zur Gewißheit, und der Rest war wie immer Spekulation. Dem »rauhbeinigen« Kap Hoorn zum Opfer gefallen, mit einem Eisberg kollidiert, an der Küste Patagoniens gescheitert oder durch Feuer, das in der Kohlenladung ausgebrochen war? Mit der PLUTO sind 17 Personen geblieben. Der Schiffer Reimar Niemann und der Jungmann Fr. Niemann, beide aus Rostock und vielleicht Vater und Sohn, der Erste Steuermann Holtz aus Warnemünde, der Zweite Steuermann Krull aus Nienhagen, der Koch Falk, der Segelmacher Müller und der Leichtmatrose Ewert, alle aus Ribnitz, und außer diesen Mecklenburgern noch weitere sieben Deutsche und drei Ausländer.

Auf See brennend verlassen

Ich bin der Steuermann Heinrich Jörck von der deutschen Bark HELMUTH MENTZ *aus Rostock, die am letzten 17. April mit einer Ladung Kohlen von Newcastle o/Tyne nach Valparaiso ausging. Als wir uns 28 Meilen von Punta Gutera befanden, entwickelte sich ein Feuer in der Kohlenladung, und wir mußten das Schiff am 3. August 1893 verlassen, da die Hitze bereits so stark war, daß das Wasser in den Wasserbehältern siedete. Wir verteilten uns sämtlich in zwei Boote, das eine unter Kommando von Kapitän Schmidt, das andere unter dem meinigen. Wir blieben anfangs gegenseitig in Sicht, bis wir uns in der Nacht vom 4./5. August verloren, ohne daß wir des Kapitäns Boot wieder in Sicht bekamen. Wir suchten Land zu gewinnen und kamen endlich nach elf Leidenstagen, von denen wir drei ohne Nahrung waren, hier an. Der Kapitän hatte die Schiffsbücher. Die Namen der glücklich Geretteten sind: Steuermann Heinrich Jörck aus Niehagen/Fischland, Segelmacher Fritz Gütschow, Hermannshagen-Heide, Koch Robert Mussaeus, Warnemünde, Matrosen Friedrich Rosenkranz, Rostock, August Lütcke, Carl Bessert, Wilhelm Popern und Hugo Wendt.*

Diese Verklarung wurde am 20. August 1893 auf dem Hafenamt von Ancud in Chile abgegeben. Die neun mit dem Rettungsboot gelandeten Männer hatten Furchtbares hinter sich. Da neben dem Spruch des Seeamtes auch noch ein Tatsachenbericht des Ersten Steuermanns über die beschwerliche Rettung existiert, soll der ganze Fall noch einmal rekonstruiert werden.

Mit meinem ergebenen Heutigen erlaube ich mir Ihnen höflichst mitzuteilen, dass ich die z. Zt. in Hamburg liegende eiserne Bark ROYAL ALEXANDRA *für den billigen Preis von 4000 Pfund käuflich erworben habe,* teilte der Rostocker Korrespondenzreeder Helmuth Mentz in seinem »Circulair« vom 18. Januar 1893 interessierten Kreisen mit. Vor 29 Jahren *auf der Werft der Herren Richardson, Duck & Co., Stockton upon Tees, erbaut,* hatte das bisher von Liverpool aus unter britischer Flagge segelnde Schiff einen Raumgehalt von 1332 RT und war mit + *100 A 1 beim Englischen Lloyd classifiziert.*

Korrespondenzreeder Helmuth Mentz

Bark Helmuth Mentz

Registrierung	1893
Schiffstyp	Bark
Name	Helmuth Mentz
Ex-Name	Royal Alex-andra
Unterscheidungssignal	MDQH
Bauweise	Eisen
Raumgehalt	1 332 RT
Abmessungen	65,42 × 10,48 × 7,34 in Metern
Werft	Richardson, Duck & Co., Stockton (Engl.)
Baujahr	1864
Alter beim Kauf	29 Jahre
Kaufpreis	80 000 Mark
Korrespondenzreeder	Helmuth Mentz, Rostock
Kapitän	E. Schmidt, Rostock
Verbleib	1893 auf See verbrannt

Auf den Namen des Korrespondenzreeders Helmuth Mentz umgetauft, wurde *zum Führer des Schiffes Capt. Ernst Schmidt, hieselbst, bestimmt,* der als bisheriger Schiffer der Bark Ferdinand seit *einer Reihe von Jahren als sehr tüchtiger und zuverlässiger Seemann* bekannt war. Vollständig ausgerüstet und versichert, übernahm es eine »neugebildete Rhederei« am 28. März mit 100 Parten zu je 1000 Mark, an der sich drei Generationen der Familie Mentz mit dem Vornamen Helmuth zusammen mit etwa einem Drittel beteiligten. Der Kapitän und ein Kaufmann namens Schleicher aus Biebrich am Rhein »notierten« je 15 Anteile, das letzte Drittel ging in den Besitz von Kaufleuten, Rentiers, Schiffern u. a. aus Rostock, Ribnitz, Wustrow, Dierhagen, Dändorf und Hamburg über. Der Korrespondenzreeder hatte den Teilhabern in seinem Rundschreiben *eine Beteiligung an diesem Unternehmen als eine sichere und rentable Capitalanlage* empfohlen, zum

Helmuth Mentz
Schiffs-Rhederei
Tauwerk-Fabrik.

Telegramm-Adresse:
Tauwerkfabrik.

Rostock, den 18. Januar 1893.

P. P.

Mit meinem ergebenen Heutigen erlaube ich mir Ihnen höflichst mitzuteilen, dass ich die z. Zt. in Hamburg liegende eiserne Bark **„Royal Alexandra"** für den billigen Preis von £ 4000.– käuflich erworben habe.

Das im Jahre 1864 auf der Werft der Herren Richardson, Duck & Co., Stockton, deren Firma als Schiffsbauer wohl renommirt ist, erbaute Schiff passirte 1890 Survey No. 3 und im vorigen Jahre Survey No. 1, und ist ✠ 100 A 1 im Engl. Lloyd classificirt. Das Schiff hat neue Decks und befindet sich in einem vorzüglichen Zustande.

Sobald die Witterungsverhältnisse es gestatten, werde das Schiff ins Dry Dock nehmen, um den Boden einer eingehenden Besichtigung unterziehen zu können; etwaige gebrochene oder beschädigte Platten etc. sind alsdann vom Verkäufer lt. Contrakt zu erneuern.

Die Dimensionen des Schiffes, welches den Namen **„Helmuth Mentz"** führen wird, sind folgende:

Länge	216' 7"	engl.
Breite	36' 1"	„
Raumtiefe	23' 9"	„

dasselbe ist zu 1332 Reg.-Tons vermessen und hat eine Tragfähigkeit von ca. 1900 Tons Schwergut.

Zum Führer des Schiffes habe ich Capt. Ernst Schmidt, hieselbst, bestimmt, der mir seit einer Reihe von Jahren als ein sehr tüchtiger und zuverlässiger Seemann bekannt ist. Derselbe erhält eine Monatsheuer von ℳ 100.–, sowie 2½ % Caplaken; alle und jede Gratificationen, Rückgabe von Makler-Courtagen etc. fliessen der Casse der Rhederei zu. Als Correspondenz-Provision werde ich nur 1 % der besegelten Bruttofrachten berechnen, incl. Wechselspesen und Courtagen.

Das ganze Schiff wird von mir zum vollen Werte unter Assecuranz gehalten, so dass bei einem eventl. Unfall die Rhederei gedeckt ist; auch werde ich nach meinem Ermessen die zu besegelnden Frachtsummen ganz oder teilweise versichern.

Abrechnung wird nach Beendigung jeder Heimreise aufgemacht; jedoch werde ich die eingehenden Rimessen, soweit der Cassenbestand es zulässt, sofort an die verehrl. Rhederei verteilen.

Das Schiff wird mit vollständiger Ausrüstung incl. Versicherung für die erste Ausreise circa ℳ 100000.– kosten, und sind die Anteile obigem Werte entsprechend in $^{1}/_{100}$ eingeteilt, so dass sich $^{1}/_{100}$ Part auf ℳ 1000.– stellt.

Erfahrungsmässig haben Schiffe dieser Grösse selbst bei niedrigem Frachtenstand günstige Resultate erzielt und kann ich daher eine Beteiligung an diesem Unternehmen aus vollster Ueberzeugung für eine sichere und rentable Capital-Anlage empfehlen, zumal der Ankaufspreis ein wirklich billiger genannt werden darf.

Unter Bezugnahme auf Obengesagtes ersuche ich Sie höfl., Sich bei diesem Unternehmen durch Zeichnung von Parten zu beteiligen und empfehle mich Ihnen

Hochachtungsvoll

Helmuth Mentz.

Missive für die Bark HELMUT MENTZ

Herrn Helmuth Mentz, Rostock.

14

Mit Bezugnahme auf Ihr Circulair vom 18. Januar a. c. ersuche ich Sie, für mich 4, geschrieben vier Parte à ℳ 1000.–, in dem angekauften Segler **„Helmuth Mentz"** zu notiren, und verpflichte ich mich, die darauf entfallende Zahlung gegen Einhändigung der Eigentumsacte zu leisten.

p. Sophie Gensfen
geb. Mentz

Bestätigung für das »Zeichnen« von 4 Parten

Glück aber auch darauf hingewiesen, daß *das ganze Schiff immer zum vollen Werte unter Assecuranz gehalten, damit bei einem eventuellen Unfall die Rhederei gedeckt ist.*

Nach Erledigung aller Formalitäten verließ die Bark HELMUTH MENTZ Anfang April den Hamburger Hafen in Ballast und segelte nach Newcastle, um dort eine für Valparaiso bestimmte Kohlenladung einzunehmen. Es waren 1920 Tonnen »West Hartley-Main Large Steam Coals«, die aus schon bereitstehenden Waggons und in trockenem Zustand durch die drei Luken beim Fock-, Groß- und Besanmast in den Laderaum geschüttet wurden. Dieser war unten durch eiserne Querschotten in drei Abteilungen getrennt, Längsschotten allerdings fehlten. Zur Belüftung des Laderaums dienten zwei vorn und achtern auf dem Deck stehende Ventilatoren, und zur Messung der Temperatur im Raum hatte man vier bis auf den Schiffsboden reichende Röhren in regelmäßigen Abständen in die Ladung eingelassen, durch welche ein Thermometer hinabgelassen werden konnte.

Am 17. April verließ die HELMUTH MENTZ Newcastle, und bis Kap Hoorn wurden die Luken, je nach Wetter, tagsüber offengehalten. Dort blieben sie bei schlechtem Wetter einmal fünf Tage zu, wurden danach aber gleich wieder geöffnet. Seewasser war auf der ganzen Reise nie in den Laderaum gedrungen. Am 31. Juli befand sich die Bark auf 46° S und 80° W. Als morgens beide Wachen das Deck aufklarten, bemerkten sie, daß Kohlendunst aus dem Raum aufstieg. Der Schiffer ließ sofort die Temperatur in den Kontrollröhren messen. Diese war vorn und achtern normal, im Mittelraum jedoch oben und unten 28° und in der Mitte 50°C. Die Ladung mußte also unterhalb der Großluke und etwa in mittlerer Höhe durch Selbstentzündung in Brand geraten sein!

Feuer an Bord! Das war mit das Schrecklichste und Unheimlichste, was einem Schiff auf hoher See passieren konnte. Zum Glück war das Wetter gut. Es stand eine ruhige, gleichmäßige Dünung, und eine frische Brise wehte aus östlicher Richtung. Sofort wurden die unteren Segel festgemacht, um den Luftzug an Deck zu verringern und das Feuer nicht noch anzufachen. Um an den Brandherd zu gelangen, mußten alle Mann die Kohlen unter der Großluke nach vorn und hinten schaufeln. Es war eine fürchterliche Arbeit, und der Kohlendunst wurde immer stärker. Bald mußte in zwei Schichten getrimmt werden, die eine erholte sich an Deck, während die andere unten arbeitete. Die Männer hatten sich dabei nasse Tücher vor Mund und Nase gebunden, um überhaupt atmen zu können.

Um 5 Uhr nachmittags mußte die Arbeit eingestellt werden. Je näher man sich an den Herd heranschaufelte, desto mehr Sauerstoff wurde dem um sich greifenden Feuer zugeführt. Dichter, beißender Qualm machte den Aufenthalt in den Laderäumen schließlich unmöglich. Obwohl sich direkt aus der See saugende Pumpen an Bord befanden, wollte der Schiffer kein Wasser in den Raum geben. Er hielt es für sinnlos und nicht ungefährlich. Statt dessen befahl er, alle drei Luken luftdicht zu verschließen und mit Persenningen abzudichten, welche stets naß gehalten wurden. Das gleiche geschah mit allen anderen Öffnungen, die in das Schiffsinnere führten. Auf diese Weise hoffte er, das Feuer zu ersticken.

Danach wurden sämtliche Segel gesetzt und Kurs auf den nächsten chilenischen Hafen Corral genommen. Jetzt hieß es nur noch Fahrt machen, denn bekamen sie das Feuer nicht unter Kontrolle, dann bedeutete jede in Richtung Land gewonnene Seemeile einen kürzeren Aufenthalt im Rettungsboot und damit eine größere Überlebenschance. Das Wetter blieb zum Glück beständig. Es wehte eine frische östliche Brise, und die See ging nicht hoch.

Der Abend kam, aber alle blieben an Deck und jeder lauschte auf die Geräusche im Schiffsinnern. Man saß auf einem Pulverfaß, das jeden Augenblick in die Luft fliegen konnte. Vorsorglich waren die beiden großen Rettungsboote klargemacht worden und mit allem Notwendigen ausgerüstet: Riemen, Proviant, Wasser, nautische Instrumente und ein Teil der persönlichen Habe. Gegen 23 Uhr erfolgte mit lautem Knall eine Explosion im Mittelraum. Die Großluke wurde aufgesprengt, und aus dem Raum schlugen helle Flammen. Ein schauerlicher Anblick in der dunklen Nacht. Zum Glück standen die unteren Segel nicht mehr, da der Wind bedeutend aufgefrischt hatte und die See wieder grober geworden war. Nur mit Mühe gelang es, die Luke wieder zu schließen und abzudichten. Zwei Stunden später sprangen alle drei Luken gleichzeitig auf, und es strömte dicker, schwarzer Rauch heraus. Damit nicht womöglich das Deck gesprengt würde, blieb die Großluke offen. Die anderen schloß man, damit dem Feuer nicht auch von dort Luft zugeführt wurde. Trotzdem quoll der Qualm aus allen Ritzen und Fugen, der Aufenthalt an Deck wurde zur Qual. Zu allem Unglück war das Barometer gefallen, und aus dem steifen Wind entwickelte sich ein steifer Sturm. Bis auf die Marssegel mußte nun alles Tuch weggenommen werden, und so wurde die Geschwindigkeit des Schiffes geringer. Der Kapitän wollte immer noch kein Wasser in den Raum pumpen lassen, weil er glaubte, daß das Feuer dadurch nicht eingedämmt, sondern eher angefacht würde, was schließlich zur Explosion führen konnte.

Der Wind ließ am 2. August im Laufe des Vormittags wieder nach. So konnte bei frischer Brise aus Südost unter vollen Segeln auf die Küste zugehalten werden. Fast ständig war die Besatzung damit beschäftigt, die wiederholt vom Druck aufgesprengte Vorder- und Achterluke zu schließen. So vergingen dieser Tag und die darauffolgende Nacht. Mit Anbruch der Morgendämmerung wurde endlich Land gesichtet, der Abstand allerdings immer noch auf 50 sm geschätzt. Bis zum Mittag des 3. August war das Trinkwasser aus den Tanks noch kalt. Nachmittags nahm das Feuer dann noch größere Ausmaße an, und die Hitze auf dem Schiff steigerte sich merklich. Obwohl man das Deck mittschiffs mit Wasser kühlte, quoll Pech aus den Ritzen, die unter der Holzbeplankung liegenden eisernen Platten glühten bereits an einigen Stellen. Zu dieser Zeit stand die Bark etwa 30 Seemeilen NOzO von Galera Point Feuerturm. Um 8 Uhr abends kochte das Wasser in den Tanks, und der eiserne Großuntermast glühte bis in etwa 2 Meter Höhe über Deck. Daraufhin wurde Schiffsrat gehalten und der Beschluß gefaßt, in die Boote zu gehen. Lange konnte die HELMUTH MENTZ sich nicht mehr halten, denn es bestand die Gefahr, daß sich das Feuer jeden Augenblick seinen Weg durch das Deck bahnte. Der Kapitän ließ nun die Bark hart an den Wind legen, um die Fahrt aus dem Schiff zu nehmen. Die Segel am Vormast wurden aufgegeit, die Rahen des Großmastes backgebraßt. In Lee der aufgestoppten Bark gingen die beiden Rettungsboote zu Wasser. In das größere Boot stiegen der Schiffer, der Zweite Steuermann, der Zimmermann, vier Matrosen, ein Leichtmatrose und der Schiffsjunge. Bis auf die letzten beiden waren sie alle Mecklenburger, gebürtig in Rostock, Warnemünde, Damgarten, Dändorf und Klockenhagen. Der Rest der Mannschaft nahm in dem kleineren Boot unter Führung des Ersten Steuermanns Platz. Dann wurden die Fangleinen durchschnitten. Zuerst blieben beide Boote noch in der Nähe der brennenden Bark, doch so dicht unter Land bestand kaum Hoffnung, daß ein anderes Schiff durch das Feuer alarmiert und sie aufnehmen würde. Deshalb ruderten die Schiffbrüchigen in Richtung Küste. Steuermann Jörck berichtete, was danach geschah:

Ungefähr eine Stunde hielten wir uns noch beim Schiff auf, aus dem bald überall die hellen Flammen emporschlugen. Ein schauerlich-tragischer Anblick! Die Nacht war stockfinster, der Wind wurde zum Sturm, die Luft dick, und dabei regnete es in Strömen vom Himmel. Eine

Für Schiffe mit Deck. ad 12.   Formular A.

Abschrift.

Deutsches Reich.

Schiffsgattung:	Namen des Schiffes:	Unterscheidungs-Signal:	Nationalität:
Segelschiff	„Helmuth Mentz"	M D Q H.	Deutsch

Schiffs-Messbrief.

Schiffsbeschreibung.

Namen des Erbauers: Richardson Duck & Co.	Anzahl der wasserdichten Querschotte unter und über dem Vermessungsdeck: Zwei.
Erbauungsjahr: 1864.	Anzahl der Wasserballastbehälter mit Ladeluken:
Erbauungsort: Stockton % Tees.	
Baumaterial: Eisen.	
Bauart: Gewöhnliches Spantensystem	Art der Wegerung: im Boden vollgewegert und an den Seiten mit Holz ausgelattet.
Anzahl der Decks: Zwei	Form des Bugs: mit Gallion
Beschaffenheit des obersten Decks: in einer Flucht.	Form des Hecks: elliptisch
Anzahl der Aufbauten auf oder über dem obersten Deck, welche in den Brutto-Raumgehalt einvermessen sind: vier.	Anzahl der Schornsteine: ———
	Anzahl der Masten: drei
	Takelung: Bark.

Identitäts-Maasse.

1. Die **Länge des Schiffes** zwischen der hinteren Fläche des Vorderstevens bis zur hinteren Fläche des Hinterstevens (bei Schiffen mit Patentruder bis zur Mitte des Ruderherzens) auf dem obersten festen Deck beträgt . . . . 65,42 m
2. Die **Breite des Schiffes** zwischen den Aussenflächen der Spanten dicht über dem Wassergang auf dem obersten Deck, in der Mitte der nach 1 ermittelten Länge beträgt . . 10,48 m
3. Die **Tiefe des Schiffsraumes** zwischen der Unterkante des obersten festen Decks und der Oberkante der Bodenwrangen neben dem Kielschwein, bezw. der oberen Fläche des inneren eisernen Doppelbodens, wo ein solcher vorhanden ist, in der Mitte der nach 1 ermittelten Länge beträgt . . . 7,34 m
4. Die **grösste Länge des Maschinenraumes** einschliesslich der festen Kohlenbehälter zwischen den diese Räume begrenzenden, von Bord zu Bord reichenden Schotten beträgt . . ——— m

entsetzliche Nacht! Mit aller Kraftanstrengung begannen wir jetzt, der Küste zuzurudern und hielten uns dabei immer in möglichster Nähe beieinander. Vor allen Dingen galt es jetzt, das Boot vor dem Um- und Vollschlagen zu bewahren – und das war bei dem hohen Seegang ein gar schweres Werk, ein Mann mußte beständig Wasser schöpfen. So ging es die Nacht hindurch und auch noch den kommenden Tag, den 4. August. Aber Gott sei Dank kamen wir ja der Küste immer näher, wir würden ja bald gerettet sein.

Aber unsere Hoffnung war eitel, die hohe, verderbenbringende Brandung ließ uns nicht landen, und wir mußten wieder in die verderbenbringende See zurück. Es war 9 Uhr abends, immer noch böses Wetter. Nur mit der erdenklichsten Mühe gelang es uns, die Boote auf See zu halten. So wurde mein Boot von einer heranrollenden Wasserwoge quer erfaßt und halb voll Wasser geschlagen, so daß es dem Sinken nahe war. Und doch wurden wir gerettet – wirklich ein Wunder Gottes, der uns immer und immer in aller Not doch wieder seine helfende Hand zeigte. Das Boot des Kapitäns kam auf unseren Hilferuf, soweit es möglich war, in nächste Nähe. Wir bekamen das unsrige wieder lenz und kämpften weiter gegen Sturm und Wellen an. Eine finstere, schaurige Nacht brach für uns an, dabei entlud sich ein starkes Gewitter mit Regen und Hagel. Die Boote wurden auseinandergetrieben, und wir sahen das Boot unseres lieben Kapitäns nicht wieder. Was half das Suchen und Jammern? Todesangst und Grauen erfaßte uns bis ins Innere unserer Seele. Wo aber die Not am größten, ist die Hilfe des Herrn am nächsten. Der Sturm ließ mehr und mehr nach, und unser Bestreben ging nun dahin, irgendeinen Landungsplatz an der Küste aufzusuchen. Unsere Kräfte wollten uns schier verlassen. Wir waren zu Tode erschöpft. Arme und Beine fingen von der ewigen Kraftanstrengung an zu schwellen, Schmerzen stellten sich an allen Gliedern ein. Die Nacht verstrich, im Laufe des Tages passierten wir an der Küste mehrere Schluchten, konnten aber auch hier wegen heftiger Brandung nicht landen. Endlich, gegen 3 Uhr nachmittags, gelang unsere Landung. Nun menschliche Hilfe! Das war unsere Hoffnung. Aber wo sollten wir diese an einer unwirtlichen, wüsten Küste finden? Wir suchten und suchten, sechs volle Tage hindurch, fanden aber kein lebendes Wesen, keine Menschenseele, überhaupt nichts, was auf angebaute Stätten schließen ließ. Unser Proviant, der schon von vornherein in kleinster Portion dem einzelnen zugemessen war, fing an, zu Ende zu gehen. Wir mußten deshalb denselben entschieden verlängern, denn wie lange mochte uns noch das Schicksal zusetzen? Wir fanden aber nichts Eßbares als Muscheln und auch Wasser. Hunger treibt herein. Wenn es auch nicht munden wollte – Augen zu – und dann herunter. Und es schmeckte – schmeckte sogar sehr gut.

An dieser unbewohnten Küste konnten wir nicht bleiben, das war uns klar – also wieder hinaus aufs Meer. Und so verließen wir morgens, am 12. August, diese Stätte »ewigen Andenkens«. Aus Bootsbezug war ein Notsegel hergestellt, auch ein Baum war zu einer Art Mast zurechtgeschnitten, und so segelten wir südwärts längs der Küste mit flauem nördlichen Wind in der Hoffnung, noch bei Tage eine bewohnte Stätte zu finden. Die Küste zeigte uns aber nichts als endlose, zusammenhängende Wälder, wie wir sie schon bei der Landung gefunden hatten. Der Wind frischte nachmittags wieder auf. Wir versuchten am Abend zu landen, was aber nicht anging, und so waren wir wieder genötigt, unter unsäglichen Qualen und Mühen die Nacht auf See durchzumachen. Der Tag kam wieder und brachte ruhigeres Wetter. Am Nachmittag um 2 Uhr konnten wir landen auf einer Insel. Unser Proviant war vollständig zu Ende gegangen. Auch die mitgenommenen Muscheln waren verzehrt. Unser Suchen ging nun wieder nach Menschen und Lebensmitteln. Die ganze Insel wurde abgesucht, aber wieder nichts als Muscheln gefunden. Am 14. August, morgens 10 Uhr, brachten wir nach mehreren vergeblichen Versuchen unser Boot glücklich durch die Brandung in See, und dieser Tag brachte uns nun die längst ersehnte Rettung. Am Nachmittag, um 5 Uhr, landeten wir glücklich auf der Insel Chiloe im Hafen der Stadt Ancud und wurden hier auf das freundlichste aufgenommen, und zwar von Landsleuten, von Deutschen. Der englische Küstendampfer Onito brachte uns neun Gerettete dann nach zweitägiger Reise nach Valdivia, von wo wir durch Vermittlung des deutschen Konsulats mit dem Hamburger Dampfer Tanis von der Kosmos-Linie in die Heimat gebracht sind.

Vom Boot des Kapitäns ist nie wieder etwas gehört oder gesehen worden. Selbst Mitte Oktober gab man die Hoffnung noch nicht auf, denn hatte es im August ein nach Europa bestimmter Segler aufgenommen, konnte dieser seinen Bestimmungshafen erst im Oktober, wenn nicht gar erst im November oder Dezember erreichen.

Die »West Hartley-Main Large Steam Coals« galten an sich als eine der »minder-gefährlichen« Kohlensorten. Und doch sind von den mit dem Transport dieser Kohlen auf »Langer Fahrt« beschäftigt gewesenen Schiffen in dem Zeitraum von 1890–1893 nachweisbar sieben in Brand geraten und vier weitere verschollen.

Strandung bei der ersten Ausfahrt

Das Schicksal der Bark Helmuth Mentz konnte deren Korrespondenzreeder nicht davon abhalten, noch im Herbst des gleichen Jahres (Flaggenattest am 11. November 1893), zusammen mit dem Schiffer H. Holtz aus Doberan, einen zweiten eisernen Segler anzuschaffen. Die Wahl fiel wieder auf eine bisher unter britischer Flagge und dem Namen Cicero fahrende Bark. Diese war mit ihren 468 RT allerdings nur etwa halb so groß, und auch der Kaufpreis für das bereits 26 Jahre alte, bei W. Doxford in Sunderland gebaute Schiff lag nur bei rund 31 000 Mark. Davon übernahm der Kapitän mit 52/100 Parten über die Hälfte und besaß damit die »Majorität« bei allen Beschlüssen der »Rhedereiversammlung«. Mit nur 12/100 beteiligte sich der Kaufmann und Korrespondenzreeder Mentz, und den Rest von 36/100 zeichnete die Kaufmannswitwe Hulda Ohlerich aus Rostock als »Namensrhederin«, auf deren Wunsch das Schiff in Zukunft den Namen ihres verstorbenen Mannes, Friedrich Ohlerich, tragen sollte.

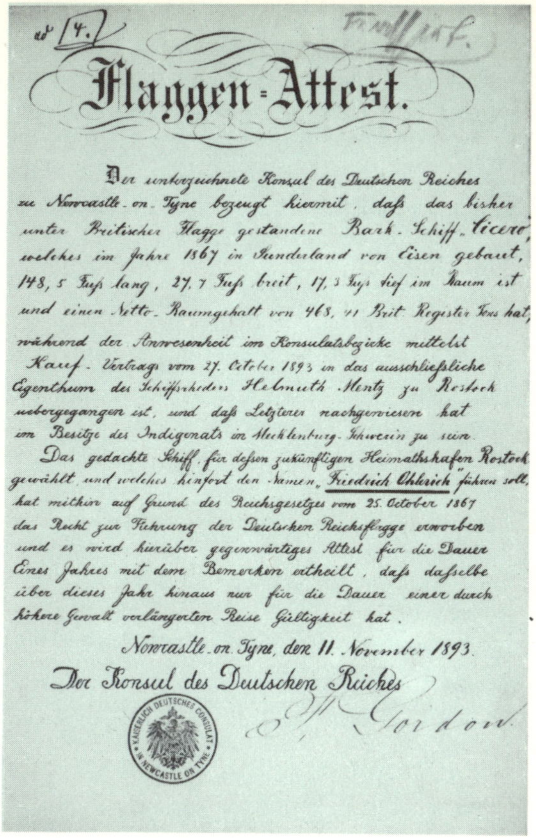

No [14.]

Flaggen-Attest.

Der unterzeichnete Konsul des Deutschen Reiches zu Newcastle-on-Tyne bezeugt hiermit, daß das bisher unter Britischer Flagge gestandene Bark-Schiff „Cicero", welches im Jahre 1867 in Sunderland von Eisen gebaut, 148,5 Fuß lang, 27,7 Fuß breit, 17,3 Fuß tief im Raum ist und einen Netto-Raumgehalt von 468,41 Brit. Register Tons hat, während der Anwesenheit im Konsulatsbezirke mittelst Kauf-Vertrags vom 27. October 1893 in das ausschließliche Eigenthum des Schiffsrheders Helmuth Mentz zu Rostock uebergegangen ist, und daß Letzterer nachgewiesen hat im Besitze des Indigenats in Mecklenburg-Schwerin zu sein.

Das gedachte Schiff, für dessen zukünftigen Heimathshafen Rostock gewählt und welches hinfort den Namen „Friedrich Ohlerich" führen soll, hat mithin auf Grund des Reichsgesetzes vom 25. October 1867 das Recht zur Führung der Deutschen Reichsflagge erworben und es wird hierüber gegenwärtiges Attest für die Dauer Eines Jahres mit dem Bemerken ertheilt, daß dasselbe über dieses Jahr hinaus nur für die Dauer einer durch höhere Gewalt verlängerten Reise Gültigkeit hat.

Newcastle-on-Tyne, den 11. November 1893.

Der Konsul des Deutschen Reiches

Gordon

Registrierung	1893
Schiffstyp	Bark
Name	FRIEDRICH OHLERICH
Ex-Name	CICERO
Unterscheidungssignal	MDQL
Bauweise	Eisen
Raumgehalt	468 RT
Abmessungen	44,52 × 8,27 × 5,17 in Metern
Werft	W. Doxford, Sunderland (Engl.)
Baujahr	1867
Alter beim Kauf	26 Jahre
Kaufpreis	31 000 Mark
Korrespondenzreeder	Helmuth Mentz, Rostock
Kapitän	H. Holtz, Doberan
Verbleib	1894 gestrandet

Am 1. Januar 1894 verließ die Bark vormittags zwischen 10 und 11 Uhr das Tyne-Dock in South Shields mit einer 696 t schweren Ladung Steinkohle für Buenos Aires. Keiner an Bord dachte damals auch nur im geringsten daran, daß diese Reise schon nach wenigen Stunden für immer beendet sein sollte. Der Schlepper ENGLAND hatte die FRIEDRICH OHLERICH an einer 75 Faden langen und mit einem Manila-Vorläufer versehenen Stahltrosse auf den Haken genommen. Es wehte eine steife Brise aus NNO, und eine hohe See stand in der Tyne-Mündung. Unter dem Kommando eines englischen Seelotsen gelangte sie gegen 11.30 Uhr bis an das Ende der Nordmole. Dort wurde sie gleich von mehreren schweren Seen getroffen, fiel nach Steuerbord ab und gehorchte dem Ruder nicht mehr. Lotse und Schiffer erkannten sofort, daß die Schlepptrosse gebrochen war und versuchten durch Rufen und Winken, den Schlepper darauf aufmerksam zu machen. Gleichzeitig wurde das Kommando gegeben, den mit 30 Faden Kette zum Fallen klar liegenden Anker zu werfen. Ehe aber dieser Befehl ausgeführt werden konnte, waren zwei andere in der Nähe befindliche Schlepper heran und übergaben der Bark ihre Trossen, deren Befestigung mit viel Mühe am Heck gelang. Die FRIEDRICH OHLERICH war aber inzwischen in die Nähe der nur zwei Kabellängen entfernten Südmole getrieben, und gerade als die beiden Schlepper sich ins Tau legen wollten, stieß sie mit dem Bug auf den davor liegenden Felsen heftig durch. Alle Versuche der beiden Dampfer, die Bark wieder abzubringen, blieben ohne Erfolg. Die Seen brachen wild über den gestrandeten Segler hinweg, der sich schnell mit Wasser zu füllen begann. Da die Gefahr eines baldigen Aufbrechens des Rumpfes bestand, wurden die 12köpfige Besatzung und der Lotse durch den Raketenapparat der Küstenwache von dem Wrack abgeborgen. Die Brandung setzte ihr Zerstörungswerk mit unheimlicher Schnelligkeit fort. Am Nachmittag waren

die Boote aus den Galgen gerissen und alle losen Gegenstände vom Deck gewaschen. An Steuerbordseite zeigte sich ein großer Riß in der Außenhaut. In der Nacht brach die Bark ganz auf. Am nächsten Morgen ragten nur noch einzelne Teile des Rumpfes aus dem Wasser, von den Masten keine Spur mehr.

Der Verlust der FRIEDRICH OHLERICH schien der Reederei finanziell keinen Schaden zugefügt zu haben. Das Schiff war mit 45 000 Mark bei verschiedenen Gesellschaften versichert. Da erst kurz vor der Ausreise eine Besichtigung der Bark, einschließlich des zu ihrer Sicherheit erforderlichen Inventars (Anker, Ketten, Schlepptrosse usw.) ohne Beanstandungen durch den Lloyd erfolgt war und die seeamtliche Untersuchung ebenfalls keine Beanstandungen an dem Verhalten der Schiffsführung gefunden hatte, stand der Auszahlung der Versicherungssumme sicher nichts im Wege.

Das Geld legte dieselbe Reederei sofort in dem bisher in Liverpool beheimateten, 28 Jahre alten, 747 RT fassenden ehemaligen Teeklipper GLENNIFFER an. Der Korrespondenzreeder Mentz erhöhte diesmal seinen Anteil auf 15/100, die Witwe Ohlerich sogar auf 45/100, wodurch sie anstelle des Kapitäns Holtz (40/100) zum Haupteigentümer wurde. Wenn die GLENNIFFER als Teeklipper einmal glorreiche Zeiten gehabt haben sollte, dann erinnerten ihre Reisen unter Rostocker Flagge nicht daran: 112 Tage von Dover nach Adelaide, 157 Tage von Port Pirie nach Falmouth, 93 Tage von Shields nach Santos, 126 Tage von dort nach Punta Arena in Costarica und 137 Tage von Callao nach Falmouth. Auf der nächsten Reise von Hamburg nach Antofagasta im Jahre 1897 wurde die Bark dann von der Londoner Versicherungsbörse nach fünf Monaten als »überfällig« gemeldet und Mitte November sogar »eine Rückversicherungsprämie« von 50 % abgeschlossen. Nach »176 Tagen aus« traf sie schließlich doch noch ein. Damit war die Pechsträhne der Bark noch nicht zu Ende. Im Jahr darauf entzündete sich in Acapulco die Ladung beim Löschen, und wenn auch das Schiff selbst dabei keinen Schaden erlitt, wurde die Ladung durch Feuer und Löschwasser zu 30 % entwertet.

Anfang Oktober 1899 mußte der Korrespondenzreeder »der löblichen Rhederei« dann mitteilen, daß die Abrechnung der Bark GLENNIFFER über die *letzten Fahrten leider mit einem Verlust Saldo von M. 20 524,05 schließt. Zur Instandsetzung des Schiffes sind M. 15 000 erforderlich, so daß ein Einschuß von M. 35 000 seitens der Rhederei nötig ist. Unter diesen Umständen halte ich es für ratsam, das Schiff in öffentlicher Auction zu verkaufen, jedoch nicht unter M 30 000, und bitte Sie, diesem meinem Vorschlage durch Namensunterschrift zuzustimmen zu*

Drei Rostocker Kapitäne 1895 in Liverpool (links Kapitän Heinrich Haase, Bark ANNY, rechts Kapitän Helmut Dedow, Dampfer THEODOR BURCHARD)

wollen, was dann auch geschah. Der Segler wurde dann allerdings von Helmuth Mentz persönlich ersteigert und segelte noch weitere zehn Jahre unter Rostocker Flagge. Ab sofort aber unter dem Namen ANNY und dem Kapitän Heinrich Haase. Schiffer Haase hatte davor die Brigg BALTIC und die Bark PRESTO geführt. Kapitän Albrand scheint als Matrose unter seinem Kommando auf der ANNY gefahren zu sein, denn sie und ihr Schiffsführer werden in seinem Buch »Westward-ho« sehr oft zitiert. Danach war Kapitän Haase – vom Autor auch »Räuber-Haas« genannt – *ein alter Herr mit vollem, schneeweißem Haupt- und Barthaar. Nur wenn Land in Sicht kam, wandelte es sich in tiefes Schwarz. »Kiek mol an«, erlaubte sich oll Büdelneiher zu bemerken, »kiek mol an, he kann dat doch nich nohloten«. Seinen Spitznamen hatte Räuber-Haas aber nicht wegen seiner amourösen Raubzüge unter falscher Flagge gefärbter Haare, sondern wegen seiner leidigen Angewohnheit, am Proviant zu sparen. Im übrigen aber war er trotz vieler Schnurren und Schrullen ein Alter, der*

Bark ANNY (bis 1899 GLENNIFFER)

Registrierung	1894
Schiffstyp	Bark
Name	GLENNIFFER, ab 1899 ANNY
Ex-Name	–
Unterscheidungssignal	MDQS
Bauweise	Eisen
Raumgehalt	747 RT
Abmessungen	56,90 × 9,32 × 6,20 in Metern
Werft	Barclay Curle & Co., Glasgow (Schottland)
Baujahr	1866
Alter beim Kauf	28 Jahre
Kaufpreis	–
Korrespondenzreeder	Helmuth Mentz, Rostock
Kapitän	H. Holtz, Doberan, H. Haase, Rostock (ab 1899)
Verbleib	1909 nach Hamburg verkauft

Mannschaftsbild der Bark ANNY

seine Leute nicht schikanierte und gemütliches Segeln liebte. Abend für Abend mußten wir die Obersegel festmachen, damit er ruhig schlafen konnte ... Dabei war er bestimmt nicht nur ein pfiffiger und humorvoller Alter, sondern ein Mann, dem man manchen Kniff ablernen konnte.

»Räuber-Haas« hätte die ANNY beinahe gleich auf ihrer ersten Reise unter neuem Namen verloren. Nur unter unteren Vor- und Großmarssegeln stampfte die Bark am 24. Dezember 1900 in Richtung Englischer Kanal. Das Wetter war dick von Regen, und der stürmisch aus WNW wehende Wind legte das Schiff mit seinen orkanartigen Böen oft fast auf die Seite. Vor drei Tagen hatte die ANNY Hamburg mit einer nach Valparaiso bestimmten Ladung Stückgüter verlassen. 70 Kisten mit Säure wurden als Deckslast mitgeführt, die das Ablaufen des ständig überkommenden Wassers erschwerten. Erst als sich die Decksladung losgearbeitet hatte und ein Großteil der Kisten über Bord gewaschen worden war, richtete sich das Schiff wieder etwas mehr auf.

Am nächsten Tag wurde abends North Hinder Feuerschiff im Abstand von 9 sm passiert. Um Mitternacht kam am Horizont im Süden das Feuer von Dünkirchen in

Eine Bark auf der Norderelbe im Schlepptau

Sicht, woraufhin Schiffer Haase die Bark mit Backbordhalsen vom Lande abhalten ließ. Am 26. Dezember stand die ANNY nach dem Mittagsbesteck bei 25 Faden Tiefe auf 51° 36′ Nordbreite. Der Wind wehte jetzt mäßig aus Ost, drehte in der Nacht aber auf Nord. Das Wetter war nun wieder dick mit Schnee und Nebel. Um 4.30 Uhr wurde ein grünes Drehfeuer gesichtet und nach dem gegißten Standort für das vom East Goodwin Sands-Feuerschiff gehalten. Als dieses etwa in NWzW lag, änderte Kapitän Haase den Kurs auf WSW. Eine Stunde später glaubte er im Westen die hellen Blitze des Drehfeuers von South Goodwin Sands-Feuerschiff zu sehen, welches die Bark bei dichtem Schneetreiben im Abstand von etwa 1 sm passierte. Gleich danach wurde auf dem Feuerschiff eine Kanone abgefeuert. Schiffer Haase war sich aber nicht sicher, ob das Warnsignal ihm oder den beiden luvwärts liegenden Dampfern galt. Sicherheitshalber ging er aber höher an den Wind, und als der Tag zu dämmern begann, kam plötzlich eine schwarze Tonne in Sicht. Bevor das Schiff auf den anderen Bug gelegt werden konnte, stieß es durch und kam kurz darauf fest: Die Bark war auf Goodwin Sands gestrandet, und, wie die Seeamtsverhandlung in Rostock später ergab, durch die Verwechslung der Feuer von North Sandhead und South Sandhead.

Gleich nach dem Festkommen wurde versucht, das Schiff durch Segelmanöver wieder abzubringen, was aber nicht gelang. Auf das Notsignal erschien der englische Schleppdampfer AID und bot seine Hilfe an, die Schiffer Haase unter der Bedingung annahm, daß der ausgehandelte Bergelohn von 400 Pfund nur dann gezahlt zu werden brauchte, wenn es gelang, die Bark mit der nächsten Flut freizuschleppen. Zuerst brachte der Dampfer den Steuerbordanker der ANNY mit 45 Faden Kette aus, die sofort mit dem Spill steifgesetzt wurde. Danach nahm er eine neue, 6 ½-zöllige Manilatrosse von 120 Faden Länge über, die aber schon beim ersten Schleppversuch brach. Lotungen ergaben, daß die Bark einzusanden begann, und da auch der Barometerstand das Nahen eines Sturms ankündete, wurde alles auf eine Karte gesetzt. Zwecks Leichterung des Seglers ließ Kapitän Haase 10 t Kohle, 120 Kisten Chemikalien und 25 Kisten Farbe sowie eine 90 Faden lange Drahttrosse über Bord werfen. Kurz bevor die Flut am Nachmittag ihren Höchststand erreichte, brachte der Dampfer seine Schlepptrosse zur Bark über, wo sie um den Fuß des Fockmastes belegt wurde. Dann begann die AID – unterstützt von der die Ankerkette einholenden Mannschaft – erst langsam und dann mit voller Kraft zu schleppen, konnte den Segler aber nicht bewegen. Eine halbe Stunde später brach die Schleppverbindung, und auch der Anker mit 35 Faden Kette ging verloren. Beim dritten Versuch schließlich brachte der Dampfer die ANNY ab und bugsierte sie glücklich auf die Reede von Deal, wo sie vor Anker ging.

Doch damit war das Unglück für die Bark noch nicht vorüber. Inzwischen hatte der Wind aufgefrischt, und am 28. Dezember stürmte es schwer. Sicherheitshalber wurde auch der Steuerbordanker fallengelassen, etwa 90 Faden Kette ausgesteckt und die des Backbordankers auf 115 Faden verlängert. Am Mittag des 29. Dezembers tobte der Sturm orkanartig aus SSW. Eine in Luv der Bark ankernde Brigg fing plötzlich an zu treiben. Um einer Kollision zu entgehen, setzte man auf der ANNY die Vorsegel für den Versuch, sich von der Küste freizusegeln. Doch das war bei dem Sturm und dem stark nach Norden versetzenden Strom unmöglich. Die Brigg trieb inzwischen schon in bedrohlicher Nähe. Der vorbeilaufende Schlepper CONQUERROR wurde von der ANNY durch Flaggensignale angerufen. Er nahm sie in Schlepp und brachte sie, nachdem die Ankerketten geslippt worden waren, nach Gravesend. Hier mußte die nun ankerlose ANNY mittels einer starken Manilatrosse an eine Boje gelegt werden, aber kaum hatte der Schlepper die Leine gelöst, brach die Trosse auch schon und geriet in die Schaufelräder des Dampfers, der dadurch manövrierunfähig wurde und der hilflosen Bark keinen Beistand mehr leisten konnte. Diese versuchte das Abtreiben in Richtung Küste mit Hilfe des Warpankers zu stoppen, doch auch dessen Trosse brach, als sie bereits auf 90 Faden ausgesteckt worden war.

Zum Glück hatte der Schlepper seine Schaufelräder zu diesem Zeitpunkt wieder klariert. Es gelang ihm, die Bark erneut auf den Haken zu nehmen und zur Boje zurückzuschleppen. Nach einem zweistündigen Manöver wurde sie hier erneut, diesmal mit einer Stahltrosse, verankert. Die Schleppleine hatte zwar dabei das stehende Gut des Bugspriets und des Klüverbaums weggerissen, der Rumpf des Schiffes und die Ladung blieben aber unversehrt. Trotzdem erreichten die Gesamthavariekosten eine Höhe von 2353 Pfund Sterling, wodurch für die neue Reederei der ANNY immerhin ein Schaden in Höhe von rund 47000 Mark entstand, der allerdings zum größten Teil durch die Versicherung abgedeckt wurde.

Schiffer Haase mußte sich bei der später stattfindenden Seeamtsverhandlung den Vorwurf machen lassen, die Strandung *durch mangelhafte Prüfung der Feuer verschuldet zu haben*. Doch wurde ihm dieses Verschulden mit Rücksicht auf das *dicke Wetter, namentlich des Schneetreibens* und da er *im Übrigen richtig navigiert und ausreichend gelotet*, nicht als *grobe Pflichtverletzung* ausgelegt und so kein Antrag auf Patententzug gestellt.

In 26 Monaten um die Erde

Tönnies Zeplin aus Wustrow – Kapitän des Vollschiffs POONAH

Mit 127 Seeschiffen besaß Rostock Anfang 1895 nur noch etwa ein Drittel des Bestandes der 70er Jahre. Geschäftsführend waren für sie 22 Reedereifirmen, neun Schiffe fuhren »ohne Korrespondenz«, d. h. der Kapitän war auch kaufmännischer Leiter. 20 Schraubendampfer (davon drei Fischdampfer) standen 107 Segelschiffen – zwei Vollschiffe, 77 Barken, sechs Schonerbarken, 15 Briggs, fünf Schoner und zwei Galeassen – gegenüber. Ende 1895 hatte Rostock mit 21 »Eisenseglern« – mit der zu diesem Zeitpunkt gerade verlorengegangenen Bark HELEN SCOTT wären es 22 gewesen – den höchsten Stand bei dieser Gattung erreicht: drei Vollschiffe und 18 Barken. In diesem Jahr – 1894 waren außer der GLENNIFFER noch die Barken MINNA CORDS (733 RT) und TALISMAN (1158 RT) dazugekommen – wurden das Vollschiff POONAH (1173 RT) und die Bark ARDGOWAN (1236 RT) als letzte eiserne Großsegler registriert. Die im Jahr darauf von dem Schiffshändler Paul Grampp angekaufte Schonerbrigg ALICE SCOTT (234 RT) ist nie für Rostocker Rechnung gefahren. (Siehe Register)

Auf die einzelnen Korrespondenzreeder verteilten sich diese Segler wie folgt:

1. Heinrich Bauer: sechs Barken (CARLA BAUER, ANNA SCHWALBE, MARTHA BOCKHAHN, MIRELLA, HULDA und EMMA BAUER).
2. August Burchard: eine Bark (MINNA CORDS).
3. Ernst Burchard & Co.: ein Vollschiff (BEN VOIRLICH) und zwei Barken (HENNY CLEMENT und ARDGOWAN).
4. Helmuth Janentzky: zwei Vollschiffe (ENERDALE und POONAH).
5. Wilhelm Maack: zwei Barken (DUNCRAIG und PAQUITA).
6. Helmuth Mentz: vier Barken (FRIEDA MAHN, TALISMAN, GLENNIFFER und PHILIPP NELSON).
7. Franz Schultze: zwei Barken (ELISE SCHULTZE und TAHITI).

8. Rudolph Josephy, Ribnitz: eine Bark (Weser).

Die Lage der Schiffahrt und speziell die der Segelschiffahrt war schon seit langem »eine gedrückte«. Mit welchen Problemen und Gefahren sich die Schiffsführer von Seglern um die Jahrhundertwende herumzuschlagen hatten, soll zum Abschluß am Beispiel einer Reise der zuletzt für Rostokker Rechnung angekauften Bark Ardgowan geschildert werden.

Kapitän Breu übernahm dieses Schiff im Oktober 1895 in London. Von dort ging er am 29. November mit 18 Mann Besatzung mit Stückgütern nach Kapstadt. Nach einer 86-Tage-Reise kam er dort an. Hier desertierten sechs der Matrosen und mußten für die Fahrt nach Newcastle (NSW) durch Chinesen und Afrikaner ersetzt werden. Am 22. März 1896 lief die Ardgowan in Ballast aus und kam am 28. April in diesem größten Kohlehafen Australiens an. Wegen eines Streiks lag sie dort fünf Monate fest. Erst am 27. September konnte sie bei stürmischem Wetter mit einer Kohlenladung nach den Sandwich-Inseln versegeln. Der Sturm steigerte sich noch am Tag der Ausreise zu einem Orkan, und riesige Sturzseen brachen über das schwer kämpfende Schiff hinweg. Die Gewalt der Brecher war so groß, daß sie die in dem mittschiffs stehenden Deckshaus wohnende Mannschaft gefährdeten, weshalb sie der Kapitän nach achtern in die Kajüte umquartierte. Am zweiten Tag, gegen 5 Uhr morgens, donnerte eine schwere Sturzsee über das Achterdeck und riß den beim Ruder stehenden Ersten Steuermann Georg Nielsen, ältester Sohn des Warnemünder Lotsen Carl Nielsen, über Bord. Ein Boot konnte bei dem Wetter nicht ausgesetzt werden, aber sofort wurde »Alle Mann!« gepfiffen und die Bark nicht ohne Gefahr gehalst, die Fock und die Oberbramsegel gesetzt und auf dem alten Kurs zurückgesegelt. Zu allem Unglück fiel gerade jetzt eine schwere Bö mit Regenschauern ein, die 15 Minuten anhielt. Trotz scharfen Ausgucks war danach von dem Steuermann nichts mehr zu entdecken. Bis 8 Uhr ließ Kapitän Breu die Bark an der Unfallstelle kreuzen, doch ohne Erfolg. Fock und Obermarssegel wurden wieder festgemacht und unter Sturmsegeln die Reise fortgesetzt. Ersatz für den Ersten Steuermann fand man in keinem der nächsten Häfen, und so mußte sich der Kapitän die Wachen mit dem noch sehr jungen und unerfahrenen Zweiten Steuermann Meyer aus Warnemünde teilen.

Von Honolulu aus ging die Bark in Ballast nach Vancouver an der kanadischen Westküste, und nach Zwischenstation in Port Townsend traf sie dort am 18. Februar 1897 ein. Bis Anfang April lud die Ardgowan Blauholz und segelte, wieder über Port Townsend, nach Iquique. Diesen Hafen erreichte sie erst nach einer 75-Tage-Reise. Von heftigen Stürmen attackiert, hatte das Schiff den Klüverbaum, die Bramstengen und eine Marsrah verloren. Die nur notdürftig angebrachten Reservespieren beeinträchtigten die Segelfähigkeit erheblich, woraus die lange Reisezeit resultierte.

Anfang Oktober verließ die Bark dann die chilenische Küste mit einer nach Danzig bestimmten Ladung Salpeter, passierte Dungeneß im Englischen Kanal am 27. Januar 1898 und lief trotz Proviantmangels ohne Aufenthalt gleich nach Neufahrwasser weiter, da jede Verzögerung die Gefahr des Einfrierens in der Ostsee erhöhte. Am 8. Februar 1898, also nach einer Rundreise um die Erde von zwei Jahren, zwei Monaten und neun Tagen, erreichte die Ardgowan erst wieder einen europäischen Hafen. Der Schiffsboden war inzwischen so stark bewachsen, daß die Segelfähigkeit bedeutend eingeschränkt war. Statt elf Knoten lief die Bark jetzt nur noch sieben. Die Docks in Danzig erwiesen sich für den für Ostseeverhältnisse ziemlich großen Segler als zu klein, und da die Kaiserliche Marinewerft 6000 Mark für die Dockung forderte, ließ sich Kapitän Breu nach dem Löschen der Ladung zum Reinigen des Bodens von dem Hamburger Schlepper Gladiator nach Harburg bugsieren. Das ko-

Registrierung	1894
Schiffstyp	Bark
Name	TALISMAN
Ex-Name	CURSETJEE FURDOONJEE
Unterscheidungssignal	MDQV
Bauweise	Eisen
Raumgehalt	1158 RT
Abmessungen	65,16 × 10,73 × 6,71 in Metern
Werft	T. Vernon & Sons, Liverpool
Baujahr	1864
Alter beim Kauf	30 Jahre
Korrespondenzreeder	Helmuth Mentz,
Kapitän	P. Voß, Wustrow
Verbleib	1900 nach Chile verkauft

Registrierung	1894
Schiffstyp	Bark
Name	MINNA CORDS
Ex-Name	NATIONAL
Unterscheidungssignal	MDQT
Bauweise	Eisen
Raumgehalt	733 RT
Abmessungen	56,19 × 9,51 × 5,96 in Metern
Werft	T. Dubigeon, Chantenay
Baujahr	1867
Alter beim Kauf	27 Jahre
Korrespondenzreeder	August Burchard, Rostock, C. H. Sinnig, Wustrow (1896) August Cords, Rostock (1905)
Kapitän	Sinnig, Wustrow, C. Ahrens (1899), P. Lüthgens (ab 1900)
Verbleib	1905 nach Norwegen verkauft

Registrierung	1895
Schiffstyp	Vollschiff
Name	POONAH
Unterscheidungssignal	MDRB
Bauweise	Eisen
Raumgehalt	1173 RT
Abmessungen	67,02 × 10,37 × 8,30 in Metern
Werft	W. Pile & Co., Sunderland
Baujahr	1867
Alter beim Kauf	28 Jahre
Kaufpreis	67 000 Mark
Korrespondenzreeder	Hermann Janentzky, Rostock
Kapitän	T. Zeplien, Wustrow
Verbleib	1902 nach Norwegen verkauft

Registrierung	1895
Schiffstyp	Bark
Name	ARDGOWAN
Unterscheidungssignal	MDRG
Bauweise	Eisen
Raumgehalt	1236 RT
Abmessungen	65,82 × 10,80 × 7,10 in Metern
Werft	R. Steele & Co., Greenock
Baujahr	1867
Alter beim Kauf	28 Jahre
Korrespondenzreeder	Ernst Burchard & Co., Rostock
Kapitän	H. Breu, Rostock
Verbleib	1899 n. Bremerhaven verkauft

Registrierung	1896
Schiffstyp	Schonerbrigg
Name	ALICE SCOTT
Ex-Name	SALVATOR
Unterscheidungssignal	MDRJ
Bauweise	Eisen
Raumgehalt	234 RT
Werft	W. Doxford, Sunderland
Baujahr	1866
Alter beim Kauf	30 Jahre
Korrespondenzreeder	Paul Grampp, Rostock
Kapitän	C. Saegert, Rostock (vacat!)
Verbleib	1897 nach Afrika verkauft

stete zwar allein 2000 Mark, ging aber über den Nord-Ostsee-Kanal verhältnismäßig schnell, und man sparte auch bei halber Besatzung an Heuer und Proviant. Von Harburg aus segelte die ARDGOWAN noch einmal über Melbourne – Newcastle (NSW) – Valparaiso – Iquique – Nordenham rund um den Erdball, ehe sie dann im Sommer 1899 in Bremen verkauft wurde.

Mit der Jahrhundertwende war dann praktisch das Ende der Rostocker Segelschiffahrt erreicht. 1903 gab es noch insgesamt acht Segler für die Tiefwasserfahrt, nur vier davon aus Eisen bzw. Stahl. Dazu gehörten die beiden neugebauten Barken FRIEDA MAHN und MARTHA BOCKHAHN (bis 1914) sowie die angekauften Barken ANNY (bis 1909) und MINNA CORDS (bis 1905). Die MINNA CORDS war bis zum Sommer 1894 unter dem Namen NATIONAL in Bordeaux beheimatet gewesen. Die Firma August Burchard & Co. kaufte, zusammen mit dem aus Wustrow stammenden Kapitän Peter Sinnig, das 1867 in Chantenay gebaute Schiff über das »Bureau für Schiffsan- und -verkäufe« H. Haevernick in Rostock von der Reederei A. D. Bordes fils für 50 000 Mark. Während der »Agent Haevernick« nur 1/100 in dem Schiff reedete, übernahm Kapitän Sinnig mit 43 ½ fast die Hälfte der Anteile. Letzterer hatte bisher die 1891 angekaufte hölzerne Bark G. N. WILCOX geführt, die im Oktober des Vorjahres an der chilenischen Küste unweit Taltal während einer Flaute gestrandet war. Die Korrespondenzfirma Burchard übernahm 16 von 100 Parten, und mit dem Segelmacher Evert (2), dem Schiffsmakler Haack (4) und dem Schiffsausrüster August Cords als »Namensreeder« (12 ½) beteiligten sich nur noch drei weitere Rostokker. Abgesehen von zwei Schiffsmaklerfirmen in Hamburg (6) und Bremen (1) und einem Hamburger Versicherungsagenten (4) gehörten die restlichen sechs Teilhaber zu den sogenannten »Gefälligkeitsreedern«, d. h. zur Verwandtschaft oder zum Bekanntenkreis des Schiffers oder Korrespondenzreeders, in diesem Fall Kapitäne

Die letzten Rostocker Segler für Tiefwasserfahrt
Bark MARTHA BOCKHAHN *vor Anker im Firth of Clyde (bei der Indienststellung) und*

und Kaufleute aus Ribnitz und Dändorf.

Die MINNA CORDS war bis 1905 *in eine Schuld von 6600 Mark gefahren*, woraufhin der jetzige Korrespondenzreeder C. H. Sinnig der Reederei ihren Verkauf vorschlug. *So wie die Aussichten jetzt für die Segelschiffe sind*, hieß es in seinem Rundschreiben, *dürfte man kaum damit rechnen, daß in absehbarer Zeit etwas mit den Schiffen zu verdienen sein wird. Im Gegenteil steht zu befürchten, daß die Schuld sich immer mehr vergrößern wird, deshalb können wir nur für den Verkauf stimmen.* Doch das war bei dem inzwischen 38 Jahre alten Schiff nicht ganz einfach. Die Makler Knöhr & Burchard in Hamburg wurden damit beauftragt. Den Rostockern muß aber das erzielte Angebot zu gering gewesen sein, denn in einem Schreiben der genannten Firma an den kaufmännischen Leiter hieß es: *Wir wissen wohl, daß die Preise momentan sehr gedrückt sind, aber wer sagt uns, ob man nicht über ein Jahr noch weniger bezahlen wird.* Obwohl man versprach, sein *Bestes zu tun, um einen Käufer für das Schiff zu finden,* erwarb es schließlich der Rostocker Schiffshändler und -ausrüster August Cords, selbst Teilhaber an der Bark, für ganze 14 600 Mark und verkaufte es noch im gleichen Jahr nach Norwegen weiter.

Bark FRIEDA MAHN *auf der Reede von Hobart/Tasmanien*

In keinem anderen Wirtschaftszweig gab es derzeit eine so rapide Kapitals- und Eigentumsentwertung wie in der Schiffahrt. Sie traf die kleinen Partenreedereien am härtesten, weil alle Beteiligten – einschließlich der Korrespondenzreeder – mit jedem Schiff ein Teil ihres Vermögens verloren. Es ist daher nur zu verständlich, daß sich die Reeder nicht mehr zum Zeichnen von neuen Parten in größeren und rentableren Segelschiffen bereit erklärten, wie sie finanzkräftige Hamburger und Bremer Reedereifirmen in Fahrt setzten. Auch bei ihnen hatte der Segelschiffsbestand numerisch abgenommen, dafür war aber der durchschnittliche Raumgehalt beträchtlich gestiegen. Die besondere Tragik der Rostocker Reederei – vor nicht einmal zwei Jahrzehnten noch an dritter Stelle hinter Hamburg und Bremen – lag zusätzlich darin, daß ihr aus den gleichen Gründen auch nicht die Umstellung auf den Dampfer gelang. Alle Schritte auf diesem Gebiet waren immer nur zögernd gemacht worden, wobei neben finanziellen Gesichtspunkten schlechte Erfahrungen aus der Vergangenheit eine nicht unerhebliche Rolle spielten. Es gab immer nur kleine Unternehmen mit winzigen Frachtdampfern, die auf den eigenen Hafenverkehr mit seinen unzulänglichen Fahrwasserverhältnissen, den völlig veralterten Umschlagvorrichtungen und den fehlenden Transitverbindungen mit dem Hinterland zugeschnitten waren. Sie waren lediglich Ost- und Nordseefahrer, und so verschwand, zusammen mit den Segelschiffen, auch die Rostocker Flagge von den großen Weltmeeren. Aber das ist wieder ein neues Kapitel der Rostocker Schiffahrtsgeschichte.

Angekaufte Altbauten (Zweithandschiffe)

Nr.	Reg.	Schiffsart Schiffsname	Unter- schei- dungs- signal	RT	Bauweise	Bemerkungen
1	1885	Bark MIRA FLORES	MDLC	500	Eisen	1886 Strandung
2	1887	Vollschiff NORTHAMPTON	MDLV	1171	Komposit	1888 gesunken
3	1887	Bark BRIDE	MDNC	863	Komposit	1891 Verkauf
4	1887	Bark GUINEVERE	MDNG	857	Komposit	1891 Verkauf
5	1887	Bark PHILIPP NELSON	MDNB	550	Eisen	1901 Verkauf
6	1887	Bark DUNCRAIG	MDNH	687,96	Eisen	1902 Verkauf
7	1888	Bark PAQUITA	RGCV	460	Eisen	1897 Verkauf
8	1889	Bark HULDA	MDNS	589,69	Eisen	1898 kondemniert und verkauft
9	1889	Bark HELEN SCOTT	MDNW	1112,55	Eisen	1895 gesunken
10	1889	Bark ELISE SCHULTZE	MDNT	768,65	Eisen	1896 nach Hamburg verlegt
11	1889	Bark CARLA BAUER	MDNV	954	Eisen	1897 gesunken
12	1890	Bark MIRELLA	MDPF	705,85	Eisen	1899 Strandung

13	1890	Vollschiff ENNERDALE	MDPR	1233,33	Eisen	1901 Verkauf
14	1890	Bark FORTUNA	MDPK	1125,72	Eisen	1893 Verkauf
15	1890	Vollschiff BEN VOIRLICH	MDPH	1406,93	Eisen	1902 Verkauf
16	1891	Vollschiff PLUTO	RGBC	1133	Eisen	1892 verschollen
17	1891	Bark EMMA BAUER	MDPQ	536	Eisen	1900 Verkauf
18	1891	Bark TAHITI	MDPT	650	Eisen	1897 Verkauf
19	1891	Bark WESER	NFSK	705	Eisen	1900 Verkauf
20	1893	Bark HELMUTH MENTZ	MDQH	1311	Eisen	1893 verbrannt
21	1893	Bark FRIEDRICH OHLERICH	MDQL	468	Eisen	1894 Strandung
22	1894	Bark GLENNIFFER	MDQS	747	Eisen	1909 Verkauf
23	1894	Bark MINNA CORDS	MDQT	733	Eisen	1905 Verkauf
24	1894	Bark TALISMAN	MDQV	1158	Eisen	1900 Verkauf
25	1895	Vollschiff POONAH	MDRB	1173	Eisen	1902 Verkauf
26	1895	Bark ARDGOWAN	MDRG	1236	Eisen	1899 Verkauf
27	1896	Schonerbrigg ALICE SCOTT	MDRJ	234	Eisen	1897 Verkauf

Literaturnachweis

Actiengesellschaft »Neptun« Rostock i. M., Schiffswerft und Maschinenfabrik 1850–1910. Rostock 1911

Albrand, Ludwig: *Westward – ho!* Hamburg 1939

Brennecke, Jochen: *Windjammer*. Herford 1968

Dittmer, Richard: *Seeschiffahrtskunde*. Leipzig 1894

Erbach, R.: *Deutsche Segelschiffahrt und deutscher Segelschiffsbau zur Zeit der Reichsgründung*. In: Jahrbuch der Schiffbautechnischen Gesellschaft, Bd. 41. Berlin 1940

Foerster, H.: *Handbuch des Schiffbaus*. Berlin 1924

Hoever, Otto: *Von der Galiot zum Fünfmaster*. Bremen 1934

Jobé, Joseph: *Der Segelschiffe große Zeit*. Bielefeld–Berlin 1973

Kägbein, August: *Zur Geschichte und Organisation der mecklenburgischen Segelschiffsrhedereien*. Rostock 1903

Laas, Walter: *Die großen Segelschiffe*. Berlin 1908

Laas, Walter: *Die Entwicklung und Zukunft der großen Segelschiffe*. In: Jahrbuch der Schiffbautechnischen Gesellschaft, Bd. 8. Berlin 1907

v. Laffert, E. A.: *Die heillosen Mißbräuche im Mecklenburgischen, besonders im Rostocker Rhedereiwesen*. Rostock 1861

Lubbock, Basil: *The China Clippers*. London 1913

Lubbock, Basil: *The Colonial Clippers*. London 1924

Lubbock, Basil: *The Last of the Windjammers*. London 1927

Lubbock, Basil: *The Nitrate Clippers*. London 1955

MacGregor, David R.: *Schnellsegler 1775–1875*. Bielefeld 1974

Mathies, Otto: *Hamburger Reederei 1814–1914*. Hamburg 1924

Meyer, Jürgen: *Hamburgs Segelschiffe 1795–1945*. Norderstedt 1978

Meyer, Jürgen: *Vom Moor zum Meer. Papenburger Schiffahrt in 3 Jahrhunderten*. Norderstedt 1976

Müller, Walther: *Rostocks Seeschiffahrt und Seehandel im Wandel der Zeiten*. Rostock 1930

Oertz, Max: *Über Segeljachten und ihre moderne Ausführung*. In: Jahrbuch der Schiffbautechnischen Gesellschaft Berlin 1902

Paasch, H.: *Vom Kiel zum Flaggenknopf*. Hamburg 1908

Peters, Max: *Die Entwicklung der deutschen Reederei seit Beginn des 19. Jahrhunderts*. Jena 1905

Prager, Hans-Georg: *F. Laeisz*. Herford 1974

Rahden, Heinrich: *Die Schiffe der Rostocker Handelsflotte (1800–1917)*. Rostock 1941

Ried, Walter: *Deutsche Segelschiffahrt seit 1470*. München 1974

Schmidt, Fred: *Kapitäne berichten*. Berlin 1936

Schrödter, E.: *Eisenindustrie und Schiffbau in Deutschland*. In: Jahrbuch der Schiffbautechnischen Gesellschaft, Bd. 4. Berlin 1903

Szymanski, Hans: *Deutsche Segelschiffe*. Lübeck 1929

Szymanski, Hans: *Die Anfänge der Dampfschiffahrt in Niedersachsen*. Hannover 1958

Timm, Werner: *Kapitänsbilder*. Rostock 1971

Villiers, Alan: *Auf blauen Tiefen*. Hamburg 1955

Villiers, Alan: *The Way of a Ship*. London 1954

Vogel, Walther: *Geschichte der deutschen Seeschiffahrt*. Berlin 1915

Wiggers, Otto: *Rostocker Rhederei 1849–1910 (Register)*. Rostock

Wossidlo, Richard: *Reise, Quartier in Gottesnaam*. Rostock 1940/43

Zeitungen/Handbücher

»Rostocker Zeitung«. Jahrgänge 1848–1906

Handbuch für die deutsche Handelsmarine. verschiedene Jahrgänge ab 1885

Annalen der Hydrographie (Deutsche Seewarte). verschiedene Jahrgänge

»Hansa«. verschiedene Jahrgänge

Entscheidungen des Oberseeamtes und der Seeämter ab 1887

Archivbestände

Rostocker Stadtarchiv.

1. Schiffsregisterakten A–Z
2. Rats- und Gewettakten: Handwerk und Gewerbe
3. Rats- und Gewettakten: Schiffahrt und Hafen
4. Familienakten A–Z

Schiffahrtsmuseum Rostock.
Risse, Bildersammlung, Verzeichnisse, Archivmaterial

Bildnachweis

Sammlung Dr. Jürgen Meyer, Bremen
3, 44, 55, 61, 62, 68, 75, 76, 77, 78, 79, 80, 83, 84, 86, 97, 99, 116, 131, 132, 134, 140, 144, 147, 160, 163(2), 169, 181, 185, 192, 194, 196, 211, 214, 217

Archiv Foto Eschenburg, Warnemünde
9(2), 10, 13, 18(2), 25, 30, 38, 49, 72, 73, 87, 91, 92, 104, 107, 115, 117, 125, 127, 128, 161, 164, 167, 175, 183, 187, 200, 209, 210, 213

Sammlung Stadtarchiv Rostock
7, 28, 29, 82, 142, 190, 198

Archiv Neptun-Werft, Rostock
71(2)

Sammlung Ingrid Schmidt, Rostock
16, 33, 57, 94, 99, 115, 123, 141, 165, 182, 199

Sammlung Detlef Lückstädt, Rostock
138, 173, 17, 26, 46

Peter Franke, Gubkow
110

Gerhard Klippstein, Rostock
210

Jörg Friedrich, Wiederitsch
147

Archiv Dr. Jürgen Rabbel
34, 89, 103, 112, 135, 136, 141, 150, 152, 154, 157, 172, 177, 178, 188, 208